U0058648

華志文化

華志文化

解讀

何清遠教授 ◎編著

素書

一位深藏不露奇人
一本治國興邦奇書

增訂版

中國古今第一權謀術

●讀千年謀略之奇書 ●學治人處事之兵法 ●熟讀可為帝王之師

五千年的謀略史，充滿智慧的歷史長廊中，那些卓有成效的謀略家，像拐角處最醒目的雕塑，各自無聲地講述一段驚天動地的故事，黃石公就是極其引人注目的一位。素書僅有六章、一百三十句，用一千三百六十個字，說明了一個想要成就大業的人必須具備的條件、修身方法、處世之道、用人原則、治國經驗。

閱讀本書，你可掌握自己人生，獲得安身立命的智慧。

圖說雙色版
380元

讀《素書》知天地變換

　　上下五千年，一部謀略史。在這條充滿智慧的歷史長廊中，那些卓有成效的謀略家，像每一個拐角處最醒目的雕塑，各自無聲地講述著一段曾經驚天動地的故事，黃石公就是其中極其引人注目的一位。《素書》全書僅有六章、一百三十句，用一千三百六十個字說明了一個想要成就大業的人必須具備的思想基礎、修身方法、處世之道、用人原則、治國經驗。憑藉這本書，張良幫助漢高祖劉邦創建了大漢王朝，化解了無數政治、軍事、經濟等方面的危機，於是有了讀黃石公《素書》之天地變換，曉人世莫測的慨嘆。

猶抱琵琶半遮面的黃石公

黃石公本為秦漢時人，後得道成仙，被道教納入神譜。據傳黃石公是秦末漢初的五大隱士之一，排名第五。

※據傳，黃石公是秦始皇父親的重臣魏轍。始皇當政，獨斷專行，推行暴政，聽不進忠言，魏轍便掛冠歸隱，隱居在邳州西北黃山北麓的黃華洞中，因人們不知道他的真實姓名，就稱他為黃石公。

※另一種說法：黃石公是中國道教史上的傳奇人物。據《神仙通鑒》載：「神龍為帝，見一異人，形容古怪，言語顛狂，上披草氈，下繫皮裙，蓬頭跣足，指甲長如利爪，遍身黃毛覆蓋，手執柳枝，狂歌亂舞，口稱：「予居黃石山，樹多赤松，故名。」因此，後人將這位奇異的老人稱作黃石公或赤松子。

　　黃石公雖然隱居，但一直憂國憂民，就把一生的知識與理想傾注在筆墨上。按現代人的說法，他既是文學家，也是思想家、軍事家、政治家，神學和天文地理知識也相當豐富。他的著作有《內記敵法》、《三略》三卷，《三奇法》一卷，《五壘圖》一卷，《陰謀行軍祕法》一卷，《略注》三卷，《祕經》三卷，《兵書》三卷，《陰謀乘鬥魁剛行軍祕》一卷，《神光輔星祕訣》，《兵法》一卷，《三監圖》一卷，《兵法統要》三卷，《備氣三元經》二卷，還有《地鏡八宅法》，《素書》等作品。

黃石公與張良的師生緣分

黃石公四處尋找合適人物，目的是委託重任，以實現他為國效力的意願。

一日，黃石公在圯上（圯，即橋）與張良相遇，便以拾鞋（即古書上說的納履）方式試張良，看到張良能屈人所不能屈，忍人所不能忍，知道他胸懷開闊，將來必有一番抱負，絕非是人下之人，遂以《素書》相贈。

此書共一千三百三十六言，分原始正道、求人之志、本道、宗道、遵義、安禮六篇。書中語言明貴，字字精要，張良愛不釋手，秉燭細讀，大悟大徹，心領神會，未過多久，便把一本《素書》從頭到尾背得滾瓜爛熟。

後來，張良做了劉邦的謀士，佐高祖定天下、興漢邦，大部分運用《素書》中的知識。久而久之，這段故事越傳越神，《素書》也就被後來人說成了「天書」。張良得「天書」，「天書」是黃石公所贈。這段故事在邳縣流傳最廣，大人、小孩都會講，可是要問起黃石公的姓名和身世就很少有人知道了。

黃石公的思想體系

道、德、仁、義、禮五位一體，密不可分，及「潛居抱道，以待其時」的處世哲學。只要具備道、德、仁、義、禮五種品格，再逢機遇，定可建絕代之功，極人臣之位。

天道、德行、仁愛、義、禮制。只有同時具備這五種品德的人，才是至善完美的人。

古時，五德指忠、仁、誠、節、勇。現代五德是智、信、仁、勇、嚴。恭敬、寬厚、誠信、勤敏、慈惠，這五種美德，都是中國儒家所要提倡的道德內容。

| 天道 | 德行 | 仁愛 | 正義 | 禮制 |

19 歲的諸葛亮與友人徐庶等從師於水鏡先生司馬徽。

潛居抱道，以待其時

諸葛亮讀書與當時大多數人不一樣，不是拘泥於一章一句，而是觀其大略，經過潛心鑽研，他不但熟知天文地理，而且精通戰術兵法。

他還十分注意觀察和分析當時的社會，累積了豐富的治國用兵的知識。

黃石公的用人原則

黃石公依據才學不同，將人才分為俊、豪、傑三類。他認為「任材使能，所以濟物」，「危莫危於任疑」，「既用不任者疏」，「用人不正者殆，強用人者不畜」等等，都是來自生活的總結，至今有著指導性意義。

劉邦用人的祕訣

> 夫運籌帷幄之中，決勝千里之外，吾不如子房；鎮國家，撫百姓，給餉饋，不絕糧道，吾不如蕭何；連百萬之眾，戰必勝，攻必取，吾不如韓信。三者皆人傑，吾能用之，此吾所以取天下者也。

劉邦用韓信帶兵，張良出謀，蕭何保後。　**知人善任**

項羽的屬下陳平投靠劉邦之後，劉邦便撥給了他大量的金錢，且不問進出，使他能夠實行反間計，可見劉邦對其的信任。　**用而不疑**

張良是貴族，陳平是遊士，蕭何是縣吏，樊噲是狗屠，灌嬰是布販，婁敬是車夫，彭越是強盜，周勃是吹鼓手，韓信市井。　**不拘一格**

劉邦的隊伍裏面，有很多人原來曾是項羽的手下，他們來投奔劉邦，他一視同仁表示歡迎，如韓信、陳平，韓信等。　**不計前嫌**

他手下的人，如果向他提出問題，劉邦全都如實回答，即使這樣回答很沒面子，他也不說假話。　**坦誠相待**

劉邦奪取天下以後，根據各個人的不同功績，對功臣論功行賞甚至還封賞了他最不喜歡的人——雍齒。　**論功行賞**

強用人者不畜

> 要想留住人才，就得有留人的凝聚力，也就是有團隊的精神，有共同的文化，共同的追求目標。

關羽

曹操

> 東漢末年，劉備被曹操打敗。關羽為了保護劉備的夫人被迫投降曹操。曹操對關羽關懷備至，關羽還是無動於衷，一心想打聽劉備的下落。張遼問他為什麼身在曹營心在漢，關羽說他與劉備有過生死誓言。

黃石公的修身之道

從思想和行為兩方面加強個人修養。「博學切問」，「恭儉謙約」，「近恕篤行」，「親仁友直」等，反映了儒家的道德意識；「絕嗜禁慾」，「抑非損惡」，「設變致權」，「安莫安於忍辱」等，又具有道家思想的成分，儒、道兼收並蓄，反映出黃石公的思想包羅萬象。

不恥下問

衛國有個大夫叫孔圉，虛心好學，為人正直。根據當時的社會習慣，在最高統治者或其他有地位的人死後，人們會根據他的生平給他一個諡號。按照這個習俗，孔圉死後，授於他的諡號為「文」，所以後來人們又稱他為孔文子。

孔圉聰敏、勤學，不以向職位比自己低、學問比自己差的人求學為恥辱，所以可以用「文」字作為他的諡號。

老師，孔圉憑什麼可以被稱為『文』？孔圉也有不足的地方啊，他怎麼可以用這個字做諡號呢？

吳國興師攻打楚國。楚國一將領多次衝鋒陷陣擊退敵兵，殺敵無數，立下了大功。戰後，楚莊王曾問他：「我從沒有恩寵過你，你為何這麼拼命呢？」那人答道：「臣就是當年在大殿上失去冠纓之人。」原來這個將領一直銘記楚莊王的恩德在心，如此奮身退敵就是為了報答楚莊王的當年的寬恕之恩。

近恕篤行，所以接人

當年楚莊王夜宴群臣，君臣都很盡興，很多人都醉了。酒酣耳熱之際，這個人乘機非禮了楚王妃，楚王妃向楚莊王告狀要楚莊王能把那個沒有冠纓的人抓出來。楚莊王並沒有追究此事。

　　淡泊於名利，是做人的崇高境界。沒有包容宇宙的胸襟，沒有洞穿世俗的眼力，是很難做到的。清代張潮在《幽夢影》中談到：「能閑世人之所忙者，方能忙世人之所閑。人莫樂於閑，非無所事事之謂也。閑則能讀書，閑則能遊名勝，閑則能交益友，閑則能飲酒，閑則能著書。天下之樂，孰大於是？」

　　顏回是春秋時魯國人，勤儉好學，樂道安貧。孔子評價顏回曰「一簞食，一瓢飲，不改其樂」，說的是顏回住在僻陋的環境中，吃的是粗鄙的飯食，要是別人，必將憂煩難受了，顏回卻安然處之，並沒有改變他向道好學的樂趣！

　　成大事者需忍受常人所不能忍受，面對恥辱，要冷靜地思考，正確面對，而不是憑一時意氣魯莽用事，做無所謂的犧牲。一時意氣是莽夫的行為，絕非成大事的人而為。

　　韓信作為一個有骨氣有抱負的人，面對困難，面對挫折，面對恥辱，不顧眼前利益和一時之快。與其魚死網破，還不如忍辱負重保存實力。

　　韓信忍辱負重的目的不是苟活，不是怕死，也不是怕吃虧，而是保存實力。

黃石公的治國經驗

從作者認為「短莫短於苟得」，「後令繆前者毀」，「足寒傷心，人怨傷國」，「有道則吉，無道則凶。吉者百福所歸，凶者百禍所攻。非其神聖，自然所鍾」反映了作者的天道意識和非神觀念。這些對於後人參政有一定的啟發。

福在積善

享受幸福的生活在於累積善行，勿以善小而不為，從點滴做起，一切都是從量變到質變的過程，即使沒有什麼大成就，也不要忘耕耘行善，還是可以建立自己的小功業。

周朝由於文王的先人和子孫累世積德，才會有八百多年的江山。

一個人行善還是作惡，並非總是當下呈現的，累積而成的。孔子說：「一個對別人有恩德的人，其福報是在三代人受到澤被之後才會消失。」災禍或福壽都是由一件件一樁樁的惡行或善舉逐漸

吉者百福所歸

由孔子創立的儒家基本上堅持「親親」、「尊尊」的立法原則，維護「禮治」，提倡「德治」，重視「人治」。儒家思想對封建社會的影響很大，被封建統治者長期奉為正統思想。

因為孔子的主張符合「有道則吉，無道則凶」的自然規律。所以歷朝歷代的君主都對孔子的思想寵愛有加。

黃石公的處世之道

我們中國人的政治是人治的政治，能否處理好人際關係，是事業能否亨通的關鍵。作者提出「好直辱人者殃」，「慢其所敬者凶」，「上無常守，下多疑心」，「近臣不重，遠臣輕之」略己而責人者不治，自厚而薄人者棄廢等，都給如何處理好各種關係提出了借鑒。

小人責人

「君子責己，小人責人。」從古至今，都把嚴於律己，當作衡量一個人道德修養的標準。但小人往往會把責任全推給別人，而為自己找藉口辯護。

晉靈公用增加賦稅的方式聚斂錢財，以用來做牆上塗飾彩繪之用。從高台上用彈弓射人，觀看人們躲避彈弓並以此取樂。廚師燉熊掌因為不熟，被殺後，放於畚中，他命人用裝載著屍體的車從朝廷經過。趙盾、士季看到廚師的手，問明原因後擔心晉靈公無道殺人。大臣趙盾多次勸諫，晉靈公感到很反感，暗中派刺客鉏麑刺殺趙盾。西元前 607 年，趙盾率兩百名甲士攻靈公於桃園，晉靈公死於劍戟之下。

一國之君，如果喜怒無常，欺凌侮辱他的臣子，臣子就不會親近他，皇帝也就成了真正的「孤家寡人」。明朝的崇禎皇帝，他不相信任何人，只憑自己的主觀臆斷妄加猜測。所以到最後，一些重臣如洪承疇、吳三桂等都投降了清朝。

侮下無親

洪承疇（1593～1665 年），字彥演，號亨九。先仕明，於松山之敗後降清，是明末叛臣之一，但同時也是清朝定鼎中原的重臣。乾隆因洪承疇為叛明降清的人，列於貳臣甲等列入《清史・貳臣傳》。

序 言——

讀千年謀略奇書，學治人之兵法

《黃石公素書》又稱《素書》，是一部謀略之書，相傳為黃石公所撰。

有關黃石公的言行和事蹟，史籍記載很少。按張良的生卒年代推算，黃石公當為秦末漢初的人。在道教的典籍記載中，據說黃石公後得道成仙，被納入神譜當中，還有傳言說他是秦末漢初的五大隱士之一。對於黃石公的真實姓名，幾乎無從考證。不過從《素書》的內容來看，撰寫此書的人當經歷過大風大浪，眼界開闊，思維敏銳，方才有此真知灼見。

有一種說法認為，黃石公可能是秦始皇父親莊襄王的重臣——魏轍。魏轍不滿秦始皇驕奢淫逸、不聽勸誡，於是掛冠歸隱。後人們根據其居住地黃華洞稱其為黃石公，有關黃石公的名字來歷，還有很多說法。據說黃石公三試張良後，贈其《太公兵法》並言曰：「十三年孺子見我濟北谷城山下，黃石即我矣。」張良助劉邦奪得天下後，在濟北谷城下僅找到黃石，於是便其供奉在宗祠中，而據《神仙通鑑》記載：「神龍為帝，見一異人，形容古怪，言語癲狂。上披草氈，下繫皮裙。蓬頭蹺足，指甲長如利爪，遍身黃毛覆蓋，手執柳枝，狂歌亂舞。口稱：『予居黃石山，樹多赤松，故名。』」

隱居後的黃石公把一生的抱負和理想傾注於筆墨上，著有《三略》、《黃石公記》、《兵書》、《素書》等作品。黃石公晚年四處尋找可傳授之人，透過三試張良，以「圯下授書」的形式將衣缽傳給張良。之後，張良不但協助漢高祖劉邦開創了漢王朝，解決了一個個政治、軍事、經濟等方面的危機，且在功成名就後，巧妙地遠離了朝堂的紛爭，得以安享晚年，這樣的灑脫很少有人做得到。張良死後，此書隨葬墓中，直到五百多年後，即西晉時，有盜墓賊盜掘張良之墓，此書才重現於世。書上有訓示：「不許將此書傳與不道、不神、不聖、不賢之人。

若非其人，必受其殃；得人不傳，亦受其殃。」此後，《素書》才流傳於世。

當然，這只是傳說，至於《素書》的來歷、真偽及「圯下授書」授的是何書，還是存在爭議，但我們不得不承認《素書》雖僅一千三百六十字，但字字珠璣。在短短的六章之中，在認識世道、把握人性方面，頗有卓見，有醍醐灌頂之功效。

《素書》是一部類似「語錄體」的書，文字簡練，但寓意深遠，被後人稱為「天書」。

「素」，本意是白色的生絹，有「質樸」、「根本」之意，所謂素書也就是「簡單的道理形成的書」。「天地之道，簡易而已」，天道、人倫、萬物等遵循自然規律，將和諧融洽的發展。《素書》在中國謀略史上佔有重要的地位，修身方法、處世之道、用人原則、治國經驗等無不濃縮在這本薄薄的書當中。

《素書》共講了五個方面的內容：

一、黃石公的思想體系，即道、德、仁、義、禮五位一體。這五種品德是成大事的基礎，凡能建功立業成大事者所必備。

二、依據才學不同，黃石公將人才分為俊、豪、傑三類。對人才的運用，強調量材而用，揚長避短，務使其各盡其才。

三、對如何加強個人修養，黃石公也有其獨到的見解。他認為人，尤其是從政者，須在道德的基礎上提高自己的政治修養，如此便可游刃有餘地處理修身、齊家、治國、平天下中所出現的各種問題。

四、黃石公在治國安邦的經驗上，如順應天理、無為而治、民為天下之根本，得民心者得天下等，認為治國安邦需要長遠的眼光，不可為眼前的小利所誘惑。

五、黃石公的處世之道則認為，中國傳統社會是一個人治的社會，因而對人際關係的處理十分重要。為人處世的策略和技巧，在這部著作中更是進行了深刻的反省和策略指導，這對成大事者來說尤為重要。

本書按原書的順序分為六部分，參照宋代宰相張商英的注和清代王氏的評析（書中的注即為張商英所作，王氏指的是清代姓王之人，其名已失），在盡量保留《素書》精華的基礎上，進行了全新註解。同時，本書以左文右圖的排版方式，將文字與繪圖一一對應。用語言精練、通俗易懂的故事來詮釋全書，將先哲們留下的謀略和智慧精華盡皆展現，希望能帶給讀者一次愉悅的閱讀歷程。

目錄 ■ ‥‥‥‥‥‥‥‥‥‥‥‥‥

目錄

参

求人之志章：志不可以妄求

目錄

陸

安禮章：言安而履之，之謂禮

目
錄

原始章

道不可以無始

　　原者，根。原始者，初始。章者，篇章。此章之內，先說道、德、仁、義、禮，此五者是為人之根本，立身成名的道理。

　　釋評：道、德、仁、義、禮這五個方面是做人的根本，也是人們立身成名的道理。

本章圖說目錄

身兼五德，立身成名

原文：

　　夫道、德、仁、義、禮，五者，一體也。

　　注曰：「離而用之則有五，合而渾之則為一；一之所以貫五，五所以衍一。」
　　王氏曰：「此五件是教人正心、修身、齊家、治國、平天下的道理；若肯一件件遵循行事，乃立身、成名之根本。」

● 解讀

　　原文所要表達的意思是：天道、德行、仁愛、正義、禮制，這五種思想體系是渾然一體的，不可分離。天道、德行、仁愛、正義、禮制這五種不同的道德標準，分開來看，似乎毫不相干，但用在做人的道理上卻是合而為一、互相貫通的。

　　這五個方面都是精神方面的，即所謂的人的修養問題。黃石公認為，天道、德行、仁愛、正義、禮制是做人的根本，只有同時具備這五種品德的人，才是至善至美的人。後世的人也對這些做人的基本道理進行了總結，在《大學》（治國安邦的學問）中將正心、修身、齊家、治國、平天下列在一起，可見個人修養的重要性。在中國的文化當中也十分重視個人修養，即「內省」，儒家所提倡的「仁者無敵」、「得人心者，得天下」等，都是用精神上的指引者來帶動影響社會。

　　黃石公之所以選擇張良作為自己衣缽的傳承者，很大程度上是因為他的個人素質。雖然沒有歷史記載證明黃石公以前是否認識張良，但他應該是很仔細地觀察過張良，並透過最後一次的實地考察，最終選中了張良。

　　據《史記》、《漢書》記載，張良本是韓國的貴族，在秦滅韓之後，他意圖復興韓國，於是結交刺客。在刺殺秦王失敗後，逃亡到下邳隱姓埋名，藏匿起來。也正是在此時期，張良得到了黃石公的賞識，得到了《素書》，最後得以輔佐劉邦平定關中、計破嶢下、鴻門鬥智、計謀天下。漢朝建立後，張良畫箸阻封、奇謀制韓、勸都關中，以及在朝政穩定後假託神道，功成身退的明哲保身的行動中都透露著智慧之光。張良曾使用「小怨不赦，大怨必生」這條計謀，勸說漢高祖封雍齒為侯，安撫了開國的功臣，避免內亂。因而劉邦讚其「運籌帷幄之中，決勝於千里外，子房功也」。後世把張良的這些功績皆歸於《素書》。

　　張良能得到《素書》，也是頗具波折。雖然事情很簡單，但是如若落在平常人身上，也不一定會有這樣的涵養。故事是這樣的：隱居在下邳的張良有一

忍常人之不能忍

　　天道、德行、仁愛、正義、禮制，這五者可以說是中國人文思想的至高境界，是中國古代文化的思想基礎。以道為本，以德為用，以仁濟世，以義處事，以禮待人，可以說這就是處世治國的根本，謀術、權變的準繩，涉世、立身的起點。

張良能忍常人之所不能忍之事，才得以成為「運籌於帷幄之中，決勝於千里之外」的漢代開國謀臣。

你這人還不錯，值得我指教。五天後的早上，到橋上來見我。

黃石公本為秦漢時人。據傳黃石公是秦末漢初的五大隱士之一，黃石公雖然隱居，但卻一直憂國憂民，於是把一生的知識與理想傾注在筆墨上。他是文學家、思想家、軍事家、政治家，他的神學和天文地理知識也相當豐富。

黃石公圯橋授書

　　當時黃石公留給張良的不僅僅有《素書》，還有《太公兵法》、《黃石公三略》等。後來，張良做了劉邦的謀士，佐高祖定天下、興漢邦，大部分運用的是《素書》中的知識。久而久之，這段故事越傳越神，《素書》也就被後人說成了「天書」。

　　黃石公著的書有《內記敵法》、《三略》三卷，《三奇法》一卷，《五壘圖》一卷，《陰謀行軍祕法》一卷，《黃石公記》三卷，《略注》三卷，《祕經》三卷，《兵書》三卷，《陰謀乘鬥魁剛行軍祕》一卷，《神光輔星祕訣》、《兵法》一卷，《三監圖》一卷，《兵法統要》三卷等作品。

天在橋上散步時，遇到一位穿著粗布短衣的老者，老者故意讓鞋子掉到橋下，然後對張良說：「小子，幫我下去把鞋撿上來！」面對老人的無禮，張良有些惱怒，但見老人年事已高，便忍怒下橋將鞋子遞給他。老者卻得寸進尺，只是把腳伸出來。張良更是氣憤，但反過來一想，既然已經替他拾來了鞋子，現在給他穿上又能怎樣，於是便跪下來給他穿鞋。老人見此含笑而去，不一會兒又返回來說道：「你這人還不錯，值得我指教。五天後的早上，到橋上來見我。」

五天後，天剛亮，張良就去了橋上，但老者已經先等在了那裡，老者見到張良後生氣地說：「跟老人家約會，應該早點來，你比我來得還晚是什麼道理。」之後生氣地走了，並再次要他五天後再來。又過了五天，雞剛叫，張良就出發去橋上，卻發現老者早就又等在了那裡。於是，又有了五日之約。這次張良不到半夜就出發，他剛到橋邊不久，就發現老人蹣跚而來。這一次老者很高興：「這樣才對。」隨即拿出一部書，曰：「讀是則為王者師。」意思就是，如若下苦功鑽研這部書，鑽研透徹後，甚至可以輔佐帝王治理天下。這就是所謂的「圯橋授書」，張良苦讀此書，盡得黃石公的真傳。

在秦末農民起義時，張良輔佐漢高祖劉邦開創了大漢王朝，並化解了一個又一個政治、軍事、經濟的危機，在楚漢相爭的複雜局面裡，總能化險為夷，而在功成名就後，他又巧妙地跳出權力之爭的漩渦，這一切智慧都出自於《素書》。

在《素書》中提到的天道、德行、仁愛、正義、禮制，這五者可以說是中國人文思想的至高境界，是中國古代文化的思想基礎。以道為本、以德為用、以仁濟世、以義處事、以禮待人，可以說這就是處世治國的根本，謀術、權變的準繩，涉世、立身的起點。

在中國歷朝歷代用於治國安邦的思想體系中，道、德都是最根本的。老子說：「失道而後德，失德而後仁，失仁而後義，失義而後禮。」也就是說由於世風日下，人們離天道本有的和諧、完美越來越遠，矯情、偽飾代替了先天的淳樸、自然，所以不得不用倫理道德來約束世人；而當道德不再具有作用時，只能用仁愛來挽救；當仁愛之心日漸淡薄時，就要伸張正義，當正義感也喪失殆盡後，就只能用法規禮制來約束民眾了。

因此，道、德、仁、義、禮，這五個方面是天道在不同時機、不同形式下權變使用的結果，實際上是一而五，五而一的不同說法和解釋。

黃石公的執行概念是樸實的，那就是要遵守行為準則，建立秩序，也就是「禮」。

劉邦評張良

綜觀張良一生，他為漢王朝平定天下出謀劃策，令漢軍得以脫困，為以後劉邦與項羽爭天下打下根基；鴻門宴前拉攏了項梁，保住了劉邦的性命；幾次為劉邦挽回軍心；為劉邦確立了太子，避免了奪嗣的危機；鴻溝議和後，力諫劉邦乘項羽依約退兵之機追擊楚軍，勿使縱虎歸山……功勳之鉅，不亞於蕭何、韓信。封侯時，他甘心退讓，婉拒萬戶侯，只受留縣一地，劉邦封其為留侯。

劉邦曾評價張良：「夫運籌帷幄之中，決勝千里之外，吾不如子房！」

五德之人

天道、德行、仁愛、正義、禮制。只有同時具備這五種品德的人，才是至善完美的人。

古時五德指忠、仁、誠、節、勇。現代五德是智、信、仁、勇、嚴。恭敬、寬厚、誠信、勤敏、慈惠，這五種美德，都是中種美德，都是中國儒家所要提倡的道德內容。

```
          天道        德行        仁愛

              正義        禮制
```

遵循天道，萬物可知

原文：

> 道者，人之所蹈，使萬物不知其所由。

注曰：「道之衣被萬物，廣矣，大矣。一動息，一語默，一出處，一飲食（之間）。大而八紘之表，小而芒（纖）芥之內，何適而非道也？仁不足以名，故仁者見之謂之仁；智不足以盡，故智者見之謂之智；百姓不足以見，故日用而不知也。」

王氏曰：「天有晝夜，歲分四時。春和、夏熱、秋涼、冬寒；日月往來，生長萬物，是天理自然之道。容納百川，不擇淨穢。春生、夏長、秋盛、冬衰，萬物榮枯各得所宜，是地利自然之道。人生天、地、君、臣之義、父子之親、夫婦之別、朋友之信，若能上順天時，下察地利，成就萬物，是人事自然之道也。」

● 解讀

原文所要表達的意思是：「道」就是人們所履行的，宇宙萬物的本源、本體，是天地萬物的自然規律，使萬事萬物不斷處於它的運動變化之中，卻不知道運動變化的由來。它揭示了宇宙中事物間的關係，是人們處世必須遵循的原則。人們都在無意識中遵循著這些自然規律，自然界中的萬事萬物也是如此。老子提出：「無為而無不為。」無為就是不妄為，也就是不違背自然的規律，不違背宇宙萬物的客觀規律。無不為就是遵循客觀規律而為之，做到這些就可以無所不為，也就是說什麼都可以做。人們在無意識中遵循規律，很容易導致偏離所應遵循的規律，難免在看待問題時有偏差，以偏概全。

據說曾有個楚國人，生活比較清貧，在偶然的機會下讀到《淮南子》，其中有這樣一個故事讓他深受啟發。故事講述的是當螳螂窺伺蟬時，用樹葉遮擋住牠的身體，因此可以輕易捕捉住自己的食物，於是這個天真的楚人便認為既然螳螂窺伺蟬時可以用樹葉隱身，那麼使蟬隱身的那片樹葉似乎也可以為他所用。他決定試一試，如果真是那樣的話，他就可以為所欲為了。但是哪片才是可以隱身的樹葉呢？楚人便收集了大量的樹葉回家，一片一片地嘗試。這樣過了一天，楚人的妻子被他問煩了，不勝其擾，因此當他再次拿起一片樹葉時，便回答說：「看不見了」。楚人大喜，便帶著這片樹葉明目張膽地去拿別人的東西，結果可想而知，他被抓到了官府，縣官聽完緣由後便大笑著把他當作傻子釋放了。這就是所謂的「楚人隱形」，也即是「一葉障目」。

故事雖然簡單，但是發人深省。有光線，人就會看見物體，楚人妄圖隱形，但他不懂這種自然規律是無法違背的，即使是在當今社會，隱形這種違背

順應天道，萬物可知

　　人們終日忙碌奔波，都離不開成就萬物的自然規律，包括我們自身在內。如果我們不遵循自然規律，就如同盲人摸象一般，無法認清事物的真相。

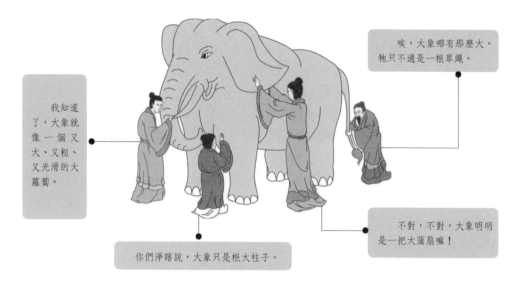

> 唉，大象哪有那麼大，牠只不過是一根草繩。

> 我知道了，大象就像一個又大、又粗、又光滑的大蘿蔔。

> 不對，不對，大象明明是一把大蒲扇嘛！

> 你們淨瞎說，大象只是根大柱子。

萬物歸一

　　我們日常生活中的衣食住行，動靜休止，言談儀表，以致大到無邊無際的宇宙，小到纖細的草籽內核，哪里沒有道體的存在呢！人們雖然時時刻刻離不開它，事事處處都在運用它，但是卻不知道它的奧妙所在。

纖細的草籽內核

衣食住行

動靜休止

言談儀表

無邊無際的宇宙

自然規律的現象也未能實現，而盲人摸象的故事就更加傳神、明白清晰地證實了這一點。其實，道包容在萬象當中。我們日常生活中的衣食住行、動靜休止、言談儀表，大到無邊無際的宇宙，小到細微的草籽內核，哪裡沒有道體的存在呢！人們雖然時時刻刻離不開它，事事處處都在運用它，但是卻不知道它的奧妙所在。

其實，道具體又分為天道、地道、人道，蘊意豐厚，可以粗略理解為，四時為天道，萬物為地道，禮制為人道。比如，天有四時，在某一時，就要遵循某一時的規律，人和萬物都無一例外。冬天就要裘衣皮袍，皮毛裹體，而不可薄紗護身，褪毛乘涼。道是一種抽象的自然規律，它看不見，也摸不著，但天下無不在它的掌握之中。要想不為其所制，而使其為我所用，便需找到其核心。中國自古所制訂的農曆和二十四節氣歌，即是根據天時而來，而中國古代的禮制，便是規定的人倫綱常。原本民眾若能遵循道的規律，用不著禮制法令等人為制訂的條條框框，也會自動達到一種均衡，但是在茫然懵懂之間，因為人不知道該如何做，這才需要有一些條文性的規定，可以做什麼，不可以做什麼，哪些是被允許的，哪些是不被允許的，這樣來規範人類的行為，就像百川歸大海一樣，使人們在行動上能尋找到一個正確的方向。

宇宙和人世並非獨立的，而是相互感應、相輔相成的，古代的聖人、先賢們都能夠心領神會，並盡心竭力地去順天行事。比如說，帝堯十分恭敬地順應上天的法則，就像敬畏上天一樣；舜遵天道順應人事，而建立了七大政治制度，為後人所用；大禹依據山川自然地理的實際情況，將天下劃分為九州；傳說曾經向武丁講述過天道運行的自然原則，才使商朝得以中興；周文王將天道的規律與人間的法則結合起來，才推演並發展了八卦；周公效法天地四時的規則，建立了春夏秋冬四官，同時設立太師、太傅、太保三公負責調和陰陽；孔子覺得天理人道太過奧妙，所以有不談「怪力亂神」之說；老子卻將其概括為「無」與「有」兩個概念。在道的規制、引導下，人們自然而然地行事，一切皆水到渠成，達到無為而治。

《陰符經》裡說：「了然了宇宙自然運行的法則，領悟了萬物一體的規律，達到了這樣一個高度，自然物我同一，此刻天地之間、人世之內，萬事萬物的一切變化，統統藏於胸臆，任我主宰。更何況類似刑罰、名實、制度等這些不足掛齒的小事呢！順應天道的規律做什麼都會容易，違背天道的原則，就會寸步難行。

天道運行

　　宇宙和人世並非獨立的，而是相互感應、相輔相成的，順應天道的規律做什麼都會容易，違背天道的原則，就會寸步難行。

傳說述天道

　　▲傳說是商王武丁的至高權臣大宰相（上三公第一位），是我國殷商時期卓越的政治家、軍事家、思想家及建築科學家。

　　▲他輔佐殷商高宗武丁安邦治國，形成了歷史上有名「武丁中興」的輝煌盛世，並留下了千古不朽的《說命》三篇，其中「知之非艱，行之惟艱」名句，為我國最早的樸素唯物主義史觀基石。

古人占卜

　　蓍草和龜甲都是古代用來占卜的器具。

古代占卜時，要先燒三炷香，敬拜主神，後靜坐片刻，閉目養神，待心靜後，誠心默念祝告文。

在中國古代，龜曾是吉祥的代稱，被認為是一種溝通天與地的神物，龜的種類頗多，但是根據專家考證，我們在殷墟考古發現的占卜所用的龜甲絕大多數是水龜。

順應自然，各得其所

原文：

> 德者，人之所得，使萬物各得其所欲。

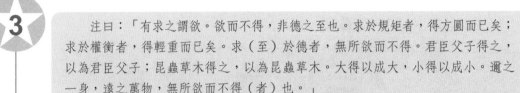

注曰：「有求之謂欲。欲而不得，非德之至也。求於規矩者，得方圓而已矣；求於權衡者，得輕重而已矣。求（至）於德者，無所欲而不得。君臣父子得之，以為君臣父子；昆蟲草木得之，以為昆蟲草木。大得以成大，小得以成小。邇之一身，遠之萬物，無所欲而不得（者）也。」

王氏曰：「陰陽、寒暑運在四時，風雨順序，潤滋萬物，是天之德也。天地草木各得所產，飛禽走獸，各安其居；山川萬物，各遂其性，是地之德也。講明聖人經書，通曉古今事理。安居養性，正心修身，忠於君主，孝於父母，誠信於朋友，是人之德也。」

● 解讀

原文所要表達的意思是：「德」即人順應自然的安排而得到的。依德而行，可使一己的欲求得到滿足，自然界中的萬事萬物也可以各得其所、各盡其能。「德」就是人們想得到及幫助一切事物實現各自所得的一種欲望。

在中國哲學的範疇裡，「德」指的是從「道」中所得的特殊規律或特殊性質。在儒家思想中，用統治階級的道德感化來統治人民，即是德治，有益於人民的政治措施或政績就是德政。關於「德」，有很多不同的認識，如《易經》的解釋是「贊助天地之化育」，佛教的解釋是「慈悲喜捨」，儒家則認為是「博施濟眾」。總之，「德」可歸納為，人應該像天地一樣無私，捨己為人，效法「天道」以成就他人，廣施恩惠，拯救眾民，使大眾各得其所，各得其位，各盡其才。

《禮記·運篇》中所云：「故人不獨親其親，不獨子其子。使老有所終，壯有所用，幼有所長，鰥寡孤獨廢疾者，皆有所養。」也就是說大道實行的時代，天下為天下人所共有，選舉有德行、有才能的人來治理天下，人們之間講求信用，和睦相處，所以人們不只把自己的親人當親人，不只把自己的兒女當兒女。如此一來便能使老年人得以安享天年，使青年人有貢獻能力的地方，使孩童受到良好的教育，使年老無偶、年幼無父、年老無子和殘廢的人都能得到供養。男子各盡自己的職分，女子各有自己的夫家。人們不願讓財物閒置於無用之地，不一定要收藏在自己家裡。人們擔心有力使不上，但不一定是為了自己。因此，陰謀詭計被抑制而無法實現，劫奪、偷盜、殺人越貨的壞事不會出現，所以連住宅外的大門也可以不關。這樣的社會就叫做大同世界，這就是古

大同社會

《禮記・禮運篇》中記載：大道實行的時代，天下為天下人所共有。選舉有德行的人和有才能的人來治理天下，人們之間講究信用，和睦相處。

要讓人們在年老時有人奉養，以終天年。

鰥寡孤獨的老人及有疾病殘疾皆能有所養。

不獨親其親

人們不只把自己的親人當親人，不只把自己的兒女當作兒女。男子各盡自己的職分，女子各有自己的夫家。人們不願讓財物委棄於無用之地，但不一定要收藏在自己家裏。人們擔心有力使不上，但不一定是為了自己。因此，陰謀詭計被抑制而無法實現，劫奪偷盜殺人越貨的壞事不會出現，所以連住宅外的大門也可以不關。

老有所終

不獨子其子

壯有所用

讓年幼的未成年的孩子在社會的愛護下成長。

年輕的時候，在社會中發揮自己的作用。

代先賢所認為的理想境界。

德的功用，對別人來說是使他得到想要的東西；對自己來說，則展現出一種捨己為人的崇高品格。在佛教中，佛祖捨身飼鷹的故事最能展現這種精神，《百喻經》（全稱《百句譬喻經》）裡記載了這個故事。據說當佛陀（釋迦牟尼）還是國王時，廣施善行，深受百姓的愛戴。他的仁德甚至上感於天，忉利天的天人都非常感動，這些天人還在悄悄議論，佛陀在享盡人壽後，上到天界，天王的位子怕是不保了。天王非常惱怒，便迫使臣下變成鴿子，自己變成老鷹追趕鴿子。鴿子假裝力竭，掉在佛陀面前。佛陀請求老鷹放過鴿子。老鷹便要佛陀用自己的肉來換鴿子，然而在天秤上，佛陀的肉卻總是比鴿子的肉輕，當然這是天王使的障眼法。佛陀最終選擇用自己來代替鴿子讓老鷹吃掉。佛陀的精神也感動了天王，天王羞愧得回到了天界。

德和欲望是聯繫在一起的。有需即為欲，世間萬物只要有所求就有欲望存在。假如欲望不能得到滿足，那就達不到「德」的最高境界。要想做到德，甚至是達到德的最高境界，就必須有所依靠。比如：藉助圓規和曲尺可以求得方和圓；藉助秤錘和秤桿可以求得輕和重。小至自我人類，大至世界萬物，都是在自然規則的安排下而運行的，而德的實現就要遵循規律，依靠約束。「人效法地，地效法天，天效法道，道即自然」，只要遵從這樣的法則，順天道而行，以天下為懷，從政也好、經商也好、處世也好，沒有不成功的，而且謀術越高，功德越大。

從另一方面來說，如果人一旦超越了天道的界限，即所謂的逆天而行，便不會落得好下場。「紂喪殷邦，桀傾夏國」講述的便是中國歷史上兩位有名的暴君——商代的帝辛（紂王）和夏朝的末代君主桀。讀者最熟悉的莫過於和這兩位暴君相關的兩個美女妲己和妹喜。紂王為討妲己歡心建造了鹿台，在鹿台開挖了「以酒為池，以肉為林」的酒池肉林，而桀因妹喜愛聽裂帛之聲，為博妹喜一笑，不惜命宮女每天撕絲質的絹布給她聽。兩位亡國之君的所作所為逆天而行，勞民傷財，完全不顧及百姓的死活，他們的欲望脫離了當時社會的約束，超越了社會的承受能力，其滅亡可以說是必然的。

順應自然，各得其所

◆大約4000年前，黃河流域發生了一次特大的洪水災害。禹的父親鯀因治水不利被處死在羽山，部落聯盟又推舉鯀的兒子禹治水災。

◆大禹請來了過去曾和他父親鯀一起治水的長者，總結過去失敗的原因，尋找根治洪水的辦法。

◆禹改變了他父親的作法，他帶領群眾鑿開了龍門，挖通了九條河，把洪水引到大海中去。

禹順應自然，又大公無私，不但治理了洪災，而且還成為歷史傳誦的有德明君。據記載大禹施行德政，在位期間，連鳥獸魚鱉也不受侵擾地愉快生存。

大禹治水

三過家門而不入

禹順應水流的自然規律，因勢利導，終於戰勝了洪水。

禹為了鞏固夏王朝，把全國分為九州（冀州、兗州、青州、徐州、揚州、荊州、豫州、梁州、雍州）進行管理，他還到南方巡視，在塗山（今安徽蚌埠市西）約請諸侯相會。禹為紀念這次盛會，把各方諸侯部落酋長們送來的青銅鑄成九個鼎，象徵統一天下九州，成為夏王朝的象徵。

佛祖捨身飼鷹

德的功用，對別人來說是令他人得到想要的東西；對自己來說，則展現出一種捨己為人的崇高品質。

在這個故事裏，鴿子希望逃脫被吃的命運，老鷹希望得到食物，而佛祖為了平衡兩者的利益之爭，只能選擇犧牲自己。

宅心仁厚，天下歸一

原文：

　　仁者，人之所親，有慈惠惻隱之心，以遂其生成。

　　注曰：「仁之為體如天，天無不覆；如海，海無不容；如雨露，雨露無不潤。慈慧惻隱，所以用仁者也。非（有心以）親於天下，而天下自親之。無一夫不獲其所，無一物不獲其生。《書》曰：『鳥、獸、魚、鱉咸若。』《詩》曰：『敦彼行葦，牛羊勿踐履。』其仁之至也。」

　　王氏曰：「己所不欲，勿施於人。若行恩惠，人自相親。責人之心責己，恕己之心恕人。能行義讓，必無所爭也。仁者，人之所親，恤孤念寡，周急濟困，是慈惠之心；人之苦楚，思與同憂；我之快樂，與人同樂，是惻隱之心。若知慈惠、惻隱之道，必不肯妨誤人之生理，各遂藝業、營生、成家、富國之道。」

● 解讀

　　原文所要表達的意思是：「仁」是人所獨具的仁慈、惻隱之心。人若能關心、同情人，各種善良的願望和行動就會產生。「仁」要求人們以慈愛、施惠、惻隱、同情的心思，來順遂萬物的萌生成長。

　　「仁」是儒家思想的核心，本意是指人與人之間相親相愛的倫理關係，孔子所說的「仁」，包括恭、寬、信、敏、惠、智、勇、忠、恕、孝、悌等內容，而「己所不欲，勿施於人」、「己欲立而立人，己欲達而達人」則是其實施的方法。「仁」是儒家的一種涵義極廣的道德範疇，而儒家的政治主張之一就是仁政。

　　仁政也即是天道在日常生活中的展現，而人則是弘揚和展現天道的執行者。如若天道得以實行，人則應相親相愛，具有仁慈樂施的惻隱之心，常存利人利物的奉獻精神，胸懷使天下人民、世間萬物各遂其願的偉大志向。

　　由此看來，仁的實質就像天一樣的寬廣，如海一樣的遼闊，像雨露一樣無所不包、無所不容，滋養萬物卻不求回報。慈惠、惻隱只不過是具有仁愛之心的具體表現，真正具有仁德的人，即使沒有刻意地表現自己愛護民眾，天下民眾卻會自願地擁護他，這是因為每個人都得到了他的恩惠，所有生靈在他的庇護下都得以安樂生存。正如《尚書》中所說，大禹施行德政，其在位期間，連鳥獸魚鱉也不受侵擾地愉快生存。

　　中國歷史上三皇五帝之一的舜，為四部落聯盟的首領，因受堯的「禪讓」而稱帝於天下，其國號為「有虞」，因而被稱為「有虞氏帝舜」。後世所謂的帝舜、大舜、虞帝舜、舜帝等都是指舜。

《詩經·行葦》藉蘆葦溫柔相依地生長在一起來比喻兄弟親人之間的體貼關懷。這都是充滿仁慈友愛之情的生動表現啊!

《詩經·行葦》

敦彼行葦,牛羊勿踐履。方苞方體,維葉泥泥。
戚戚兄弟,莫遠具爾。或肆之筵,或授之幾。
肆筵設席,授幾有緝御。或獻或酢,洗爵奠斝。
醓醢以薦,或燔或炙。嘉殽脾臄,或歌或咢。
敦弓既堅,四鍭既鈞。舍矢既均,序賓以賢。
敦弓既句,既挾四鍭。四鍭如樹,序賓以不侮。
曾孫維主,酒醴維醹。酌以大斗,以祈黃耇。
黃耇台背,以引以翼。壽考維祺,以介景福。

4

舜雖然後來貴為帝王，但其早年卻相當坎坷。傳說，舜的家境貧寒，雖然是帝顓頊的後裔，但到他父親時生活卻十分窘迫。舜的父親瞽叟，是個盲人。其母去世很早，其父續娶，生弟象。在這個家庭中，「父頑、母嚚、弟傲」，舜的處境很艱難，既要盡心侍奉父母，應對頑劣的弟弟，還要出外工作，維持家庭的溫飽。即使舜為維持家庭和睦而委曲求全，為溫飽而兢兢業業地工作，他仍得不到父母的歡心和弟弟的尊敬。全家甚至聯合在一起欲置舜於死地。

即使是在這樣不平等的待遇下，舜仍竭力維持家庭和睦，孝敬父母，愛護幼弟。他的聲名傳到了堯那裡，堯因此把自己的兩個女兒嫁給了他。此後「舜耕歷山，歷山之人皆讓畔；漁雷澤，雷澤上人皆讓居」，他的品行和能力得到了百姓的認可，在他耕作的地方，「一年而所居成聚（村落），二年成邑，三年成都（四縣為都）」。堯最終把自己的位子傳給了舜，舜也更加盡心盡力地為百姓謀福利，整個社會一團和美。這也正應了那句話：「宅心仁厚，天下歸一」。

《孟子·離婁上》說：「仁，人之安宅也。」此語是說人如有仁愛之心，就如住在安全的宅第一樣，可以過得心安理得，也就是說人的心靈要有棲居之地。儒家認為，這棲居之地就是「仁」。孟子這句話用來引導人們塑造自己的人格，是再好不過的了。

「仁」就是我們與生俱來的仁愛之心，而一個心靈以仁為家的人，不管世道如何，也不管世人的行為如何，總能把持住自己的方寸，也就永遠不會讓自己的心靈受到玷汙。無論在多麼艱難的處境下，依然可以保持高風亮節。屈原就用他的行動證實了「舉世皆濁我獨清，眾人皆醉我獨醒」。

屈原是戰國時期的楚國人，一生經歷楚威王、楚懷王、楚襄王三個時期。在楚懷王時，屈原對內主張變法，對外聯齊抗秦，選用賢能，但他的一片赤誠之心，觸動了貴族的利益，因而受到排擠，甚至是毀謗，因此被放逐到漢北，在艱苦之地仍不改其志，不願同流合汙，表明其心志的《離騷》就作於此時期。到楚襄王時，他因仍不願和那些奸佞之臣同流合汙，遭再次放逐，最終懷著一顆仁愛之心與楚國共存亡，跳汨羅江而死。

屈原的仁愛之心和他出汙泥而不染的高風亮節也贏得了世人的尊重，其美名流傳天下。

英雄末路

「屈原正道直行，竭忠盡智以事其君，讒人間之，可謂窮矣。信而見疑，忠而被謗，能無怨乎？屈平之作《離騷》，蓋自怨生也。」──《史記·屈原列傳》

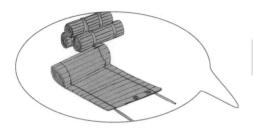

《離騷》是一部是中國古代詩歌史上最長的一首浪漫主義的政治抒情詩。

屈原從自敘身世、品德、理想寫起，抒發了遭讒被害的苦悶以及因楚王昏庸、奸佞猖獗而致使朝政日非的憂國之情，其不屑於與邪惡勢力同流合汙的抗爭精神也在其中淋漓盡致地表現出來了。

屈原投江

屈原早年受楚懷王信任，任左徒、三閭大夫，常與懷王商議國事，同時主持外交事務。但由於自身性格耿直，加之他人讒言與排擠，屈原逐漸被楚懷王疏遠。

約西元前 278 年，秦國大將白起揮兵南下，攻破了郢都，屈原在絕望和悲憤之下懷抱大石投汨羅江而死。

適宜變通，剛柔並濟

⑤

原文：

義者，人之所宜，賞善罰惡，以立功立事。

注曰：「理之所在，謂之義；順理決斷，所以行義。賞善罰惡，義之理也；立功立事，義之斷也。」

王氏曰：「量寬容眾，志廣安人；棄金玉如糞土，愛賢善如思親；常行謙下恭敬之心，是義者人之所宜道理。有功好人重賞，多人見之，也學行好；有罪歹人刑罰懲治，多人看見，不敢為非，便可以成功立事。」

● 解讀

原文所要表達的意思是合乎事理的行為就是義。獎賞美善、懲罰罪惡，建立功勞、成就事業，也就是人們常說的萬事要公正。當權者應適宜地把握獎、懲的度，鼓勵大家爭相建功立業，使事業興盛發達。所謂的處理事務的標準即為理，而理和義是統一的。只有按照合理的標準去判斷、處理事務，才可稱得上是「仁義」。賞善罰惡，是仁義的基本原則，只有遵循一定的標準，才能建立功德、成就事業，但是這個標準並不是一成不變的，準確地說是人對這個標準的執行過程應符合事務的本性，即合理。

在任何時代，社會都有一套自己的評價標準。孟子認為舜就把義處理得恰到好處。舜同父異母的弟弟叫象，舜年輕的時候，他的弟弟總想殺害他，在舜娶了娥皇女英之後，嫉妒的象還再次試圖行凶，但舜成為天子後不但沒有殺死象，還把有庳分封給他。然而舜又深知象的殘暴，為使有庳的百姓免受其害，他另外派遣官吏代替象治理有庳，收取貢稅繳納給象。舜還經常接見象，兄弟之情可驚可歎！孟子認為舜不因為仁愛百姓而影響愛弟之心，又不因為愛弟之心而使百姓受害，他這種適宜變通的作法，為後人處理這一種事關大義和小義的事情做出了榜樣。

而先賢孔子，對於義也有獨到的見解，比較有意思，但是也很符合人性。當年孔子周遊列國時，被困陳蔡之間，多日沒有進食，他的學生不忍看他挨餓，於是偷了一些食物給他，甚至搶別人的衣服換酒給他喝，孔子並不詢問食物的來源，只管填飽肚子。後來脫困之後，在魯哀公接待孔子之時，孔子對接待的禮制有相對高的要求，於是他的學生問他，為什麼現在卻要擺架子。孔子說：「當時是為了求生，所以饑不擇食，現在環境變了，就應該講究為人之道了。」

所以人要在不同的時候用不同的方式處理問題，不能一概而論，要知道，適宜的才是最好的。做人要知道變通，做事要懂得應變。

孝感動天

舜的父親瞽叟及繼母、異母弟象，多次想害死他，而事後舜毫不記恨，仍對父親恭順，對弟弟慈愛。他的孝行感動了天帝。舜在歷山耕種，大象替他耕地，鳥代他鋤草。帝堯聽說舜非常孝順，有處理政事的才幹，把兩個女兒娥皇和女英嫁給他；經過多年觀察和考驗，選定舜做他的繼承人。

舜登天子位後，去看望父親，仍然恭恭敬敬，並封象為諸侯。

適宜變通

人要在不同的時候用不同的方式處理問題，不能一概而論，要知道，適宜的才是最好的。做人要知道變通，做事要懂得應變。

當時是為了求生，所以饑不擇食，現在環境變了，就應該講究為人之道了。

先生為什麼現在的表現與在陳蔡受困時不一樣呀？

遵禮重道，人倫有序

原文：

> 禮者，人之所履，夙興夜寐，以成人倫之序。

> 注曰：「禮，履也。朝夕之所履踐而不失其序者，皆禮也。言、動、視、聽，造次必於是，放、僻、邪、侈，從何而生乎？」
>
> 王氏曰：「大抵事君、奉親，必當進退；承應內外，尊卑需要謙讓。恭敬侍奉之禮，晝夜勿怠，可成人倫之序。」

● 解讀

原文所要表達的意思是，「禮」就是人們所身體力行的。在日常生活中，人們經過躬身親行樹立起父子有親、君臣有義、夫婦有別、長幼有序、朋友有信的人倫秩序。

「禮」是表示敬意的通稱，泛指古代社會的社會與道德規範。古代很早就提倡禮治，並且還制訂了禮法條規和道德標準，又制訂了按名位而分的禮儀等級制度與官階品級制度，而禮治也就成為儒家的主要政治思想之一。倫理道德、禮儀法規是「天道」的演化。古代思想家雖然在認識上有局限性，但卻蘊涵著極其深邃的偉大智慧。

春秋、戰國和漢代倫理，一致強調禮的作用在於維持建立在等級制度和親屬關係上的社會差異，這點最能說明禮的涵義和本質。荀子云：「故先王案為之制禮義以分之，使貴賤之等、長幼之差、知賢愚能不能之分，皆使人載其事而各得其宜。」

儒家的理想封建社會秩序是貴賤、尊卑、長幼、親疏有別，要求人們的生活方式和行為符合他們在家族內的身分和他們的社會、政治地位，不同的身分有不同的行為規範，這就是禮。

禮是有差別性的，因人而異的行為規範，所以有「名位不同，禮亦異數」的說法。每個人必須按照他自己的社會、政治地位去選擇與其身分相當的禮，符合這個條件才能稱為有禮，否則就是非禮。例如：八佾是天子的禮節，卿大夫只許使用四佾，而魯季氏以卿的身分行八佾於庭上，孔子認為這種作法是非禮的行為，於是他憤慨地說：「是可忍也，孰不可忍也！」樹塞門和反坫是國君所用的禮，管仲採用，孔子批評其不知禮。歷代冠、婚、喪、祭、鄉飲等禮，都是按照當事人的爵位、品級、有官、無官等身分而制訂的，對於所用衣飾、器物以及儀式都有煩瑣的規定，不能亂用。

不同的人所遵循的禮也不同。所謂「禮不下庶人」，並非庶人無禮，只是

非禮不定，各得其宜

　　每個人必須按照他自己的社會、政治地位去選擇與其身分相當的禮，符合這個條件的才可以稱為有禮，否則就是非禮。荀子曰：人無禮不往，事無禮不成，國家無禮不寧。

禮之所興，眾之所治也；
禮之所廢，眾之所亂也。

名位不同，禮亦異數。

服喪睡床，合平禮嗎？

不合乎禮。

魯國大夫在父母死後二十七個月的喪服期間，睡在床上，這合乎禮嗎？

不知道。

說庶人限於財力、物力和時間，不能備禮，更重要的是貴族和大夫的禮不適用於庶人。例如：庶人無廟祭而祭於寢。

在家族中，父子、夫婦、兄弟之間的禮節各不相同。夜晚替父母安放好枕席、早晨向父母問安、出門一定當面告知、回來一定要請安、不住在院子的西南角（尊者所居）、不坐在席子的正中央、不走道路的正中、不站在門的中央、不藏匿私房錢，是為人子的禮數。只有透過不同的禮，才能確定家族內和社會上各種人的身分和行為，使每個人各守本分。「君臣上下，父子兄弟，非禮不定」（《禮記·曲禮上》），便是這個道理。

中國封建社會經過數千年的發展，到清朝時，出現了一部總結性的著作——《弟子規》。《弟子規》是根據聖人孔子的教誨編寫而成，其中秉承了孔子儒家禮制的思想，並總結歷代禮制，但不乏人性的光輝。《弟子規》以《論語》中的「弟子入則孝，出則悌，謹而信，泛愛眾，而親仁。行有餘力，則以學文」為中心，訓示弟子在家、出外、待人、接物與學習上應該恪守的準則規範，是一本規範人行為的國學經典之作。

儒家認為，人人遵守符合其身分和地位的行為規範，便「禮達而分定」，達到孔子所說的「君君臣臣父父子子」的境地，貴賤、尊卑、長幼、親疏有別的理想社會秩序便可得到維持，國家便可以長治久安。《禮記》裡談道：「用禮來治國，那麼做官的可以得體的處理問題，國家的政治主張可以得到實施；不用禮來治理國家，做官的處理事情不得體，國家的政策難以得到實施。」

「禮之所興，眾之所治也；禮之所廢，眾之所亂也」。顯而易見，放棄禮和禮治，儒家心目中的理想封建社會便無法建立和維持了。

禮對於一個國家來說，是國家的規章制度，具體到個人來說就是做人處世所應遵守的規矩和法則。禮是規範全社會的道德行為之規範和準則，無論在家或出外，我們每個人的一言一行都要涉及它。大至國家，小至個人，都必須遵循一定的禮儀規範。這樣，社會生活才能井然有序，人際關係才能和諧融洽，人民才能安居樂業。

作為倫理道德的「禮」的具體內容，還包括孝、慈、恭、順、敬、和、仁、義等等。在如今的社會依然需要這些禮的東西，來維持人與人之間的互相尊重，來維持社會的穩定和諧。

人子之禮

夜晚替父母安放好枕席。

早晨向父母問安，出門一定當面告知，回來一定要請安。

不走道路的正中。

不坐在席子的正中央。

中央的圓圈：禮

除此之外，不住在院子的西南角（尊者所居），不立在門的中央，不藏匿私房錢，也是人子的禮數。只有透過不同的禮，才能確定家族內和社會上各種人的身分和行為，使每個人各守本分。

千年之後，訓示弟子在家、出外，待人、接物與學習上應該恪守的守則規範的《弟子規》，更進一步對國人的行為進行了進一步規範。

德才兼備，為人之本

原文：

　　夫欲為人之本，不可無一焉。

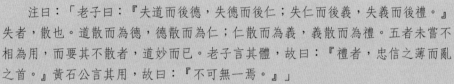

　　注曰：「老子曰：『夫道而後德，失德而後仁；失仁而後義，失義而後禮。』失者，散也。道散而為德，德散而為仁；仁散而為義，義散而為禮。五者未嘗不相為用，而要其不散者，道妙而已。老子言其體，故曰：『禮者，忠信之薄而亂之首。』黃石公言其用，故曰：『不可無一焉。』」

　　王氏曰：「道、德、仁、義、禮此五者是為人，合行好事；若要正心、修身、齊家、治國，不可無一焉。」

● 解讀

　　原文所要表達的意思是道、德、仁、義、禮是修身立業的根本。如要有所作為，道、德、仁、義、禮缺一不可。

　　孔子言：「三十而立，四十而不惑，五十而知天命，六十而耳順，七十而從心所欲，不踰矩。」談的是孔子的自我評價，而後世多理解為人生不同階段所應達到的生活理想狀態。其中的「三十而立」，所立者為何？多理解為立身、立言、立德。人若想在社會上站穩腳跟，獨立生活，即所謂的立身，便不可不修德，否則便會立身不穩；為人處世不可不講究權謀，否則便難以成功。

　　黃石公認為，為人處世須以道德為基石，以權謀為手段，二者缺一不可。只講權謀，不講道德，則遭人唾棄，與世難容；只講道德，不講權謀，也會到處碰壁，寸步難行。

　　「先天下之憂而憂，後天下之樂而樂」的范仲淹堪稱德才兼備之人，論從政，官居相位；論詩文，名著傳世；論軍事，雄才大略。此外，他還是個教育家、改革家。他集「文、儒、將、相、師」於一身，可謂文能安邦，武能定國。他雖屢經沉浮，仍不改直諫之志；雖「處江湖之遠」，依然心憂國事；雖遭迫害，仍不放棄理想。范仲淹把個人的恩怨、榮辱、得失置之度外，唯憂君、憂國、憂民之心，未曾稍去於懷。

　　范仲淹一生雖身居高位，但卻始終自奉儉約，以「施貧活族」為終生之志。錢公輔在《義田記》中讚揚范仲淹「平生好施與，擇其親而貧者、疏而賢者咸施之」。

　　在中國五千年的歷史長河中有很多為民請命，能稱得上是「中國脊梁」的人，范仲淹無疑是其中的一個。他德才兼備，高風雅量，連宋朝的理學家朱熹也稱其為「有史以來天地間第一流人物」！

為人之本

　　黃石公認為，為人處世需以道德為基石，以權謀為手段，二者缺一不可。只講權謀，不講道德，遭人唾棄，與世難容；只講道德，不講權謀，也會到處碰壁，寸步難行。

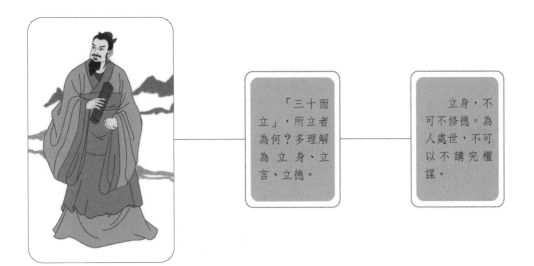

「三十而立」，所立者為何？多理解為立身、立言、立德。

立身，不可不修德。為人處世，不可以不講究權謀。

壹

原始章

道不可以無始

先天下之憂而憂，後天下之樂而樂

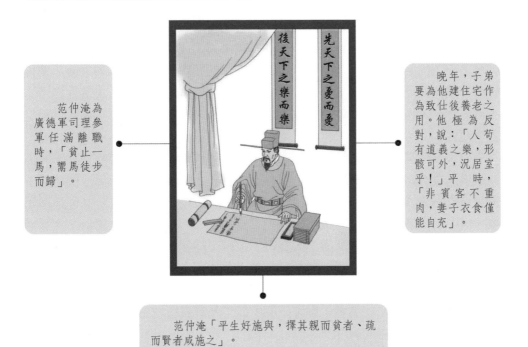

後天下之樂而樂

先天下之憂而憂

范仲淹為廣德軍司理參軍任滿離職時，「貧止一馬，鬻馬徒步而歸」。

　　晚年，子弟要為他建住宅作為致仕後養老之用。他極為反對，說：「人苟有道義之樂，形骸可外，況居室乎！」平時，「非賓客不重肉，妻子衣食僅能自充」。

范仲淹「平生好施與，擇其親而貧者、疏而賢者咸施之」。

治亂興衰，關乎君子

原文：

　　賢人君子，明於盛衰之道，通乎成敗之數。

8

> 　　注曰：「盛衰有道，成敗有數。」
> 　　王氏曰：「君行仁道，信用忠良，其國昌盛，盡心而行；君若無道，不聽良言，其國衰敗，可以退隱閒居。若貪愛名祿，不知進退，必遭禍於身也。」

● 解讀

　　原文所要表達的意思是賢明能幹之人、品德高尚的君子，之所以能趨利避害，是因為他們能看清國家興盛、衰弱、存亡的道理，通曉事業成敗的規律。「數」指的是規律性和必然性，即透過已經和正在發生的事情，可以預先揣度出未來，從而趨利避害。在歷史的長河中，君子既能預測未來的發展趨勢，又能洞悉興亡成敗、治亂去留的玄機。

　　這些德才兼備的賢人、道德高尚的君子，在遇到賢明的君主時，如果君主能夠施行仁政，任用並信任他們，他們一定會盡其所能輔佐賢君，這個國家就一定會繁榮昌盛；而在君主功成名就之時，比較明智的君子則會選擇退隱，過與世無爭的日子。

　　春秋末年的范蠡曾是越王勾踐的大臣，足智多謀。在越即將被吳所滅時，范蠡獻計「卑辭厚禮，乞吳存越」，在吳越兩國達成協議時，勸慰勾踐「屈身以事吳王，徐圖轉機」。並陪同勾踐忍受三年的屈辱生活，在歸國之後，積極協助勾踐完成「十年生聚，十年教訓」的計畫。對吳國滅亡產生決定性作用的「美人計」，也是范蠡所執行完成的。由此看來，其對越國的再次復興可謂是居功至偉。

　　但是，就是這樣一位功臣在越國滅吳後，卻悄然而去，輾轉前往齊國，因為他早已看透勾踐是可共患難，不可共富貴之人。范蠡臨行前給另一位功臣，也是他的好友文種寫了一封信，此信在《史記·越王勾踐世家》中有詳細記載。信中以「飛鳥盡，良弓藏；狡兔死，走狗烹」。勸文種急流勇退，文種猶豫再三，未能隱退。不久即遭小人讒害，被越王賜劍自裁，終成劍下之鬼。范蠡被齊王邀請前去擔任相國，但是三年後，范蠡再次交還相印，散盡家財，掛冠而去。范蠡被世人譽之「忠以為國；智以保身；商以致富，成名天下」之人。一身布衣贏得如此美名，實屬不易。能不為富貴所誘惑，從容退出是非之地，更是不易，可敬可歎！

留書文種

文種收到范蠡的信後謊稱生病不上朝，有人在越王面前進讒言說文種有可能作亂。越王於是賜給文種屬鏤之劍曰：「子有陰謀兵法，傾敵取國。九術之策，今用三已破強吳，其六尚在子所，願幸以餘術為孤前王於地下謀吳之前人。」文種遂伏劍。

飛鳥盡，良弓藏；狡兔死，走狗烹。越王為人長頸鳥喙，可與共患難，不可與共樂。子何不去？

功成身退

①滅吳之後，越國君臣設宴慶功。群臣盡皆歡喜，獨勾踐皺眉不語。

②范蠡察言觀色，立刻明白。他想：越王勾踐處心積慮為圖霸業，不惜用群臣生命作代價；而大業已成，如願以償，就更不願讓大臣們把功勞分去。

③常言道樹大招風，更何況與越王深謀二十餘年，既然功成名就，不如趁此急流勇退。想到這裏，他果斷向勾踐告辭，請求退居山林。勾踐不允，范蠡不辭而別，帶領家人奴僕，駕扁舟，渡東海，來到齊國。

范蠡被世人譽之「忠以為國；智以保身；商以致富，成名天下」。如果當年他不是知進退，就沒有以後商以致富的生活。

審時度勢，運籌帷幄

原文：

　　審乎治亂之勢。

9

> 注曰：「治亂有勢。」
> 王氏曰：「能審理、亂之勢，行藏必以其道。」

● 解讀

　　原文所要表達的意思是人應通曉社會政治修明與紛亂的形勢。所謂的「勢」即是一切事物力量表現出來的趨向，也就是政治、軍事等社會活動方面的狀況或情勢。賢人君子由於對主觀和客觀的規律、世事變幻的奧祕洞若觀火，並能根據當時的形勢，制訂出應對的辦法，所以天下的興亡彷彿就掌握在他的手中一樣。

　　運籌帷幄的高手，大家最熟悉的當屬三國時期的諸葛亮。諸葛亮透過潛心鑽研，不但熟知天文地理，而且精通戰術兵法。此外，諸葛亮還十分注意觀察和分析當時的社會，累積了豐富的治國用兵的知識。小到一次戰局，大到治理國家，諸葛亮總是胸有成竹。

　　在征服南蠻的過程中，諸葛亮七擒孟獲，七縱孟獲，最終贏得了包括孟獲在內的南蠻人的心悅誠服。孟獲是三國時期蜀國南部的一個土著首領，在諸葛亮正準備北伐時，他因帶兵騷擾蜀國，被諸葛亮率軍親伐，第一次孟獲便被生擒，但諸葛亮為使其心服口服，便縱其歸山。諸葛亮挑撥孟獲和其副將的關係，副將心生不滿，便很快把孟獲擒綁送往諸葛亮處。之後，諸葛亮輕鬆擒拿了孟獲多達五次。第六次和第七次，心有不甘的孟獲求助了同樣反對蜀國的其他土著部族，但被諸葛亮巧計破敵，最終孟獲心悅誠服地投降了蜀國。

　　諸葛亮之所以敢七擒七縱，並且還不惜勞兵費力地一次次地去擒獲孟獲，就是因為諸葛亮對南蠻的局勢有深刻了解。南蠻雖然可以用武力征服，但是在其統治過程中，必定會遭遇到不可知的困難，然而經過七擒七縱，蜀國的美譽便在當地傳開，這正是所謂的「不戰而屈人之兵」，蜀國也解除了後顧之憂。

　　人們面對不斷變化的形勢，需要冷靜沉著地理智思考，分清形勢的利弊得失，根據形勢的變化做出相應的反應。在古代，戰爭的時機尤其如此。諸葛亮所使用的「空城計」，令多疑的司馬懿暫時撤兵，虛虛實實，兵無常勢，這也令司馬懿喪失了活捉諸葛亮的機會，而這間接形成了多年的對峙。

　　審時度勢、見機行事，只有把握住最有利的條件和機會，伺機而動，選擇最恰當的方式，在不斷變化的事物中，把握住成功的主線，才能取得最終的勝利。

審時度勢，運籌帷幄

賢人君子由於對主觀和客觀的規律，世事變幻的奧祕洞若觀火，並能根據當時的形勢，制訂出應對的辦法，所以天下的興亡彷彿就掌握在他的手中一樣。

19歲的諸葛亮與友人徐庶等師從於水鏡先生司馬徽。

諸葛亮讀書與當時大多數人不一樣，不是拘泥於一章一句，而是觀其大略，透過潛心鑽研，他不但熟知天文地理，而且精通戰術兵法。

他還十分注意觀察和分析當時的社會，累積了豐富的治國用兵的知識。

三顧茅廬

劉備「三顧茅廬」於隆中，會見諸葛亮，問統一天下大計，諸葛亮精闢地分析了當時的形勢，提出了首先奪取荊、益作為根據地，對內改革政治，對外聯合孫權，南撫夷越，西和諸戎，等待時機，兩路出兵北伐，從而統一全國的戰略思想，這次談話即是著名的《隆中對》。

劉備　　諸葛亮

隆中對

知進識退，見好就收

原文：

> 達乎去就之理。

> 注曰：「去就有理。」
>
> 王氏曰：「若達去、就之理，進退必有其時。見可治，則就其國，竭立而行；若難理，則退其位，隱身閒居。有見識賢人，要省理、亂道理、去、就動靜。」

● 解讀

原文所要表達的意思是了解做事離去或留下的時機。「理」就是道理。理的作用表現為一種必然的趨勢，也只有在必然的趨勢中才能發現道理的存在。《老子》說：「功成身退，天之道也。」這是說，功業既成，隱身退去，應當是合乎自然規律的。自然界就是這樣，結了果，花就謝了，那麼成功了，人也就該隱退了。人沒有不愛慕虛榮、貪戀權勢的，但是回顧歷史，名利有誰能守得住？

中華五千年的文化精髓歸納起來就是一個「退」字，但急流勇退自古以來就不是一件容易的事，尤其當人們正「春風得意馬蹄疾」時，就更容易忘乎所以，於是就有了功高蓋主的嫌疑。縱觀中國歷史，那朝那代不是一旦江山坐穩了，便要「飛鳥盡，良弓藏，狡兔死，走狗烹」，這似乎已成定律。相比文種、韓信的慘死，相比劉基、徐達的悲劇，能夠大功之後急流勇退、且兩次全身而退的人也只有范蠡等寥寥幾人。難怪宋朝大文豪蘇東坡慨嘆說：「嗚呼！春秋以來，用捨進退未有范蠡之全者也。」他的「功成身退」表現出一種對於歷史的前瞻性，以及對自己所生存的環境清醒而睿智的把握與預測。

急流勇退需要有進退取捨的勇氣，需要有審時度勢的睿智，需要有泛舟五湖的瀟灑，還要有一顆淡泊名利的心。人若要穩妥地走好自己的一生，最重要的就是把握好進退取捨之間的度。

東漢末年的禰衡便是一個「誕傲致殞」之人，他是個相當不知進退之人。禰衡，才華橫溢，年輕時便展現了過人的才氣，過目不忘，長於辯論，文章寫得很好；但是，他急躁、傲慢、怪誕，動不動就開口罵人，因而得罪了不少人。這種不知進退的個性也最終導致了他的悲劇人生。

在東漢建安初年，漢獻帝接受曹操的建議，把都城遷到了許都（今許昌）。許都一時人才濟濟，禰衡也從荊州來到許都。禰衡生性高傲，自視甚高，也不願同流合汙，因而他所寫的自薦書即使被放在衣袋中磨破了，也一直未能送出去。當時在朝任職的司空椽、陳群和司馬朗因出身不好，禰衡稱其為

知進識退，見好就收

古往今來，建功立業之後，坐享天下是一般成功者的宏願，而功成身退者倒是微乎其微。

孔融稱禰衡：「淑質貞亮，英才卓犖。初涉藝文，升堂睹奧，目所一見，輒誦於口，耳所暫聞，不忘於心。性與道合，思若有神。弘羊心計，安世默識，以衡準之，誠不足怪。」

在《三國演義》中，禰衡初入曹營，就仰天長歎，一語驚人：「天地雖闊，何無一人也？」曹操手下的謀士荀彧、郭嘉，武將張遼、許褚等，都被禰衡貶得一文不值，甚至稱其為酒囊衣架庸碌可笑之輩。其狂妄之氣可見一斑。

可惜禰衡恃才傲逸，狂放不羈。《平原禰衡傳》中記載，僅孔融、楊修能入禰衡的眼，「大兒有孔文舉（孔融），小兒有楊祖德（楊修）」，還上策說「遂至漫滅，竟無所詣」，張揚狂妄至極。

劉表讓禰衡掌管文書，荊州官府的文件需經禰衡過目，「文章言議，非衡不定」。

禰衡的個性狂妄，得罪了很多人。一次，荊州的文士「極其才思」所作的文章，被禰衡批評得體無完膚，禰衡還大聲叱罵其粗濫，然後把它撕得粉碎，擲於地下。接著他大筆一揮，一篇「辭義可觀」的文章便出爐了，但荊州的文人都被其得罪光了。

殺豬賣酒之人。他諷刺尚書令荀彧長著一副弔喪之人的面孔，稱蕩寇將軍趙稚長是酒囊飯袋。這樣一位恃才傲物的人，在許都僅僅結交了同樣才華橫溢的孔融和楊修。大家都熟悉楊修就是死在了他的自作聰明上，他最終是被曹操尋機處死的，因為他戳破了曹操的心思。

　　和楊修一樣，禰衡的死也與曹操有關。孔融對禰衡評價甚高，稱其是「顏回不死」。因而他把禰衡推薦給曹操，希望曹操能夠任用禰衡，但禰衡很瞧不起曹操，他故意稱病，對曹操避而不見，還出言不遜，把曹操臭罵了一頓。曹操為了表現自己的大度，因而對其隱忍不發。但曹操試圖在一次宴會上要禰衡擊鼓取悅眾人，想藉此汙辱禰衡。禰衡卻光著身子擊鼓，使得曹操顏面掃地。曹操十分惱怒，但是他不願落下殺害文人才子的罪名，便想了一個借刀殺人之計，把禰衡送給荊州牧劉表。

　　劉表心胸狹窄，但是因敬仰禰衡的才氣，便讓禰衡掌管文書，「文章言議，非衡不定」，可見對其才氣的肯定，但是禰衡目空一切的狂妄個性，再次讓他重蹈覆轍。他有一次把其他文書所作的文章，批評得一文不值，還撕碎後擲在地上。這件事大大傷害了荊州文人的自尊心，令荊州文人對其非常不滿。禰衡甚至不把劉表放在自己的眼中，這令即使是敬仰禰衡的才氣的劉表也無法忍受，但劉表也不願擔當殺害禰衡的罪名，於是轉手把禰衡送給了江夏太守黃祖。

　　禰衡把文書之職處理得「輕重疏密，各得體宜」，黃祖深愛其才，但是禰衡仍未收斂起狂妄，竟當著賓客的面，刻薄無禮地諷刺黃祖。黃祖生性暴躁，當即下令處罰禰衡，禰衡不但不認錯，還高聲辱罵黃祖，怒不可遏的黃祖最終處死了禰衡。因為禰衡把黃祖手下的官員幾乎得罪光了，因而竟無一人為其求情。一代風流才子竟年僅二十六歲便身首異處，可憐可嘆！

　　禰衡才華橫溢，但其致命缺點是不知進退。其功還未建，便鋒芒畢露，把周遭的人都得罪光了，即使是他的好友孔融幫其引薦給曹操，他也敢對掌握實權的曹操大放厥詞，且經過曹操、劉表之事後，他對自己的行為還沒有任何反思，因而直接導致了他的死亡。

　　諸如禰衡之類的文人，即使是有統治者能忍受其一時的臭脾氣，長此以往，涵養再深的人也無法接受這種當面指責自己的人存在，其悲劇結局是注定的。楊修自恃聰明，猜測曹操的心思，曹操雖然是一代梟雄，但是容人之量還是有幾分的，但楊修參與到了曹操的繼承人之爭中，才令曹操下定決心除去他。

　　無論是楊修，還是禰衡，囂張跋扈，外露其鋒，進退不宜，以史為鑑，他們缺乏的就是一個「退」字。如想游刃有餘，成大事業者，須知進識退，見好就收，才能立於不敗之地。

鋒芒畢露

曹操的謀士楊修才思敏捷，靈巧機智，經常在曹操面前顯露自己的聰明，不識進退，鋒芒畢露，終遭殺身之禍。

羅貫中在寫楊修之死時說：「原來楊修為人恃才放曠，數犯曹操之忌。」曹操「忌」的是什麼呢？曹操「忌」的是楊修不給他面子。關於面子，這是中國人的傳統中最關心和重視的東西，所謂的「人有臉，樹有皮」。更為重要的是，楊修戳破的是統治者的不為人知，且是事關國家大事的祕密心思。

不識進退

楊修之死原因有三

① 楊修太狂，蓋了曹操的風頭。

② 楊修揭露了曹操夢中殺人的真實內幕。

③ 最為重要的是，楊修參加了曹丕和曹植的爭權鬥爭，而他選錯了立場。

韜光養晦，伺機而動

原文：

> 故潛居抱道，以待其時。

> 注曰：「道猶舟也，時猶水也；有舟楫之利而無江河以行之，亦莫見其利涉也。」
>
> 王氏曰：「君不聖明，不能進諫、直言，其國衰敗。事不能行其政，隱身閒居，躲避衰亂之亡；抱養道德，以待興盛之時。」

● 解讀

原文所要表達的意思是，當條件不適宜之時，能默守正道，甘於隱伏，等待時機的到來。偉大人物的成功在於自身的德才兼備，但更重要的是懂得乘勢而行，待時而動。龍無雲則成蟲，虎無風則類犬。歷史上的成功者都不會違背時勢、隨意妄動。倘若時機不成熟，便自甘於寂寞，靜觀其變。

在漫長的歷史長河中，胸懷深謀大略的智謀之士是比較特殊的一群人，他們往往具有高人的智慧，卻甘願屈身於君侯之側，藏於幕後，看似毫不起眼，但每每在重大的歷史事件中，總缺少不了他們的身影。通讀春秋戰國史，留在人腦海中的不是君王將相，而是那些縱橫捭闔、一言興邦的謀士。

這些謀士當中，最著名的當屬姜尚（姜子牙）。姜子牙胸懷濟世之志，想施展自己的抱負，可是一直懷才不遇，大半生在窮困潦倒中度過。他曾經在朝歌宰過牛，又在孟津賣過麵，姜太公也曾在商朝做過小官。雖然一直不如意，但是他始終勤奮刻苦地學習天文地理、軍事謀略，研究治國安邦之道，期望能有一天為國家施展才華。他隱居在蟠溪峽以奇特的方式釣魚，以等待時機的到來，這也是所謂的「姜太公釣魚，願者上鉤」典故的由來。

後來，姜子牙輔佐文王，興邦立國，還幫助武王姬發，滅掉了商朝。

諸如姜子牙之類的謀士在成功之前，要經歷怎樣的寂寞和無奈，這是常人無法想像的。為生活所迫宰牛、賣麵，即使是做這些被認為是低賤的工作，姜子牙仍堅持了下來，在見識了社會最底層的悲苦後，他才能感同身受，當政後能積極撫慰民心，急百姓之所急。

潛居抱道並不是人人都做得到的，只有胸懷天下的人才能夠在潛居的日子裡，不斷提升自己，加強自我修養，等待時機，濟世天下。三國時期，著名的謀士諸葛亮，結廬南陽臥龍崗，被人稱為「臥龍先生」。在其隱居期間，他並不是兩耳不聞窗外事，而是積極結交那些江南名士，如龐德公、龐統、司馬徽、黃承彥、石廣元、崔州平、徐庶等，溝通思想，了解時局。且他「每自比

潛居抱道，以待其時

不得志的姜子牙聽說當朝賢主周文王的聖名後，便來到渭水河畔，假藉垂釣之名來觀望時局，希望能得到周文王的賞識，使自己的才華得以施展。他異於常人的作法最終驚動了求賢若渴的周文王。

在蟠溪峽隱居十年後，時年八十三歲的姜子牙在周文王一再敦請之下，輔佐周文王勵精圖治，興兵伐紂，並於西元前 1066 年率兵三萬，大敗商軍於牧野。後來，姜子牙又輔佐文王之子武王滅了商紂王。

通往成功之路

學會等待，就等于找到了通往成功的門，就等於擁有了登上頂峰的路。

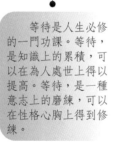

等待是人生必修的一門功課。等待，是知識上的累積，可以在為人處世上得以提高。等待，是一種意志上的磨練，可以在性格心胸上得到修練。

於管仲、樂毅」，時常吟唱《梁父吟》，提醒自己需時時胸懷天下、百姓，當政後以仁愛之心贏得了蜀地的民心支持；所以說大事業重機會，小事業重智慧。在人則為心，在事則為機。

等待不是一種退縮，不是一種服輸，不是消極被動的，而是有心之人的一種隱忍之道，是為了養精蓄銳，是為了伺機而起，是為了更有力地進攻與爭取。

漢朝的開國皇帝劉邦，是個市井小民出身，在秦末時曾擔任一個小小的亭長，趁秦末混亂之際起兵，依靠好友樊噲和蕭何的幫助成為沛縣的一縣之長。在逐漸壯大的過程中，劉邦藉助赤帝的名號，成為秦末一支強大的農民軍力量，但其實力明顯要遜於項羽。因此即使劉邦比項羽先進入咸陽，也很想把咸陽據為己有，他仍不得不迫於形勢退出咸陽，事後還為此向項羽請罪。歷史上的鴻門宴中，如果不是因為劉邦事先拉攏了項伯（項羽的叔父）和樊噲庇護，劉邦恐怕連霸上的項羽的軍營大門都出不去。

當時劉邦還不具備扳倒項羽的實力，因而即使明知霸上之行有著生命危險，劉邦仍然以此行動向項羽示弱。我們不得不佩服劉邦韜光養晦的涵養，在其羽翼未豐之前，一直隱忍不發。一旦時機成熟，劉邦便一鼓作氣地戰勝項羽。即使雙方曾以鴻溝為界簽訂了楚漢之盟，劉邦仍在蕭何和張良的建議下背信棄義地追擊項羽的軍隊，迫使項羽自刎於烏江江畔。

縱觀劉邦的興起及建立漢朝的過程，我們不得不承認其涵養之深，而且善於聽取屬下謀士的建議，才能在關鍵時刻，不拘小節，甚至不顧及其父的生命，最終在四年的楚漢之爭中，戰勝項羽，成為漢朝的開國君主。

韜光養晦就是甘願讓對方處在重要的位置，而自己處在次要的位置，這也是人們常說的謙卑。即要求人在實力不具備之時，必須掩飾自己的實力，不急不躁，恬然從容，利用一切機會累積實力。一旦時機來臨，就敏銳地抓住時機，即所謂的蓄勢待發。

真正要乘勢待進，離不開智慧。有智慧才能正確分析各方面錯綜複雜的情況，做出決斷，掌握時機，收到事半功倍的效果。相反，則很難做到這一點，往往讓時機從自己的身旁悄悄溜走而不自知。

等待可以修煉意志

人們往往只是看到成功者在成功的那一刻的輝煌，很少有人能夠想到，這種輝煌到來之前可能要經歷怎樣的寂寞和無奈。

潛居抱道並不是人人都做得到的，只有胸懷天下的人才能夠在潛居的日子裏，不斷提高自己，加強自我修養，等待時機，濟世天下。

等待不是一種退縮，不是一種服輸，不是消極被動的，而是有心機之人的一種隱忍之道，是為了養精蓄銳，是為了伺機而起，是為了更有力地進取。

在漫長的歷史長河中，胸懷深謀大略的智謀之士是比較特殊的一類人群，他們往往具有高人的智慧，卻甘願居身於君侯之側，藏於幕後，看似毫不起眼，但每每在重大歷史事件中，總缺少不了他們的身影。通讀春秋戰國史，留在人腦海中的不是君王將相，而是那些縱橫捭闔、一言興邦的謀士。

時至而行，位極人臣

原文：

> 若時至而行，則能極人臣之位。

> 注曰：「養之有素，及時而動；機不容發，豈容擬議者哉？」
>
> 王氏曰：「君臣相遇，各有其時。若遇其時，言聽事從；立功行正，必至人臣相位。如魏徵初事李密之時，不遇明主，不遂其志，不能成名立事；遇唐太宗聖德之君，言聽事從，身居相位，名香萬古，此即時至而成功。」

● 解讀

原文所表達的意思是，如果時機到來就立即行動，那麼就能夠順勢而上，扶搖直上九萬里，成就大事業或獲取較高的職位。

待時而動的隱士，一旦風雲變化，時機成熟，就會乘時而起，當仁不讓，改寫歷史，造福於民，實現治國平天下的遠大抱負。如李世民在「玄武門之變」時，先發制人，誅殺長兄建成；趙匡胤策動「陳橋兵變」，黃袍加身。這就是儒家所說的「窮則獨善其身，達則兼濟天下」。可見機遇、局勢對於有志者的重要性。孟子說：「雖有智慧，不如乘勢。」所以有大智者不與天爭，不與勢抗。因為他們明白，真理猶如舟船，時運猶如江河。沒有闊達彼岸的浩瀚之水，船無法到達彼岸。

唐朝宰相魏徵，滿腹經綸，屬意天下縱橫。最初輔佐李密時，魏徵對李密也寄予很大的期望，他曾向李密進十策，希望能夠一展抱負。可惜，李密雖然採納了這些建議，但卻未能實施。玄武門之變後，魏徵得到李世民的賞識，任其為諫官，並經常召入內廷，詢問政事得失。魏徵竭誠輔佐，知無不言，加上性格耿直，往往據理力爭，時常犯顏直諫；所以，唐太宗有時對他也會產生敬畏之心，但是唐太宗對於魏徵的諫言多數還是接納實施了，這也為唐初的安定繁榮奠定了基礎。魏徵就是遇見了李世民這樣的明君才贏得了「諍臣」的美名和施展才華的機會。

中唐的詩人李賀便沒有如此幸運了，他雖然出身唐宗室，才華橫溢，卻生不逢時，懷才不遇。在應試過程中，被人誣陷，無奈「合扇未開逢獚犬，那知堅都相草草」，連應試資格也失去了。這才是所謂的，雖有駿馬劍篋之才，卻無建功立業之機。李賀只有空發「我當二十不稱意，一生愁謝如枯蘭」的嘆息。抑鬱不得志令這位生逢亂世、體弱多病的苦吟詩人十八歲就愁白了少年頭，二十七歲便抑鬱而死，雖然他留給下很多氣沖霄漢的名句，但總歸是被埋沒了才華。

韓非子曰：「勢者，勝眾之姿也。」機遇、局勢對於有志之士相當重要，但是如果對時局審視不夠，分析不清，機遇將轉瞬即逝。一旦抓住了機遇，便會一飛沖天。

時至而得勢

一個人要想成功，光有雄才偉略是不夠的，一定要有施展才能的平台，才能夠大展身手。

魏徵一生進諫無數，為唐初的安定繁榮立下了汗馬功勞。魏徵就是遇見了李世民這樣的明君才有了施展才華的機會。

由於魏徵能夠犯顏直諫，即使太宗在大怒之際，他也敢面折廷爭，從不退讓，所以，唐太宗有時對他也會產生敬畏之心。

懷才不遇

我當二十不稱意，一生愁謝如枯蘭。

李賀是中唐重要的作家。因為政局混亂及自身失意，其詩多揭露時弊之作和憤懣不平之音。既有昂揚奮發之氣，也有感傷低沉之情；既有熱烈奔放的抒懷，也有淒冷虛幻的意境；既有樸素唯物主義思想，也有及時行樂的頹廢。

把握時機，建立偉業

原文：

> 得機而動，則能成絕代之功。

13

> 王氏曰：「事理安危，明之得失；臨時而動，遇機會而行。輔佐明君，必施恩布德；理治國事，當以恤軍、愛民；其功足高，同於前代賢臣。」

● 解讀

　　原文所要表達的意思是，人如果得到機會就立即奮起，那麼就能夠成就舉世無雙的豐功偉業。人生成功的祕訣是當機會來臨時，立刻抓住它。因為機不可失，失不再來。適時地把握機會，才能夠建功立業。

　　中國雖然歷朝歷代有那麼多的明君帝王，但是在國外，人們關注的只有兩個。一個是成吉思汗，另外一個則是努爾哈赤。他們不僅影響了中國的歷史，而且直接影響了世界的歷史。

　　努爾哈赤出身於建州女真，幼年時僅僅是一個在茫茫林海中打獵的獵人。在與漢人的交往中，他學會了漢文，接觸到了漢族的文化。如果只是這樣生活下去，努爾哈赤將就只是一個沒沒無名的獵人。其祖父和父親的死，激起了努爾哈赤的復仇之心。努爾哈赤用他父親留下的十三副盔甲，開啟了他的霸業。他不僅為父報仇，還在此過程中壯大了力量。建州女真各部全部被其收入囊中。雖然努爾哈赤統一了女真，但是他的實力還不足以推翻明朝，因而努爾哈赤暫時向明朝表示了臣服，蟄伏以待時機。他還藉機多次刺探明朝的虛實，並在認為時機成熟後於 1616 年正式建立了金，即歷史上的後金。後金最終攻入紫禁城，推翻了明朝。

　　在努爾哈赤建立霸業的過程中，其父的死是刺激他轉變的第一步，而建州各部的形勢則是他成就霸業的一個小環境，明朝實力的衰弱則是大環境。魏源《聖武記》中言：「小天時決利鈍，大天時決興亡。」

　　在與明朝決定性的幾次勝利中，後金佔據了天時、地利、人和。薩爾滸之戰發生在隆冬季節，明朝的軍隊全是從江南調往東北，這與土生土長在東北地區的女真人相比是大大不妙，而且東北的山路崎嶇，密林廣布，女真便佔據了天時、地利，因而大獲全勝，而明朝阻止後金擴張的計畫便宣告失敗。明朝天啟年間，明熹宗信任太監魏忠賢而導致明朝加速走向衰落，一個日薄西山的衰敗王朝與一個冉冉升起的新生力量遭遇，其結果可想而知！

　　正可謂「時勢造英雄」，而英雄也是乘勢而起，擇機、乘勢還要同自己的努力相結合。

擇機而行

劉邦建國後廢除了秦朝的禮儀，力求簡易。但出身下層，沒受過多少禮儀訓練的大臣在朝堂上經常做出失禮的行為，如飲酒爭論、醉後喧譁，甚至拔劍擊打宮殿的支柱。

劉邦對此感到很惱火，於是叔孫通乘機向漢高祖建議制訂宮廷禮儀。叔孫通到魯國故地徵召多名儒生到長安，協助制定及演習宮廷禮儀。禮儀的制訂終於讓劉邦感受到了作為皇帝的尊貴，因而他大肆封賞了叔孫通和相關的儒生。

乘勢而起

　　人生成功的祕訣是當機會來臨時，立刻抓住它。因為機不可失，失不再來。適時地把握機會，才能夠建功立業。

孟子‧公孫丑上》：「雖有智慧，不如乘勢，雖有鎡基，不如待時。」可見，機遇很重要，但是能審時度勢，把握住機遇更為重要。一旦能抓住機遇，扶搖而上，便多會「春風得意馬蹄疾，一日看盡長安花」。

寧為玉碎，不為瓦全

原文：

　　如其不遇，沒身而已。

14

王氏曰：「不遇明君，隱跡埋名，守分閒居；若是強行諫諍，必傷其身。」

● 解讀

　　原文所要表達的意思是，如果所遇非時，也不過是淡泊以終而已。如果生不逢時，寧願隱姓埋名，一生淡泊，閒居度日，也不肯為無道昏君所用。這也是在教導君子堅守自己的高風亮節，不為世俗的繁華吸引而去幫助無道之人治理天下。在汙濁的環境中，一眼清泉是無法滌清濁流的。戰國時的屈原，雖然竭力以幽蘭之氣去清新那汙濁的朝堂，但終是無能為力，最後自己也自沉汨羅江，追隨楚國而去。

　　寧願堅守道德而寂寞一時，寧願遵從大義而捨生一死的例子，自古以來有很多。商末的伯夷、叔齊相互推讓王位，在武王伐紂時，二人以諸侯伐君為不仁勸阻武王，但武王不聽。二人便於商亡後隱居首陽山，不食周粟，而僅「采薇而食之」；因而二人被認為是堅守氣節的楷模。西晉嵇康寧可被斬首洛陽東市，也不為司馬氏所用。東晉詩人陶淵明不為五斗米折腰。唐朝詩人李白高歌：「安能摧眉折腰事權貴，使我不得開心顏」！

　　南宋末年的文天祥則更是這方面的翹楚。據《十八史略》記載：文天祥兵敗被俘後，張弘範以死相迫，令文天祥寫信招降張世傑，文天祥以一首《過零丁洋》詩回敬給他。「人生自古誰無死，留取丹心照汗青」也令張弘範深受感動，不再逼迫於他。元世祖也令張弘範對文天祥以禮相待。

　　人所以能「觀物外之外，思身後之身，」完全在於「仁義」二字。文天祥在他的「衣帶贊」中曰：「孔曰成仁，孟曰取義，惟其義盡，所以仁至。讀聖賢書，所學何事？而今而後，庶幾無愧！」儒家的捨生取義在文天祥的身上得到了充分展現，其浩然正氣萬古流芳。

　　人如果有「寧受一時之寂寞，毋取萬古之淒涼」這樣的追求，生活上也就甘於淡泊了。孔子說：「不義而富且貴，於我如浮雲。」反之，如魏忠賢、嚴嵩、和珅等人，幾乎個個都是依仗權勢的奸臣小人，他們最後都落得個身首異處，淒涼萬古的悲慘下場。

如期不遇，沒身而已

楚威王聽說莊周很有才幹，便派人帶著貴重的財物想聘請他為相。

莊周認為楚威王不是賢君，所以婉言拒絕了他的美意。寧願隱逸江湖。

莊子把入仕看成自願當祭品，失去人格，寧在窮閭陋巷中織縷維持生計，靠借貸過日子，也不願受卿相利祿的引誘。莊子真的不願入仕嗎？並非完全是這樣，其根本原因是他看到了社會現實的險惡和殘酷。

好言老莊，不喜入仕

西晉的司隸校尉鐘會想結交嵇康，嵇康正與向秀在樹蔭下鍛鐵，不理會來訪的鐘會。在鐘會離開時，嵇康問：「何所聞而來，何所見而去？」鐘會答：「聞所聞而來，見所見而去。」從此鐘會便對嵇康懷恨在心。

嵇康風度非凡，為一世之標，史載：嵇康身長七尺八寸，風姿特秀。山公曰：「嵇叔夜之為人也，岩岩若孤松之獨立；其醉也，傀俄若玉山之將崩。」也就是說，嵇康身材高大，儀容俊美，聲音悅耳，文采卓越。雖然不刻意裝扮自己，卻能透過超脫的器度流露出自然的美感。

嵇康「竹林七賢」的領袖人物。嵇康不喜為官，平時以打鐵為樂（一說以此謀生）。大將軍司馬昭曾想聘他為自己的掾吏，嵇康堅守志向不願出仕，離家躲避到河東。

德高望重，名垂千古

原文：

> 是以其道足高，而名重於後代。

15

> 注曰：「道高則名垂於後而重矣。」
> 王氏曰：「識時務、曉進退，遠保全身，好名傳於後世。」

● 解讀

原文所要表達的意思是，如果賢人君子掌握的道足夠高深，只要適逢其時，就能功名顯赫並流傳後世。即使是他的一生比較坎坷，未能顯達，也無損於後世對他聲名的推崇。

歷史上有很多德才兼備卻終生懷才不遇的高人，如儒家的創始人、春秋末年的思想家——孔子，在厄於陳、蔡時便曾發出「吾道非耶？吾為何如此？」的慨嘆。

孔子的思想是偉大的、學說是深奧的、遭遇是淒涼的、感嘆是苦澀的。周遊列國後，孔子只存一念，就是「乘桴浮於海」，意在揚帆江海，重返故園。政治徬徨，夢想殘損，精神無歸，孔老夫子悵然作隱逸之論：「天下有道則見，無道則隱。」孔子雖沒建立豐功偉業，但是其思想影響了中國幾千年，其開創的儒家學派也自漢朝的「罷黜百家，獨尊儒術」以來，成為中國的正統學科，也是任賢用能的標準，其影響綿延數千年至今。

生於唐末五代時期，道家的陳摶老祖，「十年蹤跡走紅塵，回首青山入夢頻。」早年，陳摶何嘗無用世之心，但是世事不是他所能左右的，他對此看得很透徹，便隱於華山，以待其時，以待其人而已。後周的周世宗柴榮曾請其出山，但陳摶認為在亂世當中，柴榮的夢想也不能持續多久，終不願再入世俗，「攜取舊書歸舊隱，野花啼鳥一般春」，隱居華山而去，贏得一個「睡仙」的雅名，但他的道行深厚，德行深遠，其英名也就被後人廣為傳誦。

諸如陳摶這樣的隱士，深知歷史的進程不是憑一己之力所能改變的，只能選擇隱居世外，淡泊過完一生。在隱居時期，他們也在尋求自己的有緣人，如遇到便拚力一搏，助其成就偉業。但如果不能遭遇明主，則甘願隱匿鄉野。

其實，這裡面也是講究一個「退」字，世人皆說比干有顆七竅玲瓏心，但他錯估了當時的紂王。箕子相對比較聰明，他見屢諫不止，便披髮佯狂為奴，隨隱而鼓琴以自悲。箕子既想以此進諫紂王，也想以此保命。比干和箕子截然不同的結局，也提醒那些賢人君子，如果無力改變，不如隱去，重待時機。

有道則見，無道則隱

「吾道非耶？吾為何如此？」在鬱鬱不得志之時，孔子也會發出這樣的感歎。

「彼其於世，未數數然也。」對於世事，賢人君子當對其了然於心，才能一展宏圖。世事不明，只能導致無謂的付出。

高風亮節魯仲連

北宋陳摶《歸隱》：「十年蹤跡走紅塵，回首青山入夢頻。紫綬縱榮爭及睡，朱門雖豪不如貧。愁看劍戟扶危主，悶聽笙歌聒醉人。攜取舊書歸舊隱，野花啼鳥一般春。」

據說陳摶之所以隱居華山，是因為他在趙匡胤還在一名不文時與其下棋，以華山為賭注，最終贏得了華山，這就是所謂的「賭棋贏華山」的典故。

《歸隱》一詩表明，陳摶早年也胸懷大志，入仕以圖功業，但經過人世紛爭，對「爾虞我詐，翻手為雲，覆手為雨」的生活心生厭倦，便選擇了無戰事煩心，無絲竹亂耳，與青山相伴，同野花相戲，和風聲相和的閒雲野鶴的生活。

貳

正道章 ————————————→

道不可以非正

　　不偏其中，謂之正；人行之履，謂之道。此章之內，顯明
英俊、豪傑，明事順理，各盡其道，所行忠、孝、義的道理。

　　釋評：天道之體用，既已心領神會，那麼為人處世就要
順天道而行。順之者昌，逆之者亡。有德君子如有凌雲之志，
就應當德、才、學皆備。信義才智、胸襟器度，缺一不可。
如此者，便是人中龍鳳、世間俊傑。這才是做人的正道。

本章圖說目錄

以德服人，眾望所歸

原文：

德足以懷遠。

注曰：「懷者，中心悅而誠服之謂也。」

王氏曰：「善政安民，四海無事；以德治國，遠近咸服。聖德明君，賢能良相，修德行政，禮賢愛士，屈己於人，好名散於四方，豪傑若聞如此賢義，自然歸集。此是德行齊足，威聲伏遠道理。德行存之於心，仁義行之於外。但凡動靜其間，若有威儀，是形端表正之禮。人若見之，動靜安詳，行止威儀，自然心生恭敬之禮，上下不敢怠慢。」

● 解讀

原文所要表達的意思是，品德高尚的人足以使遠方的人心悅誠服地前來歸順。懷即是使人打心眼裡真誠歸服。

崇高的品德與武力相比，它的力量就在於它能使遠方的人心悅誠服地前來歸順。道德感化能使人永久心服，而武力征服只能使人暫時屈從。明朝洪自誠《菜根譚》中云：「遇欺詐之人，以誠心感動之；遇暴戾之人，以和氣薰蒸之；遇傾邪私曲之人，以名義氣節激勵之；天下無不入我陶冶矣。」意思是說，遇到狡猾欺詐的人，要用赤誠之心來感動他；遇到性情暴戾的人，要用和藹的態度來感化他；遇到行為不端者，要用道義氣節來激勵他。假如能做到這幾點，那天下的人都會被我的美德感化了。

春秋戰國時期的四公子之一的孟嘗君便是其中的代表。孟嘗君原名田文，其父田嬰是當時齊國的丞相。田嬰不喜歡田文，他在田文長大之後才見到田文，田文的有關厚待士的言論改變了父親對他的看法。在田嬰死後，田文便成為了齊國的相，成為孟嘗君。

不得不承認，孟嘗君在對待士方面有獨特的見解，而這些士也成為孟嘗君得以縱橫各國的重要原因。孟嘗君門下食客三千，這三千人當中，有文人墨客、刑徒罪犯，甚至連雞鳴狗盜之輩也籠絡在內。孟嘗君對待所有的門客一視同仁，在待遇方面也是統一對待，比照自己的用度標準。孟嘗君不僅照顧門客的生活，還禮敬門客的親戚；而且，孟嘗君從來不挑揀門客，無論什麼樣的人前來投奔，孟嘗君都熱情接納。孟嘗君厚待賢士的這種作法使得所有門客都賓至如歸，因而有源源不斷的門客前來投靠於他。

正是孟嘗君的人格魅力才使他得到了那麼多賢士的認可。比如：依靠雞鳴狗盜之徒，孟嘗君得以從秦國脫逃，而依靠馮諼的幫助，孟嘗君才得以重掌相位。

德足以懷遠

崇高品德的精神力量就在於他能使遠方的人心悅誠服地前來歸順。武力征服只能使人暫時屈從，道德感化卻使人永久心服。

遇到狡猾欺詐的人，要用赤誠之心來感動他；遇到性情暴戾的人，要用和藹的態度來感化他；遇到行為不端者，要用道義氣節來激勵他。假如能做到這幾點，那天下的人都會被我的美德感化了。

禮賢下士

．孟嘗君門下食客三千，這三千人當中，有文人墨客、刑徒罪犯，甚至連雞鳴狗盜之輩也籠絡在內。

孟嘗君對待所有的門客一視同仁，在待遇方面也是統一對待，比照自己的用度標準。孟嘗君還愛屋及烏，不僅照顧門客的生活，還禮敬門客的親戚。在這些門客的幫助下，孟嘗君才得以在齊、魏、秦等國游刃有餘。

精誠所至，金石為開

原文：

> 信足以一異。

注曰：「有行有為，而眾人宜之，則得乎眾人矣。天無信，四時失序；人無信，行止不立。人若志誠守信，乃立身成名之本。君子寡言，言必忠信，一言議定再不肯改議、失約。有得有為而眾人宜之，則得乎眾人心。一異者，言天下之道一而已矣，不使人分門別戶。」

● **解讀**

原文想要表達的意思是，誠實不欺，守信用的人，可以統一不同的意見。凡事講信譽，可以消除猜忌，使萬眾一心，形成一種強大的凝聚力。

最早知道利用這種心理來治理國家的，當屬秦國的商鞅。在春秋末期，井田制度瓦解，社會因此出現了極大的動盪。各國都在進行變法，奉行「治世不一道，變國不法古」的商鞅制訂的法令更是大膽，很多都觸犯到了貴族的利益，因而如果想要順利實施法令，就必須有一個平台，即取信於民。推行法令依靠的是百姓，但戰爭頻繁、人心惶惶，政府的法令極易改變，要想取信於民絕非易事，於是便有了「立木取信」的典故。

商鞅命人在城門外立了一根木頭，聲稱只要把這根木頭搬到另外一個城門，便有重賞。圍觀的人群議論紛紛，卻無一人動手。商鞅的賞金因此越加越高，終於有一個人抱著試試看的想法在眾人的哄笑聲中搬走了木頭。事成之後，商鞅果然遵守諾言，立刻就發下了賞金。百姓們因此紛紛對商鞅心生敬意，此事一經宣揚，商鞅在百姓心中頓時樹立起了威信，確保了新法的順利實施。秦國因此漸漸強盛，最終統一了中國。

與「立木為信」相對而言，那場「烽火戲諸侯」的鬧劇則令人啼笑皆非。「立木取信」一諾千金，使得變法成功、國富民強，然而周幽王竟為了博自己的妃子褒姒一笑，不惜點烽火召集諸侯勤王。烽火是國家的號令，也是國家的誠信，竟被這樣拿來戲弄，最終周幽王自食苦果，被犬戎攻破了鎬京。就這樣，周幽王死在逃亡的路上，西周也滅亡了。

小到個人，大到國家，「信」都是至關重要的，甚至會關係到國家的興衰存亡。

「三杯吐然諾，五嶽倒為輕。」這是李白〈俠客行〉的詩句，形容承諾的分量比大山還重，極言誠信的重要性。人以信為做人之根本，「人無信而不立」。中國歷來重視誠信教育，有大量概述誠信的詞語，如「修辭立誠」、

信足以一異

　　凡事講信譽，可以消除猜忌，使萬眾一心，形成一種強大的凝聚力。商鞅透過南門立木，在百姓心中樹立起了威信，確保了新法的順利實施，新法使秦國漸漸強盛，最終統一了中國。

商鞅變法的條令已準備就緒，還沒公布，擔心百姓不相信自己，不按照新法令去做。於是商鞅想出一個辦法，他叫人在都城的南門豎了一根三丈高的木頭，聲稱誰能把這根木頭扛到北門去，就賞黃金十兩。

人群裏的一個人真的把木頭扛起來，搬到北門。商鞅立刻派人傳出話來，賞給扛木頭的人十兩黃澄澄的金子，一分也沒少。

「一言九鼎」、「一諾千金」、「言而有信」、「金口玉言」、「言必信，行必果」等。在擁有五千年悠久歷史的中國，誠信一向是中國人引以為豪的美德。中國崇尚「誠信」的文明淵源流長，早在幾千年前，孔子就說過：「人而無信，不知其可」，延伸之意則為「信，則知其可」。千百年來，人們講求誠信，推崇誠信，誠信之風，質樸淳厚。

誠信的觀念，在很早便被中國人灌輸到對孩童的教育中，比如曾子殺豬。曾子是個很重誠信的人，他以自己的實際行動言傳身教，教育自己的孩子要學會誠信，即使是在小事上，只有這樣才能贏得他人的尊重，贏得事業的成功。在秦末，有個叫季布的人，平時很重誠信，導致坊間流傳：「得黃金百斤，不如得季布一諾」，這也是「一諾千金」典故的由來，而這種美德也在關鍵的時刻救了季布一命。當時季布得罪了劉邦被通緝，季布的朋友感念季布的恩德，佩服他的品行，竟冒著全家被殺的危險窩藏他。可見，誠信是人交往的基礎，也是事業成功的基石。明代學者也有這樣的表述：「身不正，不足以服；言不誠，不足以動。」就是說，行為不正的人，不足以被人信服；言語不誠實的人，不能與其共事。

歷朝歷代，講求誠信的文人志士有很多，北宋的詞人晏殊，便是其中的一個。據說，在晏殊十四歲時，作為神童的晏殊和一千多名進士同時參加考試。結果晏殊發現考試題目自己剛剛練習過，於是便請求真宗換題目。宋真宗欣賞他的真誠，便賜給他「同進士出身」。另外一件事便是晏殊不參加官員之間的郊遊和各種宴會，而是埋頭讀書。這一點得到了真宗的欣賞，於是真宗命其輔佐太子讀書，晏殊卻對真宗說，不是其不願參加宴遊，只是家貧而已。晏殊的坦誠不僅得到了真宗的欣賞，也得到了群臣的敬佩。

從小方面講一個人的言談舉止、為人處世，都離不開誠信，誠信不僅是一種品德，更是一種責任，「人不信於一時，則不信於一世」。從大方面來說，國家的誠信也就是所謂的「道」、「義」，《孟子‧公孫丑下》曰：「得道者多助，失道者寡助。寡助之至，親戚畔之；多助之至，天下順之。」孟子言：「得天下有道：得其民，斯得天下矣；得其民有道：得其心，斯得民矣。」說的都是國家要想繁榮富強，必須站在正義一方，得民心方可，而這基礎則是取信於民的「道」、「義」，即國家須用自己的誠信，取信於民。

信比天大

　　李白曰：「三杯吐然諾，五嶽倒為輕」，明代學者也有這樣的表述：「身不正，不足以服；言不誠，不足以動。」就是說，行為不正的人，不被人信服；言語不誠實的人，不必與他人共事。

> 趙客縵胡纓，吳鉤霜雪明。
> 銀鞍照白馬，颯遝如流星。
> 十步殺一人，千里不留行。
> 事了拂衣去，深藏身與名。
> 閒過信陵飲，脫劍膝前橫。
> 將炙啖朱亥，持觴勸侯嬴。
> 三杯吐然諾，五嶽倒為輕。
> 眼花耳熱後，意氣素霓生。
> 救趙揮金鎚，邯鄲先震驚。
> 千秋二壯士，烜赫大梁城。
> 縱死俠骨香，不慚世上英。
> 誰能書閣下，白首太玄經。

俠客行

> 「三杯吐然諾，五嶽倒為輕。」這是李白《俠客行》的詩句，形容承諾的分量比大山還重，極言誠信的重要。

> 行為不正的人，不被人信服；言語不誠實的人，不必與他人共事。古代人經商，即使是很小的生意，也要講求信譽。

童叟無欺

滿意而歸

賞罰分明，以得人心

原文：

義足以得眾。

注曰：賞不先於身，利不厚於己；喜樂共用，患難相恤。如漢先主結義於桃園，立功名於三國；唐太宗集義於太原，成事於隋末，此是義足以得眾道理。

● 解讀

原文所要表達的意思是，裁斷事情合乎道理就足以獲得眾人的支持和擁護。這也就是所謂的賞罰分明。只有賞罰分明才能以德服人，得到眾人的支持。

賞罰分明最早貫徹在軍事上，《孫子兵法》開篇便言：「主孰有道？將孰有能？天地孰得？法令孰行？兵眾孰強？士卒孰練？賞罰孰明？吾以此知勝負矣。」這句話表達的是判斷戰爭取勝與否的重要條件，其中包括君主施政清明、將領的才能、天時地利、軍紀嚴明、軍隊數量及訓練有素，還有很重要的是賞罰分明。在這部被奉為兵家經典，在世界上都產生過重要影響的兵書中，在開頭第一句話就把賞罰分明提了出來，也說明這是非常重要的一點。

《孫子兵法》中孫武練兵和諸葛亮揮淚斬馬謖的例子就闡述了賞罰分明的道理。傳說，吳王不相信孫武的能力，便試圖一試其能力。吳王把后妃和宮女交給孫武操練，一幫女子嘻嘻哈哈，在校場上一點也不聽從指揮，孫武三令五申，眾人皆不聽號令。於是孫武下令處斬了不聽號令的吳王的最心愛的寵妃，其他宮娥被嚇得戰戰兢兢，因而令出必行，吳王才放心任用孫武。孫武果斷敢行，軍紀嚴明，才令吳國軍隊聲威大震。在三國中，諸葛亮揮淚斬馬謖的故事也講述了軍紀嚴明的重要性。在諸葛亮力圖統一的北伐戰爭中，曾令馬謖駐守戰略要地街亭，去時諸葛亮再三告誡，令其謹慎小心，但是馬謖驕傲自大，不聽軍令，以致錯失街亭，使得此次北伐無功而返。面對如此大的損失，諸葛亮即使十分痛惜馬謖，為了大局著想，也必須做出處罰。不斬馬謖，難平軍憤。

罰，必須事出有因，罰的力道要合理。罰不是目的，震懾人心，以利發展才是最終目的，而罰也要講究方法，所謂「殺雞給猴看」、「以儆效尤」、「擒賊先擒王」便是這個意思。

同時，不能只罰不賞。芸芸眾生，皆為利往。重賞之下必有勇夫，就是這個道理。人生在世俗當中，當然不能免俗。賞只是罰的另一面，都是為了激勵、促進下屬更好更快地完成豐功偉業。賞和罰是相匹配的，缺一不可。

以儆效尤

孫武受命訓練吳王宮中的后妃和宮女，眾多的女子未見到過如此的陣勢，嘻嘻哈哈，一點也不聽從軍令。

三令五申之後，仍不奏效。孫武處斬了吳王最受寵的妃子，驚恐的妃嬪不敢不聽號令，令出皆行。吳王這才相信孫武的能力。

揮淚斬馬謖

馬謖是個很有才華的人，在七擒孟獲的過程中，諸葛亮就是聽從他的計策才最終征服了南蠻。

但街亭一戰中，馬謖自作主張，使得蜀軍大敗，諸葛亮只能按軍令處置，以嚴明軍紀。

以史為鑑，通曉時務

原文：

才足以鑑古。

注曰：「嫌疑之際，非智不決。」

王氏曰：「古之成敗，無才智，不能通曉今時得失；才智齊足，必能通曉時務。不聰明，難以分辨是非。才智齊足，必能通曉時務；聰明廣覽，可能詳辨興衰。若能參審古今成敗之事，便有鑑其得失。」

● 解讀

原文所要表達的意思是，一個博學多才的人，通曉古今，面臨現實中出現的問題，透過回顧與思考，試圖從歷史中尋找解決問題的方法和答案；或從現實出發，藉助歷史研究把握事物未來的發展趨勢，以便及早做出預測並制訂出應對的方案；或從歷史成敗中汲取經驗教訓，警示人們應該做什麼，不應該做什麼。

《詩經‧大雅‧蕩》曰：「殷鑒不遠，在夏後之世。」殷商要吸取的教訓並不遠，即其前代夏朝，夏朝滅亡的教訓就在眼前，殷商的子孫應當引以為戒。勸誡殷商的子孫吸取教訓，但是殷商還是難逃一亡。前事之鑑，後事之師；前車之覆，後車之鑑。聰明的人善於從歷史及現實中總結經驗教訓，以避免重蹈覆轍或者是指導現實的發展。

「以銅為鏡可以正衣冠，以古為鏡可以知興替，以人為鏡可以明得失，以史為鏡可以知興替。」這句話是唐太宗在魏徵去世時的有感而發。這句話也可視為唐太宗一生的政治寫照，他自己便是這樣做的，即使他多次被魏徵氣得暴跳如雷，他也一直容忍魏徵的耿直。

唐初貞觀君臣歷經危亂和生死考驗，鑄就了他們博大的政治胸懷與敏銳的政治眼光。唐朝之所以為後世所津津樂道，不僅僅是因為其繁盛的國勢，也是因為當時那種開放的政治環境。創下盛世輝煌的唐太宗李世民深知史鑑的作用，他常常與大臣探討歷史上各朝各代興衰的原因，居安思危。唐太宗也非常重視史籍的作用，曾感嘆曰：「大矣哉，蓋史籍之為用也。」（《修晉書詔》），他設立了很多的史館，大力支持修史，借鑑歷史上的經驗教訓，而唐朝的臣子也多能直言敢諫，魏徵便是這些人當中的楷模。正是這些忠心的臣子，進諫了很多以史為鑑的諫言，才有了貞觀之治的盛世景象。

唐代開放的政治風氣，一直延續了很長一段時間。中國歷史上唯一的一個女皇帝武則天便是出現在唐朝，暫且不論武則天的手腕，朝臣乃至百姓能接受

才足以鑑古

「以銅為鑑可正衣冠，以古為鑑可知興衰，以人為鑑可以明得失，以史為鑑可以知興替」。

唐太宗也非常重視史籍的作用，曾感歎曰：「大矣哉，蓋史籍之為用也」（《修晉書詔》），他設立了很多的史館，大力支持修史，借鑑歷史上的經驗教訓。

唐朝之所以為後世所津津樂道，不僅僅是因為其繁盛的國勢，也是因為當時那種開明的政治環境。

唐代史學家吳兢將唐太宗與侍臣論政的材料輯為《貞觀政要》，書中寫的基本上都是亡隋之後圍繞現實問題所做出的歷史思考。

武則天

唐代的風氣比較開放，歷史上的第一個女皇武則天便是出現在唐朝，暫且不論武則天的手腕，朝臣乃至百姓能接受這種現實也是可敬可佩的！

當時的學者文人的思想比較前衛，政治敏感度很高。在開元、天寶年間，唐代史學家吳兢便敏銳地看到了大唐的危機，未雨綢繆，他所寫的《貞觀政要》便是給歷代帝王的借鑑。

這種現實也是可敬可佩的！當時的學者文人的思想比較前衛，政治敏感度很高。在開元、天寶年間，唐代史學家吳兢便敏銳地看到了大唐的危機，未雨綢繆，他將唐太宗與侍臣論政的材料輯為《貞觀政要》，書中寫的基本上都是以隋朝滅亡為鑑，結合現實問題所做出的歷史思考。此書也成為唐之後歷朝歷代的封建帝王必看的教科書。

中國歷史上有很多供人借鑑的史書，如《春秋》、《史記》和《資治通鑑》等。《春秋》是孔子為拯救禮崩樂壞而作，《史記》則是司馬遷為「究天人之際，通古今之變」而作。特別值得一提的是北宋時期的《資治通鑑》，是司馬光遵奉「史者今之所以知古，後之所以知先，是故人君不可以不觀史」的宗旨，歷時十三年所寫而成。這部書得到了宋神宗的高度讚揚，由宋神宗親定書名為《資治通鑑》，其意為「鑑於往事，有資於治道」即以歷史的得失作為統治的前鑑。明末思想家王夫之評價《資治通鑑》說：「取古人宗社之安危，代為之憂患，而以之去危以即安者在矣；取古昔民情之利病，代為之斟酌，而今之興利以除害者在矣。得可資，失亦可資也，同可資，異亦可資也。故治之所資，唯在一心，而史特其鑑也。」（《讀通鑑論‧敘論》）可知，史鑑的重要性。

鑑古通今，把人類精神財富的全部精華變成自己建功立業的武器。只有這樣，才能進則匡時濟世，名垂青史；退則安身立命，超凡入聖。

以史為鑑還是遠遠不夠的，人還需認清時勢與潮流，也就是所謂的通曉時務。要想成就大事須首先審時度勢，對當前的形勢和力量對比進行準確的分析，明確各方的利害和衝突關係，從而做出相應的對策。

北宋的開國皇帝趙匡胤，本是後周的禁軍最高統帥，他藉著北漢與遼聯合南侵後周之際，帶兵行至陳橋驛時，「被迫」黃袍加身。經此「陳橋兵變」，趙匡胤當上了後周的皇帝。這也就是後來的北宋。趙匡胤當上北宋的皇帝後，便率領著當時擁立自己的將領南征北討，拓展北宋的疆土。在趙匡胤即位僅半年時，有兩個節度使反宋，趙匡胤雖然平定了此次叛亂，但是他對這種情況很憂慮，最後聽取了趙普的意見，以榮華富貴換取了握有兵權的將領的權力，隨後不久又以同樣的方式奪取了藩鎮的權力。

趙匡胤本身便是以一種不合法的方式登上權力寶座，他擔心後來的將領也會如法炮製，於是便在宴會中「杯酒釋兵權」，以這種兵不血刃的方法解除了高級將領的權力，而藩鎮割據是自唐代以來便存在的隱患，也極大地威脅著北宋的安全，在杯酒釋兵權後，趙匡胤又用同樣的方法解除了藩鎮的威脅。

北宋是自唐之後，解決地方割據勢力最成功的，但北宋矯枉過正，過分嚴格地控制兵權，甚至以文人治軍，使得北宋以「積貧積弱」而著稱。

史鑑之書

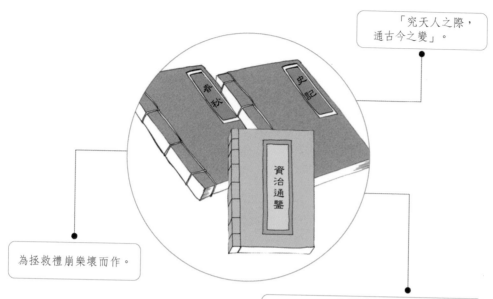

「究天人之際，通古今之變」。

為拯救禮崩樂壞而作。

「史者今之所以知古，後之所以知先，是故人君不可以不觀史」「鑑於往事，有資於治道」。

杯酒釋兵權

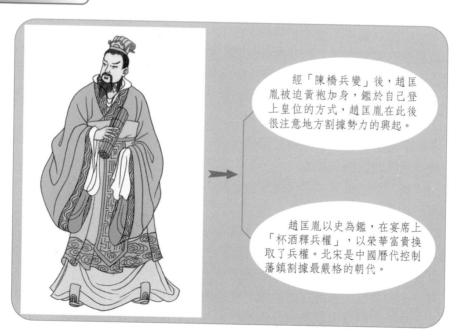

經「陳橋兵變」後，趙匡胤被迫黃袍加身，鑑於自己登上皇位的方式，趙匡胤在此後很注意地方割據勢力的興起。

趙匡胤以史為鑑，在宴席上「杯酒釋兵權」，以榮華富貴換取了兵權。北宋是中國曆代控制藩鎮割據最嚴格的朝代。

明察秋毫，得人之心

原文：

　　明足以照下。

　　王氏曰：「天運日月，照耀於畫夜之中，無所不明；人聰耳目，聽鑑於聲色之勢，無所不辨。居人之上，如鏡高懸，一般人之善惡，自然照見。在上之人，善能分辨善惡，別辨賢愚；在下之人，自然不敢為非。能行此五件，便是聰明俊毅之人。」

● 解讀

　　原文所要表達的意思是，聰明足以洞察臣屬的需求，這才是才智超群之人。明察秋毫而又人情練達，才能做到既知善任又寬厚容人。如此一來，壞人無法藏奸，但無心或難以避免的失誤又能得到諒解。因而，屬下便會物盡其長，充分發揮他自己的聰明才智，做出更大的成績。

　　戰國初年的魏文侯就是一個這樣的明君。當時中山國犯魏，翟璜向魏文侯舉薦了自己的門客樂羊。此時樂羊之子樂舒在中山國任職，而樂羊還曾殺死了翟璜之子翟靖。也正是因為這種背景使得樂羊的舉動備受關注。樂羊出兵之後，由於敵強我弱，所以暫時採取了圍而不攻的策略。樂羊的舉動使得魏國的大臣議論紛紛，都言樂羊是為了維護自己的兒子，這種說法也被中山國的舉動證實，中山國以樂舒的性命威脅樂羊退兵，但是樂羊並未退兵。

　　這種情形傳回魏國，大臣們紛紛要求魏文侯撤換和懲罰樂羊，然而魏文侯不但沒有這樣做，他還立即決定派人到前線慰問部隊，並且為樂羊修建了一處新的宅子。中山國眼看威脅不成，便殺死了樂舒，還把樂舒煮成肉羹，送給樂羊，「樂羊坐於幕下而啜之，盡一杯」。之後隨即攻城，大勝。

　　在樂羊得勝還朝之際，魏文侯命人拿來兩箱揭發樂羊圍城不攻的奏章給他看。樂羊感激地對魏文侯說：「多虧大王明察秋毫，信任無疑，否則有再多個樂羊也成為刀下之鬼了。哪裡還談得上滅中山國。攻下中山國實際上是大王知人善任的功勞」。

　　魏文侯用人不疑的氣魄和明察秋毫的見識，值得所有人學習和借鑑。作為一國之君或者是某個領袖，哪怕是普通人，需知眾而又能容眾，既要知人善任，又要寬厚容人。這個故事並未到此為止，因為樂羊竟然食子之肉，這也引起了魏文侯的懷疑，因而在此戰後，樂羊便被封在了靈壽，也再未得到起用。在用其人時，要對其人賦予充分的信任，一旦不信任某人，便再也不起用他，這才是真正有謀略之人的所為。

明足以照下

古人云：「士為知己者死。」很多人並不在乎自己的付出可以得到多麼豐厚的回報，而是在於對方是否可以真正地信任自己。

樂羊出兵之後，由於敵強我弱，所以暫時採取了圍而不攻的策略。樂羊的舉動使得魏國的大臣議論紛紛，都言是樂羊為了維護自己的兒子，而中山國以樂舒的性命威脅樂羊退兵。

魏文侯不但沒有撤換樂羊，他還派人到前線慰問部隊，並為樂羊修建一處新的宅子。

多虧大王明察秋毫，信任無疑，否則有再多個樂羊也成為刀下之鬼了。哪裏還談得上滅中山國。攻下中山國實際上是大王知人善用的功勞。

看看吧，這些都是參奏你的摺子。

以身作則，率先垂範

原文：

> 行足以為儀表。

> 王氏曰：「德行存之於心，仁義行之於外，但凡動靜其間，若有威儀，是形端表正之禮。人若見之，動靜安詳，行止威儀，自然心生恭敬之禮，上下不敢怠慢。」

● 解讀

原文所要表達的意思是，品德和才能特別優秀的人，他的行為能夠產生表率作用。如果當權者道德高尚，那麼就會影響到臣屬，從而產生表率作用，但如果當權者自己行為不端，那麼又如何指望手下的人可以做得好呢？俗話說：「上樑不正，下樑歪」就是這個意思。

《韓非子》中記載：齊桓公喜歡穿紫衣，國人仿效他都穿紫衣，市場上紫衣供不應求，因而價格昂貴。齊桓公非常擔憂，問管仲該怎麼辦。管仲說：「您若想改變這種局面，為什麼不從自己做起，您若試著不穿紫衣，並公開宣稱不喜歡紫衣，百姓也會出於仿效心理，也就跟著您一起不喜歡紫色的衣袍了。」果然不出三天，齊國境內再也看不到穿著紫衣的人。無獨有偶，春秋時的弦章也曾向齊景公進諫過類似的諫言。據說在晏嬰死後，無人敢指責齊景公的不是，到處是一片頌讚之聲。齊景公對這種情況非常煩惱，弦章說此事也不能全怪臣子，俗話說：「上行而後下效」，必是君主喜歡如此，臣子才會如此。齊景公認為他說得有道理，於是賞賜了弦章很多東西，但被弦章拒絕了，並解釋說一旦自己接受了這些賞賜，那和那些阿諛奉承的人有什麼不同呢？

故事雖小，但是告訴我們「上有所好，下必投其所好」的道理。「上位者」的某種嗜好、追求，會被屬下追捧、效仿，而且很可能會過之，正所謂「上有所好，下必甚焉。」

正是因為這樣，當權者才更應該注意自己的言行舉止，當權者無意中的一個行為，就有可能成為屬下效仿的對象，所謂「楚王好細腰，宮中多餓死」便是這樣一個典故。楚王喜歡細腰的女子，宮娥為了能一朝得寵，竟然很多都活生生地餓死了。雖然這只是風流韻事，但是也反映了很多人的心態。為了博取上者的歡心，下位者做得更多。

這種模仿可能不是有意識的，但是在有意無意中就會模仿上位或者是自己崇拜人的行為舉止、興趣愛好、思想觀念、價值取向等。這便對上位者提出了更高的要求，嚴於律己，事事率先垂範。

上有所好，下必甚焉

　　品德和才能特別優秀的人，他的行為能夠產生表率作用。但「上有所好，下必投其所好。」「上位者」的某種嗜好、追求，會被屬下追捧、效仿，而且很可能會過之，正所謂「上有所好，下必甚焉。」

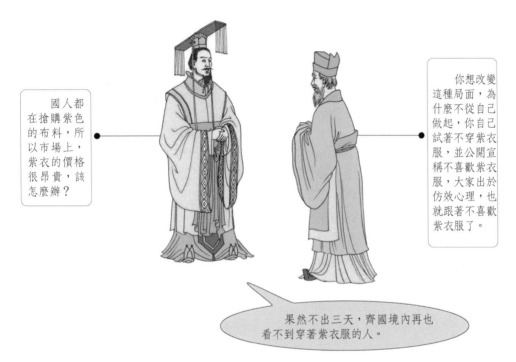

國人都在搶購紫色的布料，所以市場上，紫衣的價格很昂貴，該怎麼辦？

你想改變這種局面，為什麼不從自己做起，你自己試著不穿紫衣服，並公開宣稱不喜歡紫衣服，大家出於仿效心理，也就跟著不喜歡紫衣服了。

果然不出三天，齊國境內再也看不到穿著紫衣服的人。

言教不如身教

孝順是做人之本。

　　嚴於律己，事事率先垂範。人需自律，自己行得正，站得端，才可推己及人。身教勝於言教。

將來你老了，我也這樣對你。

釋人之嫌，從容應對

原文：

> 智足以決嫌疑。

> 王氏曰：「自知者，明知人者。智明可以鑑察自己之善惡，智可以詳決他人之嫌疑。聰明之人，侍奉君王，必要省曉嫌疑道理。若是嫌疑時分卻進前，行必惹禍患怪怨，其間管領勾當，身必不安。若識嫌疑，便識進退，自然身無禍也。」

● 解讀

原文所要表達的意思是，足智多謀的人在功名利祿和是非恩怨的面前，能夠保持頭腦清醒，識大體，顧大局，能以大智慧判斷，處理這些容易使自己出錯，令自己和他人後悔終生的問題。

孫子所說上位「合於利而動，不合於利而止」，即是在權衡利害得失後再行動，一些無謂的爭鬥和犧牲便可避免了。

東漢名士郭林宗趕集時曾看見一個年輕人肩背瓦罐，但由於人多擁擠，瓦罐被一人扛著的釘耙打破了。做錯事的人溜掉了，而背瓦罐的人卻連頭也沒回，背著只剩半截的瓦罐繼續向前走。郭林宗好奇地問那人為何不和肇事者理論，年輕人淡淡地說：「瓦罐已經破了，找他無非是吵一架，何況他又不是故意的。」郭林宗非常欽佩年輕人的修養，於是熱情資助這位年輕人讀書，這位年輕人也就是東漢的大學問家孟敏。

談到釋人之嫌，大家可能更熟悉的是管仲與公子小白的故事。當時管仲和鮑叔牙這兩個好朋友分別輔佐公子糾和公子小白，在兩公子回國爭位的過程中，管仲為了幫助公子糾奪位便用箭打算射死公子小白。只不過公子小白命大，當時箭射在了他的衣帶鉤上，並以假死騙過了管仲和公子糾，自己率先回國即位，這也就是後來的齊桓公。即位後的公子小白原打算殺死管仲，但在鮑叔牙的勸導下，把這位治世之才當成了自己的股肱之臣。公子小白也正是在管仲的幫助下，開創了霸業，成為春秋五霸之一。

大丈夫成事不拘小節，但是絕不可無容人之量。管仲當時射殺公子小白，其舉動無可厚非，他是食君之祿，忠君之事。公子小白就是以宰相肚裡能撐船的胸襟來接納管仲的，公子小白的品行和才能只能勉強勝任一國之君，但不足以稱霸各國，但是他胸懷大度，委任管仲為相，還尊稱其為仲父，才成就了他春秋五霸之一的豐功偉績。

從容淡定

處理事情要保持頭腦清醒，識大體，顧大局。

孫子所說上位「合於利而動，不合於利而止」，即是在權衡利害得失之後再行動，一些無謂的爭鬥和犧牲便可避免了。

智足以決嫌疑

大丈夫成事不拘小節，但是絕不可無容人之量。

孟敏冷靜面對瓦罐被碰碎一事，其從容淡定和大度的胸懷得到了郭林宗的賞識和贊助。

信守承諾，不失於人

原文：

> 信可以使守約。

8

> 王氏曰：「誠信，君子之本；守己，養德之源。若有關係機密重事，用人其間，選揀身能志誠，語能忠信，共與會約；至於患難之時，必不悔約、失信。」

● 解讀

原文所要表達的意思是，講求信義，使自己保持儉樸的品德，信守承諾，這樣會贏得他人的尊重和幫助。在為人處世當中，說一不二，一諾千金，一旦答應別人的事情，即便吃虧受損，絕不反悔。

仁、義、禮、智、信是中國傳統文化中的優秀品德，也是一個人安身立命的保證，尤其是在為人處世上，人們更看重此處。只有做到以誠待人，言而有信，才能得到別人的尊重和認可。

據說在東漢時，有兩個太學生朱暉和張堪。在太學就讀期間，二人十分投緣，張堪很欣賞朱暉的才識和人品。張堪成為朝廷重臣後，曾試圖因同學之誼提拔朱暉，可被他謝絕了，因而張堪更加敬重朱暉的品行。二人分別之際，張堪鄭重地對朱暉說：「我十分欽佩你的為人，如果有一天我不在人世了，妻兒無依時，希望你能照顧我的妻兒。」朱暉連忙謙虛，但是他還是非常高興有人如此信任他，但因為二人當時還很年輕，身體很健康，朱暉也並未將此事放在心上。多年之後，雙方因種種原因而失去聯繫。

張堪先於朱暉去世，因其為官清正，積蓄不多，其妻兒生活非常拮据困難。朱暉聞訊趕來，源源不斷地幫助其妻兒，而且持續了許多年。朱暉的兒子對此感到不理解，問他為什麼如此幫助一個相交不深的朋友，朱暉回答他和張堪是生死相託的朋友。朱暉的兒子再次問道：「僅僅因為太學時的一段同窗之誼和他的一句戲言，在多年不聯繫之後，您還趕著去幫助其家人？」朱暉言：「我二人以誠相交，他當年身居高位而不嫌棄我身分低微，還誠心相託。就因這份情，如今我怎能袖手旁觀？」朱暉後來官至尚書，但是他一直教育子孫，無需學其做官，必學其做人。可見用真誠去對待他人，無論是交友還是為人處世都至關重要。信守承諾是立身處世的一種高尚的品德和情操，在國與國之間尤為重要。

信可以使守約

　　無論是交友還是為人處世，誠信都至關重要。信守承諾是立身處世的一種高尚的品德和情操。只有做到以誠待人，言而有信，才能得到別人的尊重和認可。

　　我二人以誠相交，他當年身居高位而不嫌棄我身分低微，還誠心相託。就因這份情，如今我怎能袖手旁觀？

　　張堪先於朱暉去世，因其為官清正，積蓄不多，其妻兒生活非常拮据困難。朱暉聞訊趕來，源源不斷地幫助其妻兒，而且持續了多年。

信乃立國之本

　　春秋時期，晉文公重耳攻打小國原，晉文公下令出征部隊只帶三天的軍糧，如果三天攻不下原，便撤軍。三天一到，晉文公便下令撤退，雖然此時原很快就要攻下來了。

　　晉文公說：「信用，乃立國之本，百姓的依靠，為了得到原而失信於百姓，那是得不償失。」原國聞訊後自願投降了晉國。

　　晉文公因為信守承諾，而使原國同樣信守承諾甘心臣服，正是這種令臣屬和敵人臣服的態度，在其霸業的形成中有莫大的作用。

9

廉潔公正，重義輕利

原文：

> 廉可以使分財。

> 王氏曰：「掌法從其公正，不偏於事；主財守其廉潔，不私於利。肯立紀綱，遵行法度，財物不貪愛。惜行止，有志氣，必知羞恥；此等之人，掌管錢糧，豈有虛廢？」

● 解讀

原文所要表達的意思是，可以令為人清廉的人來分理財物。重義輕財，一心為公，能與下屬有福同享，同甘共苦，具備這些品格的，才是人中之「豪」。雖然美色、功利、私情等會使人喪失理智，但是有智慧的人是不會被這些東西所誘惑的，只有真正有智慧的人才能在這些誘惑面前不為所動，做出冷靜、正確的抉擇。

據《泗洪縣誌》記載，管仲、鮑叔牙在古泗州（今泗洪縣境內）合夥經商。有一次，他們在鄉間小路上遇到一條蛇，危急時刻，被一農夫用鋤頭所救，被打死的蛇竟變成了兩條長短不等的金條。農夫認為這是上天所賜，該歸二人所有，但管仲、鮑叔牙都認為金子是上天賜給兩村百姓的，管鎮、鮑集兩地的百姓感念二人的精神，修建了「管鮑分金亭」。正是具備了這種寬廣胸懷和崇高品格的管仲、鮑叔牙二人協助齊桓公成就了霸業，特別是管仲睿智明敏，很早就曾指出易牙、豎刁等為小人，但是齊桓公未能接受此建議，最終死在了易牙、豎刁之手。

明代的于謙是有名的清官，他六十歲大壽時，送禮之人絡繹不絕，于謙一概不收。他連皇上送的禮都拒之門外。送禮的太監有點不高興，便寫了「勞苦功高德望重，日夜辛勞勁不鬆。今日皇上把禮送，拒禮門外情不通」四句話送給于謙。于謙回覆道：「為國辦事心應忠，做官最怕常貪功。辛勞本是分內事，拒禮為開廉潔風。」當天，還有一位叫「黎民」的人送來了一盆萬年青，並賦詩曰：「萬年青草情義，長駐山澗心相關。百姓常盼草長青，永為黎民除貪官。」于謙親自出門迎接並鄭重地接過那盆萬年青，再賦詩一首回贈：「一盆萬年情義深，肝膽相照萬民情。於某留作萬年鏡，為官當學萬年青。」

于謙一生鐵面無私，清正廉明，從不收受賄賂，因此得罪了朝廷中的一些貪官，那些奸臣借英宗復辟之際，乘機誣陷于謙，于謙寫詩明其志：「千錘萬擊出深山，烈火焚燒若等閒。粉身碎骨渾不怕，要留清白在人間。」

正是這種清正廉潔的品德，使于謙成為眾多中國人嚴謹自律、秉公辦事、不徇私情、不謀私利、清白做人的代表。這也是如今我們更應該提倡的精神。

廉可以使分財

為國辦事心
應忠，做官最怕
常貪功。辛勞本
是分內事，拒禮
為開廉潔風。

勞苦功高德
望重，日夜辛勞
勁不松。今日皇
上把禮送，拒禮
門外情不通。

公公請回，大人
吩咐過，一概不許收
禮。

今天是
于大人的生
日，皇上派
我送這只玉
貓金座鐘。

于謙的同鄉
好友，和于謙同
朝為官的鄭通也
帶著禮物來了，
于謙同樣寫了四
句話：「你我為
官皆剛正，兩袖
清風為黎民。壽
日清茶促膝敘，
勝於厚禮染俗
塵。」

一個叫「黎
民」的人送來了
一盆萬年青，還
讓管家帶來一首
詩：「萬年青草
情義，長駐山澗
心相關。百姓
盼草長青，永為
黎民除貪官。」
于謙親自出門迎
接，鄭重地接過
那盆萬年青，賦
詩曰：「一盆晚
年情義深，肝膽
相照萬民情。于
某留作萬年鏡，
為官當學萬年
青。」

清正廉潔是我們中華民族的傳統美德，現在社會依
然要提倡廉潔自律，秉公辦事，不徇私情，不謀私利，
清白做人的精神。

盡忠職守，量力而行

原文：

守職而不廢。

注曰：「孔子為委吏乘田之職是也。」

王氏曰：「設官定位，各有掌管之事理。分守其職，勿擇幹辦之易難，必索盡心向前辦。不該管之事休管，逞自己之聰明，強攬覽而行為之，犯分合管之事；若不誤了自己上名爵、職位必不失廢。」

● **解讀**

原文所要表達的意思是，人要忠於職責而不能怠忽職守。意思就是不管職務大小，不管地位高低，都要忠於職守，兢兢業業，不可生懈怠之心。像孔子這樣的聖人先賢，在他擔任委吏時，便能做到「會計當而已矣」。即使是在擔任乘田時，孔子也能做到使「牛羊茁壯長而已矣」，這種盡職的態度值得所有人學習。

人的一生當中，運勢有高有低，無論得意與否，能做到不以物喜，不以己悲，不因外物的好壞和自己的得失而悲喜交集，集中精力做自己所能做、所該做的事。面對義與利、生與死的衝突，能夠毅然捨生取義，挺身赴難，絕不見利忘義、唯利是圖。面對功名利祿，可以把握自己。

很多人不因職位低而甘於平庸，而是在自己的職位上做出了一番成績。比較著名的當屬《莊子》中的庖丁解牛的故事。傳說替梁惠王宰牛的庖丁，曾解牛十九年。在這十九年的過程中，他對於牛的身體結構十分了解，因而刀子能在牛骨縫裡靈活地移動，沒有一點障礙，而且很有節奏。這種血淋淋的殺生在庖丁手中表現成了一種藝術，震驚了所有觀看庖丁宰牛的人。在中國的歷史故事當中，凡是能留名的一般都是帝王將相和文人墨客，像庖丁這種身分的人也能載入書中，不得不令人欽佩。庖丁的工作雖然不值一提，但是他在自己的職位上，兢兢業業，恪盡職守，才贏得了梁惠王的欽佩。

上面講的是恪守職責，在自己的職位上盡職盡責，不因職位不同而有所懈怠。恪守職責要求的就是盡忠職守，而不干涉自己職責之外的事物，尤其是那些超出自己職責的事情。

歷史上大名鼎鼎的范蠡，從越國隱退改經商，很快便累積了大量的財富，受到周圍人的擁戴。有一次，陶朱公的次子在楚國殺了人，陶朱公打算派自己的幼子前往，但是長子不依，長子認為自己的能力要強於弟弟，自己去的話，弟弟活命的機會會更大。陶朱公在無奈之下只能派其前往，但在臨行前再三告

守職而不廢

人對於自己所掌管的事情，一定要盡忠職守，做好本分工作。

庖丁替梁惠王宰牛，手所接觸的地方，肩膀所倚靠的地方，腳所踩的地方，膝蓋所頂的地方，嘩嘩作響，進刀時霍霍地，沒有不合音律的。

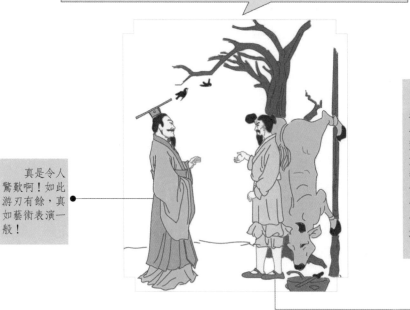

真是令人驚歎啊！如此游刃有餘，真如藝術表演一般！

我用了多年的時間研究牛的肌理，我對牠的結構瞭如指掌，所以我在宰牛的時候知道哪裏是骨頭，哪裏是骨縫，自然就游刃有餘了。

量力而行

對屬於自己範圍之外的事情，要量力而行，不能自不量力，如果勉強為之，只能適得其反。中國有句俗話：沒有金剛鑽，別攬瓷器活。這是告誡人們做任何事情都應量力而行之，切不可狂妄自大。

范蠡：我早就料到了這樣的結局。長子隨我白手起家，對錢財看得很重，幼子出生富貴，揮金如土。這也是我當初堅持要幼子前往的原因。事已至此，悲傷無用！

誠，讓其把信件和錢財交給莊生後便速速離開，但是長子並未聽從父親的教誨。他在見過莊生之後，仍逗留在楚國，還用錢財打點了其他的貴族。

莊生本不是貪圖財物之人，原本打算事情辦完便歸還錢財。在莊生的勸導下，楚王準備大赦。陶朱公的長子聽說後，認為是恰逢大赦，此事反而讓莊生白白得了錢財，於是便登門向莊生索要錢財。莊生認為受了侮辱，便向楚王進言說：「外面傳言說此次大赦是楚王受陶朱公的賄賂而做出的決定，而非是真心為楚國祈福。」楚王大怒，因此雖大赦天下，卻單獨殺了陶朱公的次子。陶朱公聽聞之後，說：「我早就料到了這樣的結局。長子隨我白手起家，對錢財看得很重，幼子出生富貴，揮金如土。這也是我當初堅持要幼子前往的理由。事已至此，悲傷無用！」

無獨有偶，諸葛亮揮淚斬馬謖也是此理。馬謖「才器過人」，但劉備認為其「言過其實，不可大用」，縱然諸葛亮諄諄教誨，仍未能避免敗局。

人對於自己所掌管的事情，一定要盡忠職守，做好本分工作，但對屬於自己份內之外的事情，要量力而行，不能自不量力，如果勉強為之，只能適得其反。中國有句俗話：「沒有金剛鑽，別攬瓷器活。」這是告誡人們做任何事情都應量力而行，切不可狂妄自大。范蠡的長子和馬謖如果當時聽從別人的意見，而非自作主張，事情的結局會截然不同。

本職工作是我們成功的起點，大丈夫一屋不掃，何以掃天下？古人「不積跬步，無以至千里；不積小流，無以成江海」的話，講的也是這個道理。無論多麼遠大的理想、偉大的事業，都必須從小處做起，從平凡處做起。

事情的成功，多是從細微之處開始，智大才疏往往是阻礙人們成功的最大障礙。人世間沒有一蹴可幾的成功，任何人都只有透過不斷的努力才能最終取得成功。被稱為聖人的孔子年輕時為了賺錢餬口，也曾給人管過倉庫，放過牛羊，更何況是一個平常人。

「千里之行，始於足下。」學而通，通而精，這是一個過程。無論是范蠡的長子還是馬謖，還是沒有學到家。他們過分關注的是自己的策略是否奏效，而恰恰忽略了其他人或者是大環境的影響，一意孤行才鑄成大錯。這一點對那些身居高位，尤其是掌握著國家命運的人尤為重要。乾綱獨斷是斷然不可取的，共聽並觀才能有相對好的結果。

立足本職

要想達到目標，使理想成為現實，累積實力是絕不可少的，而人們往往忽視這一點。古人「不積跬步，無以至千里；不積小流，無以成江海」的話，講的也是這個道理。

對於每一個人來說，與其像夸父一樣（夸父追日）不切實際做一些完全不可能完成的事情，還不如像庖丁一樣，立足本職工作，把手頭的工作做好。

收穫從點滴開始

常言道：千里之行始於足下，事情的成功，多是從細微之處開始。人世間沒有一蹴而就的成功，任何人都只有透過不斷的努力才能最終取得成功。

被稱為聖人的孔子年輕的時候為了賺錢餬口，也曾給人家管過倉庫，放過牛羊，更何況是一個平常人。

11

情勢相逼，義無反顧

原文：

處義而不回。

注曰：「迫於利害之際而確然守義者，此不回也。（臨難毋苟免）」

王氏曰：「避患求安，生無賢易之名；居危不便，死盡效忠之道。侍奉君王，必索盡心行政；遇患難之際，竭力亡身，寧守仁義而死也，有忠義清名；避仁義而求生，雖存其命，不以為美。故曰：有死之榮，無生之辱。臨患難效力盡忠，遇危險心無二志，身榮名顯。快活時分，同共受用；事急、國危、卻不救濟，此是忘恩背義之人，君子賢人不肯背義忘恩。」

● 解讀

原文所要表達的意思是，人在利害相迫時，依然義無反顧，堅持信念，只有這樣的人才算得上是真正的豪傑。他們面對危難時依舊挺身而出，絕無二心。他們顧全大局，鞠躬盡瘁，甚至可以視死如歸。

隋唐時期的王伯當便是這樣的人。王伯當是農民起義軍瓦崗寨中的一員大將，是瓦崗寨領袖李密的學生，隨李密一起投身瓦崗寨。其臂力驚人，外號勇三郎，是瓦崗寨的神射手。作為李密的心腹，王伯當一直忠心耿耿，追隨李密打天下。

王伯當追隨李密降唐，但降唐之後，李密感覺不受重用，備受冷落，便決定反唐自立。此次，王伯當苦勸李密安於本分，但李密不聽，於是忠心的王伯當便決定與李密共存亡。李密在叛逃途中被唐將盛彥師伏擊，重傷落馬，追隨他的將士全都跑散了，只有王伯當一人護在李密身前。唐將向王伯當喊道：「如果你投降，就饒你不死。」王伯當回道：「忠臣不侍二主，我寧死也不會投降。」之後他俯身擋在李密身前，被唐兵亂箭射死，君臣二人疊屍於山澗之中。姑且不談王伯當的犧牲是否值得，但這種忠貞不貳的精神卻的確值得我們學習。

王伯當可以稱得上是忠義之士，臨危不懼，絕不苟且偷生，與他的君主患難相顧，以死盡忠。他的忠義之名一直流傳到今天。俗話說患難見真情，王伯當在李密最困難、最危險的時候，沒有離他遠去，而是與他有難同當。

那些在國家危難之際，乘機逃離或落井下石之人，終會遭人唾罵，留下罵名，而君子雖為情勢相逼，卻義無反顧，其聲名自會被世人傳誦。明朝末年洪承疇、吳三桂之流，賣國求榮，儘管享得一時的榮華富貴，卻背得了一世的罵名。也許有的人會說，王伯當是愚忠，而洪承疇、吳三桂之流識時務，人生在世，絕不是僅僅為了奢華的生活，還有一個聲名，正如于謙所說：「千錘萬擊出深山，烈火焚燒若等閒。粉身碎骨渾不怕，要留清白在人間。」

守仁義而死

那些在國家危難之際，背信棄義之人乘機逃離或落井下石，終會遭人唾罵，留下罵名。情勢相逼，卻義無反顧的君子為世人傳誦。

俗話說患難見真情，王伯當在李密最困難、最危險的時候，沒有離他遠去，而是與他有難同當。

王伯當可以稱得上是忠義之士，臨危不懼，絕不苟且偷生，與他的君主患難相顧，以死盡忠。

棄仁義求生

崇德七年三月，後金俘獲明朝薊遼總督洪承疇（明朝的主要將領之一），皇太極大喜。收服他對於瓦解明朝統治具有非常的意義。然而洪承疇「延頸承刀。始終不屈」，為此皇太極很煩惱。

據說聰慧過人的孝莊看到這種狀況，毛遂自薦，親自去勸說，動之以情，曉之以理，經過數天的努力，終於在美人計和利益的誘惑之下，洪承疇投降了後金。

犯難涉嫌，委曲求全

原文：

> 見嫌而不苟免。

12

> 注曰：「周公不嫌於居攝，召公則有所嫌也。孔子不嫌於見南子，子路則有所嫌也。居嫌而不苟免，其惟至明乎。」

• 解讀

原文所要表達的意思是，即使是處在容易被人誤解、猜疑的境地，但為了整體的利益，仍然犯嫌涉難，義無反顧，做自己該做的，而不因這些外在影響因素推卸責任。

歷史上雖犯難涉嫌，但仍堅持自己原則的賢人，當屬周公旦。周公旦是周文王的四子、武王的弟弟。武王死後，其子成王年幼，由周公旦攝政當國。武王的另外兩個弟弟管叔和蔡叔嫉妒，並心生不滿。他們不斷地散布流言蜚語，說周公旦有野心，可能會篡奪王位。周公聞言，便對太公望和召公奭說：「我之所以冒天下之大不韙承擔攝政重任，是怕國家不穩。如果國家戰亂，生靈塗炭，我怎麼能對得起武王對我的重託呢？」

當時周朝剛剛建立，政局十分不穩定，國內外都面臨著很多考驗。周公旦攝政不合禮制，這也為某些圖謀之人找到了藉口。商朝的殘餘勢力如紂王的兒子武庚等，聯合不滿周公旦的周朝內部力量如管叔、蔡叔等人發動了叛亂。周公旦在這樣的局面下，不顧猜忌、誹謗，仍然竭盡全力平定三監之亂，滅五十國，推行井田，制禮作樂，建章立制，穩定了周朝，並在成王成年後，還政於朝，做回安分的臣子。周公旦一生輔佐武王、成王，為周王朝的建立和鞏固嘔心瀝血，一直到死，終天下大治。周公旦臨終時要求把他葬在成周，以明不離開成王的意思。

周公旦的人格及其實行的仁政和他建立的禮樂制度都成為儒家的典範，其為國家大局不顧個人得失的行為，也被後世奉為為政者的楷模。無獨有偶，戰國時期的藺相如也是這樣一位顧全大局的謀士。藺相如是位文臣，能夠佔據超越大將軍的上卿之位，應該是具備相當的才能，但是在以武力決雌雄的時代，藺相如的才能受到質疑，尤其是武將中的廉頗，就處處找藺相如的麻煩。藺相如為顧全趙國的委曲求全最終令廉頗無地自容，甘願負荊請罪，留下一段佳話。

周公旦和藺相如之所以犯難涉嫌，是因為他們心存正義，不計較個人得失而致。委屈、誤解在一個人的生命中是不可避免的，凡成大事者，這樣的胸懷是必備的。老子言：「受國之垢，是為社稷主。受國之不祥，是為天下王。」

犯難涉嫌

　　即使是處在容易被人誤解、猜疑的是非之地，但為了整體的利益，仍然犯嫌涉難，義無反顧，做自己該做的，而不因這些外在影響因素推卸責任。

　　周公無微不至地關懷年幼的成王。有一次，成王病得厲害，周公很焦急，就剪了自己的指甲沉到大河裏，對河神祈禱說：「今成王還不懂事，有什麼錯都是我的。如果要死，就讓我死吧。」

　　周公一生兢兢業業為周朝效勞，《史記·魯周公世家》記載，說他即使正在吃飯或洗頭，聽見有政事要處理，也會吐出吃到嘴裏的東西，綰起頭髮接見來人。惟恐因接待賢士遲緩而失掉人才。

委曲求全

　　委屈、誤解在一個人的生命中是不可避免的，凡成大事者，這樣的胸懷是必備的。老子言：「受國之垢，受國之垢，是為社稷主。受國之不祥，是為天下王。」

　　藺相如的顧全趙國的委曲求全最終令廉頗無地自容，甘願負荊請罪，留下一段佳話。

13

大公無私，不貪私利

原文：

> 見利而不苟得，此人之傑也。

王氏曰：「名顯於己，行之不公者，必有其殃；利榮於家，得之不義者，必損其身。事雖利己，理上不順，勿得強行。財雖榮身，違礙法度，不可貪愛。賢善君子，順理行義，仗義疏財，必不肯貪愛小利也。能行此四件，便是人士之傑也。諸葛武侯、狄梁，公正人之傑也。武侯處三分偏安、敵強君庸，危難疑嫌莫過如此。梁公處周唐反變、奸后昏主，危難嫌疑莫過於此。為武侯難，為梁公更難，謂之人傑，真人傑也。」

● 解讀

原文所要表達的意思是，雖然有利可圖，卻不隨便取為己有，這樣的人才是真正的豪傑。常言說：「心底無私天地寬」，即使是方寸之間，只要存善積德，也能容納百川大海。古來聖賢人，無不對事物做出客觀公正的評價，在處理事情上也力求做到公正無私。與此相反，自私自利的人，在自己物欲的驅使下，會做出損人利己的事情。這樣的人，且不說難以建立事業，一旦惡行暴露，恐怕連性命也難保。

歷史上大公無私的人很多，祁黃羊便是其中的一位。據說晉平公時，南陽缺一位地方官。晉平公向祁黃羊詢問，誰去比較合適？祁黃羊毫不猶豫地舉薦解狐。解狐本是祁黃羊的仇人，所以晉平公很奇怪祁黃羊為何會舉薦仇人，祁黃羊回道：「您只是問我誰能勝任，誰最合適，但並沒問誰是我的仇人呀！」解狐在南陽任上，替那裡的人做了很多好事，得到了百姓的認可，而當晉平公再次向祁黃羊請教誰可擔任法官時，祁黃羊向晉平公推薦了自己的兒子祁午。晉平公很奇怪祁黃羊怎麼不會顧忌眾人的流言，而舉薦了自己的兒子。祁黃羊同樣回答道：「我舉薦的只是最適合擔任法官的人，而不是自己的兒子。」祁午果然不負眾望，公正無私，受到當地人的歡迎與愛戴。

祁黃羊這樣做完全是為國家利益著想，心中無私。他不因解狐是自己的仇人，就心存偏見不推薦他；也不因祁午是自己的兒子，怕人議論，便不推薦。心中無私是成就事業的一個基礎條件，一個人要想成就一番事業，就必須有恢弘的器度，這是古今通用的道理。

唯才是舉

　　心底無私是成就事業的一個基礎條件，一個人要想成就一番事業，就必須有恢弘的器度，這是古今通用的道理。

①派解狐去一定能夠勝任這個職務。

②你只是問我誰能勝任，誰最合適，並沒有問我解狐是不是我的仇人呀！

①南陽縣缺個縣官，你覺得誰去當會比較合適呢？

②聽說解狐是你的仇人，你怎麼還要推薦他呢？

　　祁黃羊唯才是舉，外不記仇，內不避親，是因為他心底無私。三國時的曹植說過：「天稱其高者，以無不覆；地稱其廣者，以無不載；日月稱其明者，以無不照；江海稱其大者，以無不容。」對人對事自然寬厚豁達，不會過分計較恩怨得失，處處疑神疑鬼；才能活得輕鬆自在。正所謂「居心不淨，動輒疑人。人自無心，我徒煩惱」。

①祁午能夠勝任。

②你只問我誰可以勝任，所以我推薦了他；你並沒問我祁午是不是我的兒子呀！

①現在朝廷裏缺少一個法官。你看，誰能勝任這個職位呢？

②祁午不是你的兒子嗎？你推薦你的兒子，難道不怕別人說閒話嗎？

求人之志章

志不可以妄求

　　求者，訪問推求；志者，人之心志。此章之內，謂明賢
人必求其志，量材受職，立綱紀、法度、道理。

　　釋評：志之於人，猶如信仰之於人生。人的一生隨時在
自覺或不自覺地調整、加強著自己的道德修養和思想建設。
這裡的每一句格言都是對如何安身立命、經國濟世語重心長
地告誡，而且一正一反，既有危難時的慈航指迷，也有得志
時的暮鼓晨鐘。

本章圖說目錄

清心淡泊，不為所累

原文：

> 絕嗜禁欲，所以除累。

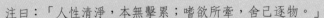

注曰：「人性清淨，本無繫累；嗜欲所牽，舍己逐物。」

王氏曰：「遠聲色，無患於己；縱驕奢，必傷其身。虛華所好，可以斷除；貪愛生欲，可以禁絕，若不斷除色欲，恐蔽塞自己。聰明人被虛名、欲色所染汙，必不能正心、潔己；若除所好，心清志廣；絕色欲，無汙累。」

● 解讀

原文所要表達的意思是，禁絕特殊的嗜好，抑制色情的欲望，這是避免為外物所累的辦法。

人的性情本來就是軟弱的，這個世界有太多的誘惑，幾乎無時無刻不勾引著我們心中的貪欲。只要貪欲一萌芽，就有可能把人迅速地、毫無保留地帶入到萬劫不復之地。貪婪是人類的通性，面對著金錢，美色，權力等，幾乎無一倖免。羨慕他人，這也是貪婪的表現，而這些便是困擾人的枷鎖。

人生一世，草木一秋。相對於漫長的歷史長河，人降生在世上，只不過是一個來去匆匆的過客。名和利，都是過眼雲煙、身外之物，生不帶來，死不帶去，一生為名利所累，實則是本末倒置。廣廈千間，居之不過七尺；山珍海味，食之無非一飽，但人的欲望是無法估量和控制的，一個貪字毀了多少人、多少家庭甚至國家，後人卻不能吸取教訓，在面對新的誘惑時，仍然會飛蛾撲火。這就需要人絕佳的控制力和對事物精準的分析，最重要的則是一顆平靜的心。心如竹簡般，平和淳樸；處世似同菊花，淡泊名利。

面對榮辱毀譽，不驚不喜，心靜如水，正所謂「物來則應，物去則空，心如止水，了無滯礙」，這是人擺脫欲望後所呈現出的平和心態，可謂之淡泊。淡泊不是不思進取，不是無所作為，不是沒有追求，而是以一顆純淨的心對待欲望和誘惑，在順境中怡然自得，身處逆境時也不妄自菲薄，寵辱不驚，悉由自然，一切淡然處之。如不能恬淡寡欲，人生的目標便會被世俗所擾。正如諸葛亮所說：「非淡泊無以明志，非寧靜無以致遠」。淡泊人生，不是消極逃避的處世態度，也不是看破紅塵的思想累積，消極避世的一味沉淪，而是樹立遠大的志向，以一種平和的心境去面對各種境遇，以一種堅強的韌性去承擔一切結果，待時機成熟就可以「致遠」，轟轟烈烈做一番事業。

老子曾說：「恬淡為上，勝而不美」。後世一直讚賞這種「心神恬適」的意境，「一簞食，一瓢飲，不改其樂」的顏回成了千古安貧樂道的典範；楚大

身外之物

名和利,都是過眼雲煙,是身外之物,生不帶來,死不帶去,一生為名利所累,實在是本末倒置。禁絕特殊的嗜好,抑制色情的欲望,這是消除為外物所累的辦法。

人的性情本來就是軟弱的,且這個世界有太多的誘惑,幾乎無時無刻不勾引著我們心中的貪欲。

只要貪欲一出苗頭,就有可能把人迅速地、毫無保留地帶入到萬劫不復之地。貪婪是人類的一個共性,面對著金錢,美色,權力等,幾乎無一倖免。羨慕他人,這也是貪婪的表現,而這些便是困擾人的枷鎖。

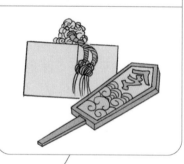

淡泊名利,很少有人能做到。司馬遷言:「君子疾沒世而名不稱焉,名利本為浮世重,古今能有幾人拋?」儒家大師朱熹也感歎:「世上無如人陷欲,幾人到此無誤平生。」

夫沉吟澤畔，九死不悔；「采菊東籬下，悠然見南山」的陶淵明甘於埋身鄉野。他們縱然一生清苦，終日難飽，也能怡然自樂、躬耕隴畝。他們率真自然，安貧樂道，不慕榮利，厭惡官場的追名逐利，不與黑暗勢力同流合汙。行至水窮處，坐看雲起時，是一種淡泊，沒有極大的勇氣、決心和毅力是做不到的。

北宋的蘇軾一生坎坷，多次升遷貶謫，在這樣的曲折坎坷中，他用「用舍由時，行藏在我」表明了自己的態度。「用舍由時，行藏在我」這句是借用孔子的「用之則行，舍之則藏」而來，蘊涵著「進退有節，仰俯皆寬」之意。蘇軾的行動表明了他入則奉儒，出則道禪，瀟灑面對榮辱，不以外物失我心，形成了不為外物之得失榮辱所累的曠達精神。

之所以能淡泊名利，平靜面對各種機遇，需「常行於所當行，止於不可不止」，這也可理解為「放下」。「放下」，是面對名利的解脫之道，禪宗有則故事：

佛祖在世的時候，有位婆羅門雙手各捧著一只花瓶，準備獻給佛祖作禮物。佛祖對婆羅門說：「放下。」婆羅門就放下左手的花瓶。佛祖又說：「放下。」婆羅門又放下右手的花瓶。然而，佛祖仍繼續對婆羅門說：「放下。」婆羅門茫然不解：「佛祖，我已兩手空空，您還要我放下什麼？」佛祖說：「我沒有要你放下花瓶，而是要你放下六根、六塵和六識。只有當你放下對這些自我感覺和外在享受的執著，你才能夠從生死輪迴的桎梏中解脫出來。」

放下了外在的器物，無法放下內心的執著！真正能「放下」的有幾人？淡泊於名利，是做人的崇高境界，但很少有人能做到，司馬遷言：「君子疾沒世而名不稱焉，名利本為浮世重，古今能有幾人拋？」理學大師朱熹也感嘆：「世上無如人欲險，幾人到此誤平生。」沒有包容宇宙的胸襟，沒有洞穿世俗的眼力，是很難做到這一點的。

淡泊寧靜，會使人眼光更深邃，使人在平凡中體驗到深遠。有智慧的人，在寧靜中堅定目標，清代張潮在《幽夢影》中談道：「能閒世人之所忙者，方能忙世人之所閒。人莫樂於閒，非無所事事之謂也。閒則能讀書，閒則能遊名勝，閒則能交益友，閒則能飲酒，閒則能著書。天下之樂，孰大於是？」

安貧樂道

　　淡泊於名利，是做人的崇高境界。沒有包容宇宙的胸襟，沒有洞穿世俗的眼力，是很難做到的。清代張潮在《幽夢影》中談道：「能閒世人之所忙者，方能忙世人之所閒。人莫樂於閒，非無所事事之謂也。閒則能讀書，閒則能遊名勝，閒則能交益友，閒則能飲酒，閒則能著書。天下之樂，孰大於是？」

　　顏回是春秋時魯國人，勤儉好學，樂道安貧。孔子評價顏回曰「一簞食，一瓢飲，不改其樂」，說的是顏回住在僻陋的環境中，吃的是粗鄙的飯食，要是別人，必將憂煩難受了，顏回卻安然處之，並沒有改變他向道好樂的樂趣！

躬耕爲樂

　　陶淵明十三年的仕宦生活，是他為實現「大濟蒼生」的理想抱負而不斷嘗試、不斷失望、終致絕望的十三年。最後賦〈歸去來兮辭〉，表明自己不與世俗同流合汙的決心。

　　陶淵明辭官歸裏，過著「躬耕自資」的生活。夫人翟氏，與他志同道合，安貧樂道，「夫耕於前，妻鋤於後」。

抑非損惡，所以禳過

原文：

> 抑非損惡，所以禳過。

> 注曰：「禳，猶祈禳而去之也。非至於無，抑惡至於無，損過可以無禳爾。」
> 王氏曰：「心欲安靜，當可戒其非為；身若無過，必以斷除其惡。非理不行，非善不為；不行非理，不為惡事，自然無過。」

● 解讀

原文所要表達的意思是，抑制邪念，減少壞心，這樣，便能不必祭禱鬼神就可以消除自己的過失。

人的一生都在進行著思想行為。最強大的人不是打敗別人的人，而是能戰勝自己的人。如果我們都能像曾子那樣：「吾日三省吾身。」每天能抑制自己不正確的行為，摒棄邪惡不良的念頭，培養真善美的情思，以達到使錯誤的、醜惡的思想漸漸遠離我們，如果能做到這些，那些災禍即使不去祈禱，都會自行消失。

人非聖賢，孰能無過，但是一定要在過失尚未發展到不可收拾前，就阻止它，正所謂：「千里之堤，潰於蟻穴。」千里的長堤，用千百的人力修築好幾年方可完成，而小小的蟻穴卻能在很短的時間內將長堤毀於一旦，其原因就在於倘若人們不注意，蟻穴就會從一個變成許多個，小洞也會變成大洞……久而久之，蟻穴成千上萬，千里之堤也就難保了。

大家比較熟悉的扁鵲見蔡桓公的故事也是這樣一個典型的例子。蔡桓公諱疾忌醫，終使小病轉大病，甚至病入膏肓而一命嗚呼。同樣的道理，人的思想發展也是如此。一開始做了點錯事，未必會怎麼樣，但是，任其發展下去，很可能會走上不歸路，最終釀成大禍，到時便悔之晚矣。

春秋時，晉靈公無道，濫殺無辜，臣下士季對他進諫。靈公當即表示：「我知過了，一定要改。」士季很高興地對他說：「孰能無過？過而能改，善莫大焉。」遺憾的是，晉靈公言而無信，殘暴依舊，最終被臣下刺殺。歷史上確有能改過而終成大業的君主：楚莊王初登基時，日夜在宮中飲酒取樂，不理朝政，並下令誰要是敢勸諫，就判誰死罪，但他的一個臣子伍舉看不過去，便冒死晉見，詢問楚莊王：「楚國山上，有一隻大鳥，身披五彩，樣子十分神氣，可是牠一停就是三年，不飛也不叫，這是什麼鳥？」楚莊王聽了，回答：「這可不是普通的鳥。這種鳥，不飛則已，一飛將要冲天；不鳴則已，一鳴將要驚人。你去吧，我已經明白了！」終於決心改正錯誤，認真處理朝政，發憤圖強。楚國漸漸強大起來，他自己也位列「春秋五霸」之一。

千里之堤，潰於蟻穴

千里的長堤，用千百的人力修築幾年方可完成，而小小的蟻穴卻能在很短的時間內將長堤毀於一旦，其原因就在於倘若人們不注意，蟻穴就會從一個變成許多個，小洞也會變成大洞……久而久之，蟻穴成千上萬，千里之堤也就難保了。

人非聖賢，孰能無過。但是一定要在過失沒有發展到不可收拾的時候，就去阻止它，正所謂千里之堤，毀於蟻穴。

三年不鳴，一鳴驚人

春秋時期，楚莊王登基三年未發布一項政令，也未在處理朝政方面有何突出之處，卻整日遊玩取樂，並且不允許任何人勸諫：「進諫者，殺毋赦！」

當時的楚國主管軍政的右司馬向楚莊王進諫了個謎語，說：「奏王上，臣在南方時，見到過一種鳥，它落在南方的土崗上，三年不展翅、不飛翔，也不鳴叫，沉默無聲，這隻鳥叫什麼名呢？」楚莊王知道右司馬是在暗示自己，就說：「三年不展翅、不飛翔、不鳴叫，是在積存力量。這隻鳥雖然不飛，一飛必然沖天；雖然不鳴，一鳴必然驚人。」

此後，楚莊王果然一鳴驚人，成為一代霸主。

③

貶酒闕色，所以無汙

原文：

> 貶酒闕色，所以無汙。

> 注曰：「色敗精，精耗則害神；酒敗神，神傷則害精。」
>
> 王氏曰：「酒能亂性，色能敗身。性亂，思慮不明；神損，行事不清。若能省酒、戒色，心神必然清爽、分明，然後無昏聵之過。」

● 解讀

原文所要表達的意思是，不貪酒、不戀色，這是避免因耗精害神與傷神損精而潔身自守的辦法。

《金瓶梅詞話》開篇有酒、色詩，告誡人們酒亂性、色迷人，如想成就一番事業，尤忌沉迷酒色。自古以來，酒以亂性誤事而著稱，色以敗德傷身而留名。在這些不良嗜好當中，對人的損傷最大的，莫過於「酒色」二字。

酒詩

酒損精神破喪家，語言無狀鬧喧譁；疏親慢友多由你，背義忘恩盡是他。

切需戒，飲流霞，若能依此實無差，失卻萬事皆因此，今後逢賓只待茶。

色詩

休愛綠鬢美朱顏，少貪紅粉翠花鈿。損身害命多嬌態，傾國傾城色更鮮。

莫戀此，養丹田，人能寡欲壽長年。從今罷卻閒風月，紙帳梅花獨自眠。

商紂王在鹿台設「酒池」，懸肉於樹為「肉林」，每宴飲者多至千人，男女裸體追逐其間，不堪入目，最終落得個亡國喪命的結局。無獨有偶，南朝陳後主陳叔寶一味貪圖酒色，最後丟掉了江山。據有關記載，陳後主終日荒於酒色，不理政事。西元 589 年，隋兵攻進建康時，陳後主慌忙拉著張貴妃和孔貴嬪，一起躲進華林園景陽宮旁的景陽井中。後被隋兵發現，張貴妃被嚇得聲淚俱下，胭脂沾滿了石井欄，故民間稱「胭脂井」。宋人陳孚有《胭脂井》詩云：「淚痕滴透綠苔香，回首宮中已夕陽。萬里河山天不管，只留一井屬君王。」宋人曾鞏以此告誡後人，書辱井銘「辱井在斯，不可戒乎」刻於井欄上。宋朝的王安石也曾留詩：「結綺臨春草一丘，尚殘宮井成千秋。奢淫自是前王恥，不到龍沉亦可羞。」

俗話說：「酒是燒身硝煙，色為割肉鋼刀，財多招忌損人苗，氣是無煙火藥。四件將來合就，相當不欠分毫。勸君莫戀最為高，才是修身正道。」這四樣東西，是可以傷身、敗德、破家、亡國的。黃石公所說的貶酒闕色，就是意在提醒，成大事者，必須遠離酒色才可。

好酒色如玩火自焚

人生在世，所嗜所欲而有害者，惟獨酒色財氣最為普遍。這四樣東西，實為傷身、敗德、破家、亡國之物。如想成就一番事業，尤忌沉迷酒色。

酒

酒損精神破喪家，語言無狀鬧喧譁；疏親慢友多由你，背義忘恩盡是他。切需戒，飲流霞，若能依此實無差，失卻萬事皆因此，今後逢賓只待茶。

自古以來，酒以亂性誤事而著稱，色以敗德傷身而留名。那些不良嗜好對人的損傷最大的莫過於「酒色」二字。

色

休愛綠仿美朱顏，少貪紅粉翠花鈿。損身害命多嬌態，傾國傾城色更鮮。莫戀此，養丹田，人能寡欲壽長年。從今罷卻聞風月，紙帳梅花獨自眠。

胭脂井

宋朝詩人陳孚有《胭脂井》詩云：「淚痕滴透綠苔香，回首宮中已夕陽。萬里河山天不管，只留一井屬君王。」

宋朝曾鞏書辱井銘「辱井在斯，不可戒乎」刻於井欄上，故此井故又名辱井。宋朝的王安石也曾在此留詩一首：「結綺臨春草一丘，尚殘宮井成千秋。奢淫自是前王恥，不到龍沉亦可羞。」

此井是西元 589 年，陳後主與張貴妃、孔貴嬪所躲的景陽井，故此井又名辱井。

於跡無嫌，於心無疑

原文：

> 避嫌遠疑，所以不誤。

4

> 注曰：「於跡無嫌，於心無疑，事乃不誤爾。」
> 王氏曰：「知人所嫌，遠者無危，識人所疑，避者無害，韓信不遠高祖而亡。若是嫌而不避，疑而不遠，必招禍患，為人要省嫌疑道理。」

● 解讀

原文所要表達的意思是，避開形跡的嫌隙，遠離人心的懷疑，這是保證做事不出錯的辦法。古語有云：「瓜田不納履，李下不整冠。」平時生活中都要注意這些，更何況辦大事呢？所以要在行動上避嫌，用心時去疑，一方面防止節外生枝，另一方面免得蒙受不白之冤。

避嫌，就是避免他人的懷疑，尤其是在面對一些涉及私人利益的事時，盡量克制自己的言行，避免其他人說閒話。自己理直氣壯，才能更好地取信於他人。

古往今來，懂得避嫌的人很多。據《邵氏聞見錄》記載，「趙清獻公（宋朝宰相趙抃）謫臨鳳翔府竹監，舉家不食筍，其清如此。」趙抃降級到鳳翔府做了管竹子的官，為了不使別人說他「近水樓台先得月」，他決定全家不吃竹筍。趙抃之所以清史留名，與他這樣嚴於律己是分不開的。

唐文宗時，忠良耿直，能言善諫的大書法家柳公權擔任工部侍郎。當時發生了一件事，一個叫郭甯的官員送兩個女兒進宮陪太后，事有湊巧，此事不久後皇帝就派郭甯到郵寧做官，民間的人對此議論紛紛，認為郭甯是藉女升官。皇帝覺得很無辜，以這件事詢問柳公權：「郭甯是太皇太后（郭念云郭皇后）的繼父，早已身居大將軍之職，而且自從當官以來也沒有什麼過失。現在只讓他擔任郵寧這麼小的一塊地方的地方官，人們為什麼會反應這麼大？」柳公權說：「世人以為郭甯是因為兩女入宮侍奉皇上，才得到這個官職。」唐文宗覺得世人很愚昧：「郭甯的女兒是進宮陪太后的，和朕無關，我沒有要收納她們的意思。」柳公權答道：「瓜田李下那種滋生嫌疑的地方，人們怎能一一區分得清呢？」這也是「瓜田李下」一成語的由來，「瓜田李下」是從古樂府《君子行》中的詩句「瓜田不納履，李下不整冠」引申而來的，在那種有嫌疑的地方避之惟恐不及，哪還有自尋嫌疑的道理？

所以，古人教導君子要顧及言談舉止、風度禮儀，並要主動避嫌，對有爭議的人、事都要遠離。明智之人應在嫌疑還未發生時，就杜絕它，「君子防未然，不處嫌疑間」。光明磊落才不會被人猜忌，心地寬厚坦蕩才不會隨意懷疑別人。

瓜田李下，避之不及

　　尤其是在面對一些涉及私人利益的事時，盡量克制自己的言行，避免其他人說閒話。自己理直氣壯，才能更好地取信於他人。

1　郭甯是太皇太后（郭念雲郭皇后）的繼父，已經是身居大將軍之職，而且自從當官以來也沒有什麼過失。現在只讓他擔任郵寧這麼小地方的地方官，人們為什麼會反應這麼大？

2　世人以為郭甯是因為兩女入宮侍奉皇上，才得到的這個官職。

3　郭甯的女兒是進宮陪太后的，和朕無關，我沒有要收納她們的意思。

4　瓜田李下那種滋生嫌疑的地方，人們怎能一一區分得清呢？

光明磊落，無愧於心

　　「君子防未然，不處嫌疑間」。光明磊落才不會被人猜忌，心地寬厚坦蕩才不會隨意懷疑別人。

博學切問，所以廣知

原文：

博學切問，所以廣知。

注曰：「有聖賢之質，而不廣之以學問，弗勉故也。」

王氏曰：「欲明性理，必須廣覽經書；通曉疑難，當以遵師禮問。若能講明經書，通曉疑難，自然心明智廣。」

• 解讀

原文所要表達的意思是，廣泛地涉獵，懇切地詢問，這是擴充自己知識與見聞的辦法。即使是天生具有成為聖賢天賦的人，如不勤奮好學，不能透過勤學多問來增長自己的見識，而最終未能成為聖賢，這可能是因為他在學問上沒有盡心盡力的緣故。

春秋時代的孔子是我國偉大的思想家、政治家、教育家，儒家的創始人。人們都尊奉他為聖人，然而孔子卻認為，無論什麼人，包括他自己，都不是生下來就有學問的。

有一次，孔子去魯國國君的祖廟參加祭祖典禮，他不時向人詢問儀式中的一切禮節，差不多每件事都問到了，有人因此就在背後嘲笑他，說他不懂禮儀，什麼都要問。孔子聽到這些議論後說：「對於不懂的事，問個明白，這正是我想知禮的表現啊！」

那時，衛國有個大夫叫孔圉，虛心好學，為人正直。當時社會有個習慣，在最高統治者或其他有地位的人死後，人們會根據他的生平給他一個諡號。按照這個習俗，孔圉死後，被授予的諡號為「文」，所以後來人們又稱他為孔文子。

孔子的學生子貢知道此事後很不服氣，他認為孔圉也有不足的地方，於是就去問孔子：「老師，孔圉憑什麼可以被稱為『文』呢？」

孔子回答：「敏而好學，不恥下問，是以謂之『文』也。」意思是說孔圉聰敏又勤學，不以向職位比自己低、學問比自己差的人求學為恥辱，所以可以用「文」字作為他的諡號。

好學與下問是學習的最好途徑。孔子不僅是這樣說，同時也是這樣做的，孔子以好學著稱，對於各種知識都表現出濃厚的興趣，因此他多才多藝，知識淵博，在當時是出了名的，幾乎被當成無所不知的聖人，但孔子自己不這樣認為，孔子曰：「聖則吾不能，我學不厭，而教不倦也。」孔子學無常師，誰有知識，誰那裡有他所不知道的東西，他就拜誰為師，因此說：「三人行，必有我師焉」。

博學切問

廣泛地涉獵,懇切地詢問,這是擴充自己知識與見聞的辦法。孔子曰:「聖則吾不能,我學不厭,而教不倦也。」

孔子去魯國國君的祖廟參加祭祖典禮,他不時向人詢問祭奠中的一切禮節,差不多每件事都問到了。於是有人在背後嘲笑他,說他不懂禮儀,什麼都要問。孔子聽到這些議論後說:「對於不懂的事,問個明白,這正是我想知禮的表現啊。」

不恥下問

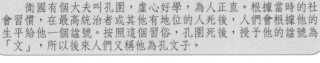

衛國有個大夫叫孔圉,虛心好學,為人正直。根據當時的社會習慣,在最高統治者或其他有地位的人死後,人們會根據他的生平給他一個諡號。按照這個習俗,孔圉死後,授予他的諡號為「文」,所以後來人們又稱他為孔文子。

孔圉聰敏、勤學,不以向職位比自己低、學問比自己差的人求學為恥辱,所以可以用「文」字作為他的諡號。

老師,孔圉憑什麼可以被稱為「文」?孔圉也有不足的地方啊,他怎麼可以用這個字作諡號呢?

高行微言，所以修身

原文：

高行微言，所以修身。

6

注曰：「行欲高而不屈，言欲微而不彰。」

王氏曰：「行高以修其身，言微以守其道；若知諸事休誇說，行將出來，人自知道。若是先說卻不能行，此謂言行不相顧也。聰明之人，若有涵養，簡富不肯多言。言行清高，便是修身之道。」

● 解讀

原文所要表達的意思是，高尚的品行，精微的言論，這是努力提高自身品德修養的辦法。

高調做事，低調做人。做人應該總是在不斷提醒自己，特別是在低調做人上，更是要將修養提高到某種高尚的德行境界，在言語上做到委婉、低調、不張揚，而往往很多人的心性還不夠沉穩。

做人的品行要有高的起點和標準，並一直向著更高的目標邁進，這樣才是品德高尚的表現。表現在言行上，即為微言，也就是少說、簡說。所謂言多必失，就是這個道理。一般來說只要是做事，別人就會知道，而無需大肆宣揚，但假如說了做不到，就是缺失了義理，因而也約束人言出必行。言出必行，才能得到世人的尊敬，因而言行清高，也是涵養的表現，是一種修身的道。做人需要樸實無華，微言慎行，人生不是為了徒博虛名。

老子說：「大巧若拙，大辯若訥。」意思是最有智慧的人，真正有本事的人，雖然有才華學識，但平時像個呆子，不自作聰明；雖然能言善辯，但裝作好像不會講話一樣。無論是初涉世事還是位居高官，無論是做大事還是處理一般人際關係，鋒芒不可太露。有才華固然很好，但在合適的時機運用才華而不被或少被人忌，避免功高蓋主，才算是更大的修為。高尚其行為，謙虛其言論，這是加強修養的一個重要方法。黃石公所謂的「高言危行，所以修身。」也就是說身處亂世，言論一定要高尚，行為一定要謹慎。

《史記·老子韓非列傳第三》中，老子告訴孔子說：「良賈深藏財若虛，君子盛德貌若愚。去子之驕氣與多欲，態色與淫志，是皆無益於子身。」這裡的盛德是指「卓越的才能」。整句話的意思是，那些才華橫溢的人，外表看與愚魯笨拙的普通人毫無差別。無論是謙虛還是謹慎，可能都會讓有些人覺得是消極被動的生活態度。實際上，倘若一個人能夠謙虛誠懇地待人，便會贏得別人的好感；若能謹言慎行，更會贏得人們的尊重。因此，必要時要隱藏鋒芒，

禍從口出

高尚的品行，精微的言論，這是努力提高自身品德修養的辦法。

《易經》說：「君子以慎言語」。人之生嘴，功能之二是吐出聲音，為了交際。人說出來的不都是令人愉悅的語言，也有讓人反感的詞句。劉禹錫《口兵誡》：「我誠於口，惟心之門。毋為我兵，當為我藩。以慎為鍵，以忍為閽。可以多食，勿以多言。」

言多必失，一般來說只要是做事，別人就會知道，而無需大肆宣揚。但假如說了做不到，就是缺失了義理，因而也約束人言出必行。言出必行，才能得到世人的尊敬。因而言行清高，也是涵養的表現，是一種修身的道。做人需要樸實無華，微言慎行，人生不是為了徒博虛名。

「木秀於林，風必摧之；堆出於岸，流必湍之；行高於人，眾必非之」以及《陰符經》中的「性有巧拙，可以伏藏」，都是在教導世人，善於伏藏是致勝的關鍵。適當地掩飾自己才是真正的智者所為。

老子曰：「良賈深藏財若虛，君子盛德貌若愚。」這句話告訴我們，平時要斂其鋒芒，收其銳氣，千萬不要不分場合地將自己的才能讓人一覽無餘。

收其銳氣，不可輕易地將自己的才能讓人一覽無遺。如果你的長處、短處都被他人看透，就相當於你所有的後路都被堵死了，很容易被他人所操縱。

　　一個人鋒芒畢露，必定會遭到別人的嫉恨和非議，甚至引來禍端，歷史上這種例子比比皆是。乾隆皇帝好賣弄才情，寫過數萬首詩。他上朝時經常用詞、對聯考問大臣。大臣們明明知道有些對聯很粗淺，也不說破，故意苦思冥想，並且求皇帝開恩「再思三日」。這意思無非是讓乾隆自己說，然後大臣一片佩服、讚歎之聲。難道滿朝文武真無人能應對嗎？當然不是，俗話說：「三個臭皮匠勝過一個諸葛亮。」眾人集思廣益，怎麼會對不出對聯呢？更何況這些大臣皆是經過層層科舉考試選拔上來的。大臣們之所以這樣做，是為了維護皇帝的尊嚴，也是免禍的處世技巧。

　　相比而言，三國時的楊修雖然聰明絕頂，但是其「聰明反被聰明誤」，雖然抓住曹操很多的心思，卻惟獨忘記了最根本的一點，上者不喜歡自己的心思為人所知。楊修鋒芒畢露的行為，也是楊修之死的最根本原因。「木秀於林，風必摧之；堆出於岸，流必湍之；行高於人，眾必非之」以及《陰符經》中的「性有巧拙，可以伏藏」，都是在教導世人，善於伏藏是致勝的關鍵，適當地掩飾自己才是真正的智者所為。

　　中國歷來主張內斂，不喜歡張揚、夸夸其談的人。《論語》云：「巧言令色，鮮矣仁。」意思就是說，花言巧語，夸夸其談的人，人品一般會有問題。他們缺乏腳踏實地的那種精神，無法令人信任。戰國時趙國名將趙奢之子趙括，就是這樣一個人。趙括的兵法理論很豐富，談論兵法，就連其父趙奢也比不上他，但他沒有任何的帶兵經驗，就是這樣一個空有滿腹理論的人卻接替了經驗豐富的廉頗，導致趙國在長平之戰中大敗。

　　那什麼樣的人才符合古代人才的標準呢？孔子認為：「剛、毅、木、訥，近仁。」即剛強、果敢、樸實、謹慎這四種品德是賢人所必備的，後世的人對「木訥」一詞似乎理解有偏誤，並不是呆板無趣之意，而是說樸實無華，微言慎行。有道德者，絕不泛言；有信義者，必不多言；有才謀者，必不多言。多言取厭，虛言取薄，輕言取侮。老子也曾有過此類的言論，如「信言不美，美言不信」、「言有尊，事有君」。都是在說人的言語須樸實無華，言之有物，才能令人信服，事半功倍。

避禍之法

　　孔子認為：「剛、毅、木、訥近仁」，即剛強、果敢、樸實、謹慎這四種品質是賢人所必備的。因而有道德者，絕不泛言；有信義者，必不多言；有才謀者，必不多言。一個人鋒芒畢露，必定會遭到別人的嫉恨和非議，甚至引來禍端。

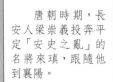

　　唐朝時期，長安人梁崇義投奔平定「安史之亂」的名將來瑱，跟隨他到襄陽。

　　梁崇義在軍中沉默寡言，人們認為他沉穩，逐漸升遷到偏將地位。來瑱被誣陷後，群龍無首，大家推舉他為首領，不久朝廷正式封他為節度使。

　　乾隆皇帝好賣弄才情，寫過數萬首詩。他上朝時經常用詞、聯考問大臣。大臣們明明知道有些對聯很粗淺，也不說破，故意苦思冥想，並且求皇帝開恩「再思三日」。

　　難道滿朝文武真無人能對嗎？當然不是，俗話說三個臭皮匠頂個諸葛亮，眾人集思廣益，怎麼會對不出對聯呢？更何況這些大臣皆是經過層層考試選拔上來的。大臣們之所以這樣做，是為了維護皇帝的尊嚴，也是免禍的處世技巧。

恭儉謙約，所以自守

原文：

> 恭儉謙約，所以自守。

注曰：「管仲之計，可謂能九合諸侯矣，而窮於王道；商鞅之計，可謂能強國矣，而窮於仁義；弘羊之計，可謂能聚財矣，而窮於養民；凡有窮者，俱非計也。」

王氏曰：「恭敬先行禮義，儉用自然常足；謹身不遭禍患，必無虛謬。恭、儉、謹、約四件若能謹守、依行，可以保守終生無患。」

● 解讀

原文所要表達的意思是，只有保持恭謹、儉樸、謙遜而不奢侈的品德，才能保持自身的品德操守。

古詩云：「我有一言君記取，天地人神都喜謙。」在中國，勤儉是持家的根本，而謙虛是品德才智的標誌。世上凡是有真才實學者，凡是真正的偉人俊傑，無一不是虛懷若谷、謙虛謹慎的人。小人勉謙一時，君子安謙不易。君子對上要恭敬侍奉，對下要謙遜禮讓。

三國時的呂岱，位高權重，名聲顯赫。呂岱的朋友徐厚為人忠厚耿直，常常當面指責呂岱的缺點和錯誤，呂岱都能虛心接受，但是呂岱的臣屬卻對徐厚感到不滿，他們認為徐厚太狂妄，竟敢這樣對待呂岱，他們將不滿告訴了呂岱，並希望呂岱處罰和遠離徐厚。但是呂岱不僅沒有這麼做，反而更加尊重和親近徐厚。徐厚死後，呂岱很難過，他認為自己失去了一面映現自己過失的鏡子，再也沒有人敢當面指責他的過失了。當然，呂岱的作法是否真的是過失，這暫且不論，最重要的是呂岱的謙虛和廣闊的胸懷。謙虛的態度和廣闊的胸懷，是一個人成功的基礎。項羽因為自命不凡，不聽取范增的建議，而致使兵敗垓下。劉邦虛心接受蕭何等謀士的建議，才得以一統江山。

俗話說：「忍一時風平浪靜，退一步海闊天空。」相傳安徽桐城有一條名叫「六尺巷」的巷子。巷子的兩邊原來住著張、葉兩家，兩家都想多佔地盤，為此鬧得不可開交。張家主人乃當朝宰相，他在家信中說：「千里家書只為牆，讓他三尺又何妨，長城萬里今猶在，不見當年秦始皇」。於是張家便讓出了三尺，慚愧的葉家也跟著讓出三尺，便成了現在的「六尺巷」。那位宰相捨棄了自己的面子，以寬容禮讓的胸襟，大度能容之氣概，化干戈為玉帛，止爭鬥於未起。如果沒有超出常人的高風亮節，怎會做出如此的退讓？

虛心受教

　　世上凡是有真才實學者，凡是真正的偉人俊傑，無一不是虛懷若谷，謙虛謹慎的人。小人勉謙一時，君子安謙不易。君子對上要恭敬侍奉，對下要謙遜禮讓。

　　　三國時的呂岱，位高權重，名聲顯赫。呂岱的朋友徐厚為人忠厚耿直，常常當面指責呂岱的缺點和錯誤，呂岱都能虛心接受。但是呂岱的臣屬對徐厚不滿，他們認為徐厚太狂妄，竟敢這樣對待呂岱，他們將不滿告訴了呂岱，並希望呂岱處罰和遠離徐厚。但是呂岱不僅沒有這麼做，反而更加尊重和親近徐厚。徐厚死後，呂岱很難過，他認為失去了一面映現自己過失的鏡子，再也沒有人敢當面指責他的過失了。

六尺巷

　　《論語・里仁》：「能以禮讓為國乎？何有。不能以禮讓為國，如禮何？」其意所說的即以禮所提倡的謙讓精神來治理國家。

「千里家書只為牆，讓他三尺又何妨，長城萬里今猶在，不見當年秦始皇。」

深謀遠慮，所以不窮

8

原文：

> 深謀遠慮，所以不窮。

> 王氏曰：「所以，智謀深廣，立事成功；德高遠慮，必無禍患。人若深謀遠慮，所以事理皆合於道；隨機應變，無有窮盡。」

● 解讀

原文所要表達的意思是，真正有智慧的人，遇事考慮周全，深謀遠慮，他們會在高處深處定計設謀，往長遠永久方面考慮，從而遇事不會手足無措。這在制訂國家方針大計方面尤為重要。

深謀遠慮，運籌帷幄之人，積極進取便可建立豐功偉業，功成身退則可以保全自我。管仲雖然幫助齊桓公「九合諸侯」，但最終不能實踐仁義之道，連孔子都為他惋惜不已。秦朝的商鞅使國家昌盛、漢朝的桑弘羊廣聚天下之財，這兩個人都是智謀過人之人，但仁義之心不足，所以此二人都死於非命，不能自保，不能善終，所以還算不上真正的謀略之士。

漢朝的開國之相蕭何便是位謀略之士，在劉邦起事之時他便跟隨劉邦。當劉邦攻入咸陽時，是他不顧其他人，率先佔據了丞相和御史大夫府，把秦朝有關國家戶籍、地形、法令等方面的圖書檔案一一清查、收藏起來。在秦朝，除了軍權外，丞相和御史大夫幾乎總攬一切朝政。正是依靠這些，劉邦才能在建國的一系列軍事戰爭中取得勝利，漢朝的法令也是在秦朝的基礎上發展而來。單憑這一點，就足以說明蕭何的睿智及遠見。晚年，曾對漢朝做出卓越貢獻的蕭何卻強奪、賤買民間田宅，蕭何何以在晚年這樣自汙名節？這也是因為蕭何在民間的呼聲很高，劉邦對其產生懷疑，蕭何不想落到韓信那樣的下場，只得做出這樣惹民生怨的事情，主動敗壞自己的名聲，以釋君疑。就這樣，蕭何得以善終，能在史上留下美名而又得到善終的開國之臣，在歷史上幾乎是絕無僅有！

三國時期東吳的魯肅，也是智謀與德行並重之人。魯肅很早就為孫權謀劃了成就帝業的戰略計畫，其深謀遠慮，見識過人，因而深受孫權器重。赤壁之戰前，在東吳聯蜀抗曹等方面魯肅功不可沒。赤壁之戰中，魯肅竭力化解諸葛亮和周瑜之間的矛盾，多次協助諸葛亮脫險。最終在雙方的通力合作下，取得了赤壁之戰的勝利，因而魯肅在吳蜀兩國的聲名都很不錯。

所謂「先謀後事者昌，先事後謀者亡」，便是做大事需眼光長遠，見識不凡，能運籌帷幄，一切盡在掌握之中。鼠目寸光，斷斷不可！

深謀遠慮

深謀遠慮，運籌帷幄之人，積極進取便可建立豐功偉業，功成身退則可以保全自我。

蕭何為漢朝的建立，立下了汗馬功勞。攻克咸陽後，他接收了秦丞相、御史府所藏的律令、圖書，為日後制訂政策和取得楚漢戰爭勝利產生了重要作用。楚漢戰爭時，他留守關中，為前線提供了足夠的補給。

建國後，蕭何又制定了律令制度，協助高祖消滅韓信、英布等異姓諸侯王。為避免高祖的懷疑，甘願自毀名聲。這也是漢朝開國功臣中為數不多的能保全性命的功臣之一。

曹劌論戰

齊國的隱士曹劌也算是深謀遠慮之人，在國家危難之際，挺身而出，不失為忠義之人。

曹劌曰：「夫戰，勇氣也。一鼓作氣，再而衰，三而竭。彼竭我盈，故克之。夫大國，難測也，懼有伏焉。吾視其轍亂，望其旗靡，故逐之。」

曹劌說：打仗的勝負關鍵在士氣，士氣盛則勝的機會就大；士氣衰則敗的機會就大。擊鼓進攻，通常是擊第一遍鼓時，士氣旺盛，大家一心想衝鋒陷陣。如果第一遍鼓進攻沒有奏效，又擊第二遍鼓士氣就弱了。如果第二遍鼓仍然未奏效，再擊第三遍鼓，士氣簡直沒有了。

我阻止我方搶先進攻，怕士氣減弱，直到齊國擊三遍鼓後，才進攻，以我盛氣攻敵最低士氣，自然獲勝。後我所以阻止魯莽追擊。恐其有詐，中了埋伏，後我研究他們敗逃車輪痕跡，十分凌亂，望他們的旗幟，東倒西歪，毫無秩序。斷定齊軍確是潰退，所以追擊。

近朱者赤，近墨者黑

原文：

> 親仁友直，所以扶顛。

9

> 注曰：「聞譽而喜者，不可以得友直。」
>
> 王氏曰：「父母生其身，師友長其智。有仁義、德行之賢人，常要親近正直、忠誠，多行敬愛；若有差錯，必然勸諫、提說；結交必擇良友，若遇患難，遞相扶持。」

● 解讀

　　原文所要表達的意思是，親近仁愛的人，結交正直的人，這是扶持危亡局面的辦法。朋友關係是人倫之一，一個人的品德志向往往可以透過他的擇友、交友反映出來。

　　《論語》曰：「益者三友，損者三友。友直，友諒，友多聞，益矣。友便僻，友善柔，友便佞，損矣。」即是說，有益和有害的交友類型各有三種，同正直的人、誠實守信的人、見聞廣博的人交朋友，是有益的。同慣於走邪門歪道的人、善於阿諛奉承的人、花言巧語的人交朋友，則是有害的。正所謂：「蓬生麻中，不扶而直，白沙在涅，與之俱黑。」晉傅玄《太子少傅箴》：「故近朱者赤，近墨者黑；聲和則響清，形正則影直。」《三字經》也言道：「人之初，性本善，性相近，習相遠，苟不教，性乃遷，教之道，貴以專，昔孟母，擇鄰處，子不學，斷機杼。」這都是在說環境對人成長的重要性。環境雖然不是人生的決定性因素，但絕對是很重要的因素。能保持出淤泥而不染的畢竟是少數，這需要極大的自制力。一個良好的環境，能在潛移默化之中、言傳身教之下，便把那些真善美的東西融入到人的信念當中，無怪乎人總會竭力選擇較好的環境。

　　因此，中國人歷來很重視對環境的選擇，孔子主張「居必擇鄉，遊必就士」。眾所周知的「孟母三遷」的故事，便是講述環境對於孩子成長影響的重要性。據說孟母為了給孟子選擇一個適於成長的居住環境，先後由「近墓」之地搬至「市旁」，進而再搬到「學宮之旁」。《顏氏家訓》中也有類似的說法：「人在年少神情未定，所與款狎，薰漬陶染，言笑舉動，無心於學，潛移默化，自然似之。」這就說明了小時候的生活環境對一個人的成長是非常重要的。小孩子心性比較差，容易受周圍環境的影響，耳濡目染，潛移默化之下，自然而然就形成了一定的品德習慣。接觸的是什麼，學會的就會是什麼。環境造就人才，環境也埋沒人才。

近朱者赤，近墨者黑

近君子，遠小人。親近仁愛的人，結交正直的人，這是扶持危亡局面的辦法。朋友關係是人倫之一，一個人的品德志向往往可以透過他的擇友、交友反映出來。

一個人如果常常和一些品德高尚的朋友交往，時間長了，由於受到品德高尚的人的薰陶，在潛移默化中，自己的品行也會得到提高。

范仲淹曾對歐陽修的助手呂公著說：「近朱者赤，近墨者黑。你在歐陽修身邊做事，真是太好了。應當多向他請教作文寫詩的技巧。」果然後來呂公著的寫作能力提高得很快。這便是近朱者赤，近墨者黑的來歷。

孔子提出了三種有害的朋友：「損者三友：友便辟，友善柔，友便佞。」與慣於走歪門邪道的人、善於阿諛奉承的人、花言巧語的人交朋友，是有害的。正所謂，蓬生麻中，不扶而直，白沙在涅，與之俱黑。

如果一個人，自甘墮落，整天和那些行為卑劣，舉止不雅的人混在一起，用不了多久，自己的言行舉止就會與他們越來越像了。

　　除了注意環境的選擇，還應注意在一固定環境中交往的是什麼樣的人。《涑水聞記》中便有這樣一則故事，講述的是宋朝詩人張奎的母親為其擇友的事情。據說張奎每次帶朋友回家，他的母親都會在窗外悄悄聽著，如果他們談論的都是學問，她就做好吃的設宴招待；而如果在一起不談正事，張奎的母親就不招待他們。她用這種方法去教導兒子結交正確的朋友，這在張奎的成長中絕對產生了很重要的啟示作用。

　　《論語》中曾說：「眾惡之，必察焉；眾好之，必察焉。」這句話是說，大家厭惡一個人和喜歡一個人，我們都要弄清楚是為什麼，學會區分何為朋友，何種朋友才值得相交。古人結交朋友注意「結交勝己者」，也就是結交才德超過自己或在某方面有特長的人，以便在交往中受到良好的影響，截長補短。

　　在古代，人們就用一些詞語清楚地劃分出了什麼樣的朋友該如何對待，如：點頭之交、布衣之交、杵臼之交、車笠之交、總角之交、竹馬之交、忘年之交、八拜之交、管鮑之交、忘形之交、刎頸之交、莫逆之交等等。朋友不一定要十全十美，和朋友相處只能「求大同，存小異」，朋友有自己的性格、思想和追求，不能以自己的好惡要求對方，正所謂「己所不欲，勿施於人」。朋友之間的交往是相互扶持、相互鼓勵，以求共同發展，而一旦涉及錢財，友情極有可能會變調，「君子之交淡如水，小人之交甘若醴；君子淡以親，小人甘以絕。」真正的朋友不會因為你的富貴貧窮而討好或嫌棄你，而那種為了謀求利益而和你相交的朋友則會因你的處境不同而態度不同。

　　人需要和珍惜的是雪中送炭，而非錦上添花。唐貞觀年間，薛仁貴未發達之前，和妻子住在一個破窯洞中，生活很窘迫，平時經常要靠王茂生夫婦接濟。後薛仁貴東征，在平遼時立下大功，被封為「平遼王」。此時已今非昔比的薛仁貴府前，擠滿了恭賀的官員和富貴之人，薛仁貴卻婉言謝絕了他們送來的賀禮，只收下王茂生夫婦所送的「美酒」，但酒罈中裝的卻是清水。對此，薛仁貴不僅沒有生氣，還當眾暢飲。薛仁貴向眾人解釋他為何不收厚禮，而只收清水，「我落難時，全靠王家的資助。沒有他們，也就不會有今天的我。王兄弟家境貧寒，清水也是一片心意。他不因我貧窮、富貴與否而對我有不同，這才是君子之交淡如水」。此後，薛仁貴與王茂生仍保持了很親密的聯繫，這也是「君子之交淡如水」的來歷。

　　子曰：「近君子，遠小人。」這句話是孔老夫子對世人在交友方面最樸實的忠告，需要我們一生去參悟理解。

孟母三遷

　　中國人歷來很重視對環境的選擇，孔子主張「居必擇鄉，遊必就士」。《顏氏家訓》中也有類似的說法，「人在年少神情未定，所與款狎，薰漬陶染，言笑舉動，無心於學，潛移默化，自然似之。」這就說明了小時候的生活環境對一個人的成長是非常重要的。

　　孟母為了給孟子選擇一個適於成長的居住環境，先後由「近墓」之地搬至「市旁」，進而再次搬到「學宮之旁」。也正是在這種良好的環境下，當然也有孟母的嚴格教導和孟子的努力，孟子才成為了繼孔子之後又一位儒學大家，後世稱其為「亞聖」。

君子之交淡如水

　　人需要和珍惜的是雪中送炭，而非錦上添花。

　　我落難時，全靠王兄弟的資助。沒有他們，也就不會有今天的我。王兄弟家境貧寒，清水也是一片心意。他不因我貧窮、富貴與否而對我有不同，這才是君子之交淡如水。這也是君子之交淡如水典故的來歷。

近恕篤行，所以接人

原文：

> 近恕篤行，所以接人。

10

> 注曰：「極高明而道中庸，聖賢之所以接人也。高明者，聖人之所獨；中庸者，眾人之所同也。」
>
> 王氏曰：「親近忠正之人，學問忠正之道；恭敬德行之士，講明德行之理。此是接引後人，止惡行善之法。」

● 解讀

原文所要表達的意思是，要接近仁愛之道，需寬恕容人，待人忠厚誠懇。寬人厚物既是一種高尚的修養，也是中華民族的傳統美德。從深層次來講，「寬恕」根源於孔孟的「仁」，這也是「仁學」的實踐。自古以來，忠恕待人，方可與人和睦相處，方可服眾，贏得世人的尊敬和支持。

子貢問孔子：「有一言而可以終生行之者乎？」孔子曰：「其恕乎！」這段話是說，世上有沒有一個字可以作為人終生為人處世的標準？孔子回答說那恐怕只有恕了。恕，指的是儒家的推己及人，仁愛待人的思想，人都會犯錯，人也都有缺點，原諒和寬恕別人是一種美德，可以化解恩怨，可以善解惡緣，可以化敵為友。歷史上，這樣的例子比比皆是。

春秋五霸之一的楚莊王，有一次夜宴群臣，君臣都很盡興，很多人都醉了。酒酣耳熱之際，楚王的一位寵妃感覺有人趁大殿上的蠟燭被風吹滅之際，拉扯自己的衣服，因此非常生氣地揪下了此人的冠纓，並向楚莊王告狀說：有不軌之徒拉扯她的衣服，希望楚莊王能點燃燭火，把那位沒有冠纓的人抓出來，此人便是那個登徒子。楚莊王卻沒有這麼做，反而馬上下令所有人都摘下冠纓，以便喝得更加盡興，於是在場的上百人都摘下了冠纓。楚莊王這才命令僕從點上蠟燭，照樣和群臣盡歡暢飲。兩年後，吳國興兵攻打楚國。楚國一將領多次衝鋒陷陣擊退敵兵，殺敵無數，立下了大功。戰後，楚莊王問他：「我從沒有恩寵過你，你為何這麼拚命呢？」那人答道：「臣就是當年在大殿上失去冠纓之人。」

原來這個將領一直銘記楚莊王的恩德在心，如此奮勇退敵就是為了報答楚莊王當年的寬恕之恩。楚莊王的寬厚仁愛，換來了春秋霸主的地位。

寬人厚物，是做人的需要。自古以來，中國歷代都對此有所倡導，如《尚書》言：「有容，德乃大」，《周易》中則有「君子以厚德載物」之說，荀子更進一步指出：「君子賢而能容罷，知而能容愚，博而能容淺，粹而能容雜」。

近恕篤行，所以接人

　　吳國興師攻打楚國。楚國一將領多次衝鋒陷陣擊退敵兵，殺敵無數，立下了大功。戰後，楚莊王曾問他：「我從沒有恩寵過你，你為何這麼拼命呢？」那人答道：「臣就是當年在大殿上失去冠纓之人。」原來這個將領一直銘記楚莊王的恩德在心，如此奮勇退敵就是為了報答楚莊王當年的寬恕之恩。

　　當年楚莊王夜宴群臣，君臣都很盡興，很多人都醉了。酒酣耳熱之際，這個人乘機非禮了楚王的一位寵妃，她向楚莊王告狀要楚莊王能把那個沒有冠纓的人抓出來。楚莊王並沒有追究此事。

　　寬人厚物，是做人的需要。自古以來，中國歷代都對此有所宣導，如《尚書》言「有容，德乃大」，《周易》中則有「君子以厚德載物」之說，荀子更進一步指出「君子賢而能容罷，知而能容愚，博而能容淺，粹而能容雜」。

識人善用，各盡其才

原文：

> 任材使能，所以濟務。

> 注曰：「應變之謂材，可用之謂能。材者，任之而不可使；能者，使之而不可任，此用人之術也。」
>
> 王氏曰：「量材用人，事無不辦；委使賢能，功無不成；若能任用才能之人，可以濟時利務。如：漢高祖用張良陳平之計，韓信英布之能，成立大漢天下。」

● 解讀

原文所要表達的意思是，識人善用，任命合適的人擔任合適的官職，做到人盡其才，物盡其用，各安其位，才能夠成就大事業。

很多做出一番大事業的人，他們自己本身的才能並不高，但是他們卻能成就偉業，這是為什麼呢？因為他們身邊聚集著一群具備各式各樣才能的人才。歷史上有很多這樣的例子，劉邦便是這樣一個人。

劉邦在回首過去，總結自己成功的原因時，曾有過這樣一段精闢的話語：「夫運籌帷幄之中，決勝千里之外，吾不如子房；鎮國家，撫百姓，給餽饟，不絕糧道，吾不如蕭何；連百萬之眾，戰必勝，攻必取，吾不如韓信。此三者，皆人傑也，吾能用之，此吾所以取天下者也。」無可厚非，劉邦是一位智者。論計謀，劉邦不如張良；論治國，劉邦不如蕭何；論軍事，劉邦不如韓信。劉邦不僅明白自己的不足，而且知道治國需要何種人才，何種人才該擔任何種職位。張良、蕭何、韓信三者各有專長，劉邦就是將三人為己所用，並使他們恰如其分地發揮了他們各自的特長，從而才成就了自己的百年帝業、千古功名。縱觀歷史上的領袖人物，他們沒有一個不是善於識人、用人的。

漢代桓譚指出：「國之廢興，在於政事，政事得失，由乎輔佐。輔佐賢明，則俊士充朝，而理合世務；輔佐不明，則論失時宜，而舉多過事。」宋代王安石也言：「國以任賢使能而興，棄賢專己而衰。此二者，必然之勢，古今之通義，流俗所共知爾。」清代沈文奎也強調：「古來成事業者，要求實用，不貴虛名，而欲求實用以圖事功者，尤必以得人為第一。」這些賢人君子之所以都這樣強調人才的重要性，是因為正確地選拔和任用人才對國家來說是至關重要的，事關國家的興亡。

「周公吐哺，天下歸心」之說，就是在講周公對人才的重視。據說周公不僅重視人才，而且還禮賢下士。所謂：「一沐三握髮，一飯三吐哺」講的是周公尊敬賢士的故事。據說一旦有賢士來訪，周公即使正在洗頭，也會匆忙把頭

用人之術

劉邦用人的祕訣

夫運籌帷幄之中，決勝千里之外，吾不如子房；鎮國家，撫百姓，給餽饟，不絕糧道，吾不如蕭何；連百萬之眾，戰必勝，攻必取，吾不如韓信。三者皆人傑，吾能用之，此吾所以取天下者也。

劉邦用韓信帶兵，張良出謀，蕭何保後。

→ 知人善任

項羽的屬下陳平投靠劉邦之後，劉邦便撥給了他大量的金錢，且不問進出，使其能夠實行反間計，可見劉邦對其的信任。

→ 用而不疑

張良是貴族，陳平是遊士，蕭何是縣吏，樊噲是狗屠，灌嬰是布販，婁敬是車夫，彭越是強盜，周勃是吹鼓手，韓信市井。

→ 不拘一格

劉邦的隊伍裏面，有很多人原來曾是項羽的手下，他們來投奔劉邦，他一視同仁表示歡迎，如韓信、陳平，韓信等。

→ 不計前嫌

他手下的人，如果向他提出問題，劉邦全都如實回答，即使這樣回答很沒面子，他也不說假話。

→ 坦誠相待

劉邦奪取天下以後，根據各個人的不同功績，對功臣論功行賞甚至還封賞了他最不喜歡的人──雍齒。

→ 論功行賞

用人時，抓住其優勢和特長，求同存異，擇善而從，這樣才能凝聚人心，充分發揮其潛力。俗話說：「尺有所短，寸有所長。」人無全才，揚長避短，各盡其才。這樣才能人盡其才，發揮最大的效率。

漢代桓譚指出：「國之廢興，在於政事，政事得失，由乎輔佐。輔佐賢明，則俊士充朝，而理合世務；輔佐不明，則論失時宜，而舉多過事。」

11

髮隨便一弄，便急忙前去接見，以避免客人久等。如果客人來時，恰逢周公正在吃飯，他會顧不得嚥下去正在咀嚼的食物，就忙著去接待來賓。周公為安定周朝立下了汗馬功勞，這與他的識人、重人、用人方式不無關係，俗話說：「一個好漢三個幫。」沒有得利人才相助，周公恐怕也是有心無力。無獨有偶，即使是一代梟雄曹操也是愛才心切。有一次曹操正在睡覺，聽聞自己的好友、袁紹的謀士許攸前來投靠，興奮的以致顧不得穿鞋，便赤足前往迎接。曹操聽從許攸的建議，偷襲了袁紹的糧倉，重創了袁紹，也徹底清除了其稱雄的障礙。

人才隨處可得，但如何使用人才，做到知人善任卻是一門大學問，而且大多數人並不是全才，只是某一方面比較突出，所以在用人時，抓住其優勢和特長，求同存異，擇善而從，不固執己見，這樣才能凝聚人心，充分發揮其潛力。俗話說：「尺有所短，寸有所長。」人無全才，揚長避短，各盡其才。這樣才能人盡其才，發揮最大的效益。正所謂：「駿馬能歷險，犁田不如牛；堅車能載重，渡河不如舟。舍長以就短，智者難為謀；生材貴適用，慎勿多苛求。」知人善用至為重要，只有這樣，才可以最大限度地做到「人盡其才，才盡其用」。

人盡其才，也就意味著要揚長避短。揚長避短是一種發揮最大效益的方式，在古代的戰術上也經常應用到這種戰術。孫武曾說，善兵之人，要「避其銳氣，擊其惰歸以「治氣」；「以治待亂，以靜待譁」，以「治心」；「以近待遠，以逸待勞，以飽待饑」，以「治力」；「無邀正正之旗，無擊堂堂之陳」，以「治變」。發揮自己的最大優勢，而利用敵人的弱點，以強對弱，取得絕對的勝利。韓信取燕破齊之戰，就是一典型戰例。

西元前 204 年，韓信決定盡快攻下齊、燕兩國，齊國、燕國都比較弱小，但是韓信不能同時進攻兩國，燕國在北，齊國在東。韓信的謀士為其分析形勢：韓信的軍隊雖然強大，但是如果連續趕路，以疲勞之兵攻燕，恐怕會持久不下，如果連勢力較弱的燕國也拿不下，那勢力稍強的齊國就更拿不下了。因而可以採取「先聲後實」的策略，即一方面安撫齊國，做出攻打燕國的姿態，另一方面派人前去燕國分析利害得失，迫使燕國「不敢不從」，而齊國也必然會「從風而服」。事實也正如韓信的謀士所言，燕國臣服之後，齊國也很快便攻下，此戰也為劉邦和項羽的決戰創造了有利條件。「不以短擊長，而以長擊短」，是對這次戰爭最精闢的總結。

在用人方面也應如此，盡量發揮一個人的長處而迴避其短處，將會創造出最大價值。比如，某人八面玲瓏，非常善於做生意，但其人貪財，會尋機貪歛錢財，任用這樣的人，可讓其擔任類似現代公關的角色，手中有適量的公關費用，而生意往來的錢財、貨物則不允許其插手，由他人接手後續工作，同時應對其有適量的獎勵，滿足其貪欲，也鼓勵其更盡心盡力地工作。

人盡其才，才盡其用

「駿馬能歷險，犁田不如牛；堅車能載重，渡河不如舟。舍長以就短，智者難為謀；生材貴適用，慎勿多苛求。」成大事者用人須掌握「人盡其才，才盡其用」的火候。

賢人君子之所以都這樣強調人才的重要性，是因為正確地選拔和任用人才對國家來說是至關重要的，事關國家的興亡。清代沈文奎也強調：「古來成事業者，要求實用，不貴虛名，而欲求實用以圖事功者，尤必以得人為第一。」曹操便是這樣一個用人唯賢的梟雄。

孟嘗君因在齊國受到排擠，恰逢秦國前來請其前往，孟嘗君便應邀前往，但秦昭王又聽信讒言扣留了孟嘗君一行，孟嘗君無奈只得依靠門客中的盜賊盜取狐裘獻給秦昭王的愛妃，才得以得到赦令。在函谷關也是依靠會學雞叫之人才得以逃生。

兼聽則明，偏聽則暗

原文：

　　痺惡斥讒，所以止亂。

　　注曰：「讒言惡行，亂之根也。」
　　王氏曰：「奸邪當道，逞凶惡而強為；讒佞居官，仗勢力以專權，逞凶惡而強為；不用忠良，其邦昏亂。仗勢力專權，輕滅賢士，家國危亡；若能儔絕邪惡之徒，遠去奸讒小輩，自然災害不生，禍亂不作。」

● **解讀**

　　原文所要表達的意思是，遠離和痛責讒佞與讒言，是制止發生動亂的辦法；其實，最高明的辦法就是坦然處之，默然以對。

　　俗話說：「人言可畏。」即是說別人對你個人的看法和議論會令你不安。特別是那些無中生有的議論和讒言，更會使你有口難辯。所謂讒言，便是指那些誹謗他人的壞話。這些壞話或是無中生有，憑空捏造，或是捕風捉影，渲染誇張，或是利用矛盾，挑撥離間。進讒使詐的人不論採取什麼方式，他們的目的便是打倒對方，損人利己。「明槍易躲，暗箭難防。」一語道破了讒言之可畏。「讒口交加，市口可信有虎。」、「讒邪害公正，浮雲翳白日。」足可見其力之強、之悍，又何其之懼！

　　讒言自古是禍亂的根源，古云：「讒言敗壞君子，冷箭射死忠臣。」翻開中國五千年的歷史，被讒言陷害的忠良之輩數不勝數，而善放暗箭的讒佞小人也如過江之鯽。秦國的商鞅忠心耿耿，極力推動改革，但最終卻慘遭宗室貴戚讒害，被秦惠王親手處死。楚國的屈原以一片幽蘭之心，忠心報國，但是楚襄王卻聽信讒言，將直言進諫的屈原流放到荒野之地，使這位憂國憂民的愛國之士在楚國滅亡後，投汨羅江自盡。英明神武的漢武帝晚年卻偏信小人江充，上演了一幕巫蠱鬧劇。在這場史稱「巫蠱之禍」的大亂中，受牽連者達數萬人，骨肉相殘的慘劇也在漢皇室中上演，漢武帝恐怕到死也不瞑目。隋代名相高潁，赤膽忠心，輔助文帝，為隋朝的統一和發展立下赫赫功勳，但終被楊廣所害，時人莫不為之感嘆。宋朝名臣寇準，為護宋朝安穩，鞠躬盡瘁，晚年卻遭奸佞丁謂誣陷，死於貶所。明代的張居正，在神宗時為首輔，一直尊主權、肅吏治、信賞罰，但因觸犯豪貴而招嫉恨，神宗聽信讒言，將張居正鍘殺。無獨有偶，清朝的廉士名臣海瑞，為人正直剛毅，藐視權貴，最惡諂媚，後遭奸佞陷害罷官。康熙年間，禮部尚書湯斌潔身自好，為官清廉，但也屢遭排擠、陷害，罷官後鬱鬱而終。歷史上的這些忠臣賢士，無一不是身居高位，他們尚且

探病進讒

讒言者，當戒之也；聽信讒言者，當警醒也。讒言者並不高明，陷害於人，他們憑藉的是陰險之心，饒舌之功，誹謗之術。明辨讒言的方法就是要鼓勵納諫、廣開言路，正所謂是兼聽則明，偏聽則暗。

漢武帝晚年臥病在床，江充見武帝年事已高，身體每況愈下，便擔心與他素來不和的太子劉據登上帝位，自己沒有好下場！

於是便藉探病為名向武帝進讒言說：「皇上雄才大略，應該壽比南山，但疾病不癒，完全是巫蠱作祟，只有徹底剷除蠱患，皇上的病方能好轉。」漢武帝一聽巫蠱，就十分恐懼。他求生心切，竟然聽信了這位寵臣的胡言亂語，並命他為司隸校尉，懲治巫蠱。

西元前 91 年，即漢武帝征和二年，在當時的京都長安，發生了一起造成數萬人流血的大慘劇，這就是歷史上著名的「巫蠱之禍」。而被列為這一事件罪魁禍首的就是江充。江充是趙國邯鄲人，屬於「布衣之人，閭閻之隸」，也就是當時的中小商人階層。他本名齊、字次倩。他有個妹妹能歌善舞，嫁給了被稱為敬肅王彭祖的兒子太子丹。由於這種姻親的關係，他得以步入宮廷，成為趙王宮的上賓。據記載，他是一個以「巧佞、卑詔足恭」「而心深刻」著稱的人物。

難以躲過這些傷人於無形的暗箭，慘遭陷害，可嘆朗朗乾坤之下，最可怕、最陰險、最惡毒的凶器，莫過於讒言了。

讒言者，當戒之也；聽信讒言者，當警醒也。後人對歷朝歷代的得失都有總結，很多皆是因為讒言亡國。杜牧文曰：「滅六國者，六國也，非秦也；卒秦者，秦也，非天下也。秦人不瑕自哀，而後人哀之；後人哀而不鑒之，亦使後人而復哀後人也！」秦朝就是因為趙高進讒言，致使秦二世亡國。讒言者並不高明，陷害於人，他們憑藉的是陰險之心、曉舌之功、誹謗之術。

讒言可怕，聽信讒言者恐尤為甚之。進讒言者欲摧毀他人，自是心懷鬼胎，獻盡媚態，黑白顛倒，邪惡之極。聽讒言者若不明辨是非，不明察事理，或存一己之私，不計大局，終被讒佞小人操縱，加害忠良，貽害於世，必遭世人唾罵。其實真正要取忠良性命的，卻是聽信讒言的帝王。商鞅、屈原、張居正等無不是喪命於秦惠王、楚襄王、宋神宗等這些帝王的手中。

俗話說：「人無完人。」人如想完善自己，就必須善於採納別人的意見。廣泛地聽取多方面的聲音，可多面了解事情的原委，從而做出正確的判斷。在順境中，善聽可以使你保持冷靜的頭腦；在逆境中，善聽可以使你鼓起奮進的勇氣。正因為知道讒言的危害，歷代皆有忠臣進言，力勸君主「遠巧佞，退讒言」。《小雅・巷伯》中，很早便有關於如何對付進讒之人的詩篇：「取彼譖人，投畀豺虎。豺虎不食，投畀有北。有北不受，投畀有昊！」抓住那個嚼舌頭的壞人，把他扔給豺狼虎豹！豺狼虎豹都嫌他骯髒難吃，只好把他投到北方荒原凍死！北方荒原也覺得他噁心，怕他玷汙了荒原的純淨。我們只好把他拋到高高的天上，讓老天爺滅了他！」

《詩經》中的這種作法，只是對進讒之人的痛恨，但如何不受讒言之害呢？那就是要明辨讒言。孔子曾言：「浸潤之譖，膚受之愬，不行焉，可謂明也已矣。浸潤之譖，膚受之愬，不行焉，可謂遠也已矣。」「浸潤」是形容讒言令人在不知不覺當中便深信不疑；「膚受」來形容被讒言困擾時自己的冤痛之感，十分貼切。這句話是說，一個人能否明辨讒言且能對其有免疫力，是一個人是否明智遠察的標誌之一。明辨讒言的方法就是要鼓勵納諫、廣開言路，正所謂：「兼聽則明，偏聽則暗。」

巫蠱之禍

「巫蠱之禍」，不僅白白死了好幾萬人，就連漢武帝自己也弄得骨肉相殘。

太子劉據：

劉據（前 128—前 91 年）是衛子夫為漢武帝生下的長子，因而又稱為衛太子、戾太子。在巫蠱之亂中衛太子被奸臣迫害，舉兵反抗，兵敗逃亡，後自殺。武帝知道衛太子的冤情後，悔恨不已。

衛子夫：

衛子夫是漢武帝的第二任皇后。元朔元年（前 128 年）生下劉據，被立為皇后，元狩元年（前 122 年）劉據被立為太子。征和二年（前 91 年），江充等人製造的巫蠱案牽連衛子夫，因不能自明而自殺。

漢武帝：

和秦始皇一樣，漢武帝是我國歷史上一位傑出的帝王。但由於專制制度的劣根性，在他晚年，竟捲入一場荒唐的宮廷流血慘劇之中。

巫蠱術

巫蠱之術，是以桐木製作小偶人，上面寫上被詛咒者的名字、生辰八字等，然後施以魔法和詛咒，將其埋放到被詛咒者的住處或近旁。行此術者相信，經過這樣的魔法，被詛咒者的靈魂就可以被控制或攝取。

以史為鏡，必無惑亂

原文：

> 推古驗今，所以不惑。

注曰：「因古人之跡，推古人之心，以驗方今之事，豈有惑哉？」

王氏曰：「始皇暴虐行無道而喪國，高祖寬宏，施仁德以興邦。古時聖君賢相，宜正心修身，能齊家治國平天下；今時君臣，若學古人，肯正心修身，也能齊家、治國、平天下。若將眼前公事，比並古時之理，推求成敗之由，必無惑亂。」

● 解讀

原文所要表達的意思是，從歷史當中總結經驗，理清紛亂的事理，從而洞曉事情發展的脈絡方向，以史為鑑是解決很多困局的辦法。

提倡以史為鑒，並取得了顯著成效的，是商周、秦漢、隋唐三個時期。這些新王朝的創立者為了尋求長治久安，於是便主動地、大規模地總結前王朝興衰更替的歷史教訓，並據此調整本王朝的政策。

西周初年的「以史為鑑」，是在周公的倡導下進行的，「我不可不監於有夏，亦不可不監於有殷」。周公的「以史為鑑」，是出自於對未來的擔憂和警戒。商代亡於「生則逸」、「惟耽樂之從」，何以避免呢？周公告誡周王：「先知稼穡之艱難」，即藉農事為喻，告誡後人當知開國之不易，不可貪圖安逸。周公明確知道周人重蹈紂王亡國之路的危險性確實存在，「殷既墜厥命，我有周既受。」周朝的君臣都很注意總結經驗教訓，近人王國維曾這樣評價：「周之君臣，於其嗣服之初反覆教戒也如是……欲知周公之聖與周之所以王，必於是乎觀之矣。」

劉邦開創了漢朝之後，輕視文化，曰：「乃公居馬上得之，安事《詩》、《書》！」陸賈反駁道：「馬上得之，寧可以馬上治之乎？」馬上得來的天下，難道也要馬上治天下嗎？為此，陸賈作《新語》，其中集中探討的是秦漢興亡的原因，後來的賈誼的《過秦論》以及晁錯、賈山等人的很多政論性文章皆是以秦政之失為漢家說法。「反秦之弊，與民休息」的作法平息了民憤，安撫了民心，掀開了大漢的新篇章。

以史為鑑最著名的當屬唐太宗，他主動以古史、特別是隋史為治國鑑戒的意識非常明確，其《帝範》一書的序言中明確指出了這一點：「自軒昊已降，迄於周隋，經天緯地之君，纂業承基之主，興亡治亂其道煥焉。所以披鏡前縱，博采史籍，取其要言，以為近誡云爾」。

「盛世修史，亂世著書」，盛世的統治者居安思危，力圖尋求使王朝能永久地向下傳承下去的方法，這也是歷代王朝興盛的法寶。「讀史可以鑑今」，至今適用。

以史鑑今

　　從歷史當中總結經驗，理清紛亂的事理，從而洞曉事情發展的脈絡方向，以史為鑑是解決很多困局的辦法。

　　楊堅為了奪取帝位，利用宇文贊好酒色的特性，選了幾個漂亮的姑娘送給他。

　　從此，宇文贊天天與美女娛樂玩耍，不問政事。

　　楊堅終於在西元 581 年 7 月 14 日稱帝，建立了隋朝。而宇文贊也由於一時之貪，落得個可憐的下場。

　　明朝開國皇帝朱元璋當政以來他未嘗一日自安，為了不讓歲月淡化憂患意識，朱元璋特地派人蒐集和編纂有關歷史上「無道之君」如夏桀、商紂王、秦始皇、隋煬帝等人倒行逆施的資料，供他參考。他認為，歷史上的帝王，無論為善，還是為惡，都可以作為鏡子。他想知道是什麼原因導致了他們統治的王朝的敗亡，引以為戒。

　　西元 1368 年大明王朝取元朝而代之，開國皇帝朱元璋出身貧寒，幼年時放過牛當過和尚，對貪官污吏極為憤恨。他即位後，尤其加強了吏治，甚至於連他的女婿走私謀利，也被殺了頭。朱元璋當政的洪武年間，大概是中國歷史上貪官污吏最收斂的年代。他還淘汰了眾多的編外官員吏役（冗員），減輕了百姓負擔。

先揆後度，所以應卒

原文：

先揆後度，所以應卒。

14

注曰：「執一尺之度，而天下之長短盡在是矣。倉卒事物之來，而應之無窮者，揆度有數也。」

王氏曰：「料事於未行之先，應機於倉促之際，先能料量眼前時務，後有定度所行事體。凡百事務，要先算計，料量已定，然後卻行，臨時必無差錯。」

● 解讀

原文所要表達的意思是，揆情度理，也就是說既要通達人情世故，也要明白事理常規，這樣才會減少盲目性，掌握主動權，從而使自己永遠立於不敗之地。這是應付突發事件，提高自己應變能力的方法。特別是在官場政治方面，一個不適當的舉動往往就會導致天大的麻煩。因而，審時度勢，正確預測出事情發展趨勢的人多半重要，且受世人尊重。

這些謀士當中的翹楚當屬三國時的諸葛孔明，空城計中的從容淡定，連多疑的司馬懿也甘拜下風，七擒七縱孟獲中展現的睿智仁厚贏得了蠻荒之地少數民族的臣服，智謀東吳中展現的機警敏銳則令人歎服。

曹操手下主要謀士之一的郭嘉則是一個善於揆度情理之人。郭嘉出身寒門，「少有遠量」。年輕時便暗中結交有識之士，如荀彧、辛評、郭圖等人。郭嘉曾輔佐袁紹，但僅數十日他就發現袁紹優柔寡斷，不善用人，恐大業難成，於是他便離袁紹而去，自此賦閒在家達六年之久。

後得曹操重用，曹操稱「使孤成大業者，必此人也」，郭嘉也認為曹操是自己的明主。初期，曹操的手下都勸曹操除掉劉備，郭嘉卻不但不建議曹操害劉備，反而希望給劉備增兵派其去對付呂布，試圖一箭雙雕。

在郭嘉入曹操帳下之時，諸侯各割據一隅。郭嘉之所以能協助曹操戰勝敵手，全得益於他對敵人心理狀態的準確判斷。如曹操三戰呂布，但接連失敗，曹操兵困馬乏，便打算撤軍，但郭嘉力勸曹操展開第四次進攻，呂布果然被生擒。在曹操與袁譚、袁尚兄弟作戰的過程中，曹軍接連大勝，郭嘉卻力主退兵，時隔不久，袁氏兄弟便禍起蕭牆，曹軍因此輕而易舉地佔領了袁氏領地。此後，郭嘉的預測屢屢得到證實，以致郭嘉死後，曹操在赤壁之戰大敗時，嘆曰：「郭奉孝在，不使孤至此。」

郭嘉面對複雜的情況和局面，看事情眼光獨到，一針見血，而且反應快速、多謀善斷、指揮若定，這種運籌帷幄的器度和力排眾議的氣魄，成了曹操獲勝的關鍵，為曹操的鯨吞四海打下了堅實的基礎。

愛慕賢才

郭嘉，字奉孝，潁川陽翟（今河南禹州市）人。「少有遠量」，自二十歲起便暗中交結英雄豪傑，談論時勢。這為他的謀士生涯奠定了基礎。他曾為袁紹效力，後發現袁紹「多端寡要，好謀無決」，遂受荀彧的推薦投向曹操。曹操本對潁川賢達懷有特殊感情，他認定「汝、潁固多奇士」，所以對郭嘉也就格外器重。

郭嘉跟隨曹操十一年，「行同騎乘，坐共幄席」，君臣相得，親密無間。郭嘉說曹操：「真吾主也。」曹操說郭嘉：「唯奉孝為能知孤意。」

郭嘉不幸而死，曹操「臨其喪，甚哀」，並不無惋惜地對荀攸等人說：「諸君年皆孤輩也，唯奉孝最少。天下事竟，欲以後事屬之，而中年夭折，命也夫！」擬交郭嘉以治國安邦之任，可見曹操是多麼賞識其才。郭嘉死後不久，曹操稱讚他「平定天下，謀功為高」。

郭嘉從十個方面分析了曹操的優勢、袁紹的劣勢，認為曹操有「十勝」，郭嘉所指出的這十個方面，包括了政治措施、政策法令、運籌謀畫及雙方的思想修養、心胸氣量、性格、文韜武略等多種因素，這都是關涉事業成敗興衰的關鍵。

曹操聽後讚不絕口，「使孤成大業者，必此人也。」遂「表為司空軍祭酒」。

因應變化，得情制人

原文：

設變致權，所以解結。

注曰：「有正、有變、有權、有經。方其正，有所不能行，則變而歸之於正也；方其經，有所不能用，則權而歸之於經也。」

王氏曰：「施設賞罰，在一時之權變；辨別善惡，出一時之聰明。有謀智、權變之人，必能體察善惡，辨別是非。從權行政，通機達變，便可解人所結冤仇。」

● 解讀

原文所要表達的意思是，用通常的法則不能解決問題時，就用變通之法；用常規之理不能解決重大問題時，就用權宜之計，這是解決危急之事時的辦法。

隨機應變，是智慧的表現。非常時期，採取非常手段，靈活通變並不是沒有原則，恰恰相反，是以機敏巧妙的迂迴戰術化解僵局，以免激化矛盾，達到共贏是最好的結局。中國文化也提倡「變」，對那些墨守成規的思想和人一直持批判態度，中國思想文化來源之一的《周易》便提倡變，「神無體，易無方」也即是說變。《周易》的六十四卦爻，卦象稍微變化，有些不同，蘊義也不同。世界萬事萬物無不在變化之中，只有這樣才能生生不息，才能顯示勃勃生機。做人也須這樣，不可迂腐不通。《易經‧繫辭下》曰：「易，窮則變，變則通，通則久」，指當事物發展到極點、窮盡時，就必須求變化，變化之後便能夠通達，適合需要。

藺相如是一個睿智而機敏的人。戰國時，趙王得到一塊寶玉——和氏璧，而秦王表示願意用十五座城池換取和氏璧。趙王不願但又畏懼秦國的威儀，於是派足智多謀的藺相如帶和氏璧去秦國交涉。藺相如發現秦王根本無意拿城池交換和氏璧，便機警地奪回了和氏璧。秦王無奈，只好假意交換，藺相如明白秦王在耍花招，於是立刻派隨從偷偷把和氏璧送回趙國，從而保全了和氏璧。在這個困局當中，秦王想搶奪，而趙國勢弱，若想不受欺，趙國就得懂得變通。在幾年後的澠池會見中，秦王意圖要趙王鼓瑟來羞辱趙國，藺相如以死相逼，迫使秦王擊缶，為趙國贏回了尊嚴。在這些事情當中，藺相如表現得十分機智，他的才智超絕是無可厚非的，但其處事之圓滑變通更值得墨守成規之人深思。

藺相如在對外處事中，隨機應變，並對敵人的舉措採取毫不妥協、針鋒相

完璧歸趙

　　隨機應變，是智慧的表現。非常時期，採取非常手段，靈活通變並不是沒有原則，恰恰相反，是以機敏巧妙的迂迴戰術化解僵局，以免激化矛盾，達到共贏是最好的結局。

　　秦昭王害怕藺相如真的會把璧玉撞破，連忙笑著說：「你先別生氣，來人呀！去把地圖拿過來，劃出十五個城池給趙國。現在你可以放心把璧玉給我了」

　　藺相如說：「這塊璧玉根本沒有瑕疵，是我看到大王拿了寶玉以後，根本就沒有把十五個城池給趙國的意思。所以我說了個謊話把璧玉騙回來，如果大王要強迫我交出璧玉的話，我就把楚和氏璧和我自己的頭，一起去撞柱子，砸個粉碎。」

　　藺相如知道秦王不安好心，就騙秦王說：「這塊楚和氏璧，是天下人都知道的稀世珍寶，趙王在交給我送到秦國來之前，曾經香湯沐浴，齋戒了五天，所以大王在接取的時候，也同樣應該齋戒五天，然後舉行大禮，以示慎重呀！」

　　藺相如趁著秦王齋戒沐浴的這五天內，叫人將那塊璧玉從小路送回趙國。

　　藺相如一見秦王便說：「大王，秦國自秦繆公以來，二十多位君王，很少有遵守信約的人，所以我害怕受騙，已差人將璧玉送回趙國！如果大王真的要用城池來交換楚和氏璧，就請先割讓十五個城池給趙國，趙王應當遵守誓約將玉璧奉上。現在，就請大王處置我吧！」

　　秦王為了得到璧玉，只得按照藺相如所說的去做。五天過去了，秦王果真以很隆重的禮節接待藺相如。

對的行動，但在國內，面對廉頗的挑釁卻一味忍讓，甘願息事寧人。藺相如在對待廉頗和秦王上雖採取了不同的方式，但都是為了趙國的利益；所以，在處理日常生活中各種不同的矛盾時，針對不同的人、事，要採取不同的方式和方法，要懂得變通，才能找到解決的辦法，應付自如，達到良好的效果。

《鬼谷子・內揵篇》曰：「不見其類而為之者見逆，不得其情而說之者見非。必得其情，乃制其術。此用可出可入，可揵可開。故聖人立事，以先知而揵萬物。」就是說，在處理問題時，首先要了解、掌握事情的真實情況，這是處理事情的關鍵。俗話說：「知己知彼，百戰不殆」，也就是這個意思。想制伏敵人，就必須了解敵人的性情、隱情和其所處的環境等，然後才能夠說服、控制，抑或打倒他；要處理好一件事情，就須掌握事情的前因後果，箇中曲折及與此相關的內外部條件等，才能因勢利導，按你的意圖控制事態，處理這件事，因勢利導，見機而行。

在這方面很早就有成功的例子，戰國時秦國的遠交近攻政策便是奉行這種原則。《戰國策・秦策》中，范雎勸導秦王：「王不如遠交而近攻，得寸，則王之寸；得尺，亦王之尺也。」這也是遠交近攻的由來。所謂的遠交近攻，即是根據情勢，結交離自己較遠的國家，而先攻打鄰國的戰略性策略。這是一種分化瓦解敵方聯盟的策略，以便能對敵人各個擊破。

戰國末期，在七國當中，秦國是發展最快的，秦昭王開始圖謀一統天下，獨霸中原。西元前 270 年，范雎勸秦昭王「遠交近攻」。當時，齊國的勢力在七國中是最強大的，且離秦國最遠，還需經過韓、魏兩國才能到達齊國，勞民傷財不說，能不能取勝還很難說。即使能取勝，恐怕也會為他人作嫁，因為齊國周圍的國家同樣也對齊國虎視眈眈，而相對遠離齊國的秦軍是無法與地頭蛇相抗衡的，不如先攻打鄰國的韓、魏，逐步推進。秦昭王接受了范雎的建議，其後人秦始皇也繼續沿用這一政策，遠交齊楚，進攻鄰國，最終統一了中國。

范雎的這種思想也滲透到之後中國人的思想當中，連剛接受漢文化不久的蒙古人也成功運用了這條策略。成吉思汗統一蒙古後，有三個對手：東南方的金、西南相鄰的西夏，然後是遠方的南宋。成吉思汗先滅掉了實力最弱的西夏，而與南宋通好。滅掉金後，蒙古就集中全力滅掉了南宋。

正是所謂：混戰之局，縱橫捭闔之中，各自取利。遠不可攻，而可以利相結；近者交之，反使禍生肘腋。范雎之謀，為地理之定則，其理甚明。這種趨利避害的作法正是變通所致。

因勢利導，趨利避害

混戰之局，縱橫捭闔之中，各自取利。遠不可攻，而可以利相結；近者交之，反使變生肘腑。

戰國末期，范雎勸導秦王：「王不如遠交而近攻，得寸，則王之寸；得尺，亦王之尺也。」

謹言慎行，明哲保身

原文：

括囊順會，所以無咎。

> 注曰：「君子語默以時，出處以道；括囊而不見其美，順會而不發其機，所以免咎。」
>
> 王氏曰：「口為招禍之門，舌乃斬身之刀；若能藏舌緘口，必無傷身之禍患。為官長之人，不合說的卻說，招惹怪責；合說的不說，挫了機會。慎理而行，必無災咎。」

• 解讀

原文所要表達的意思是，慎重而不輕易表態，說話順應機會，這是免除災禍的辦法。做人千萬不要得意忘形，而要穩重，喜怒不形於色，雖推波助瀾，但不急躁，靜等一切水到渠成，事情才可成功。不論經商做官，這一道理皆適用。

「動必三省，言必再思」，所言所行應權衡利弊，周密計畫，切不可輕率妄動，草率行事。但是謹慎絕不等於畏首畏尾、膽怯退縮，它是分析利害得失後，所採取的最適宜或是把損失減少到最低的行動。先思而後行，是成大事者常採取的行動。老謀深算雖不是褒義詞，但也在側面證實，凡事不可魯莽行事。

長孫皇后與其兄長孫無忌，一起幫助唐太宗李世民完成大業，建立大功。唐太宗欲封長孫無忌為宰相，長孫皇后聞訊後，出面力阻。她對唐太宗說：「臣妾感謝聖恩，但臣妾已位尊至皇后，長孫家不能再封賞了。漢朝的教訓太深，當年呂后受皇帝寵幸，滿朝都是呂家的人，結果圖謀造反，慘遭滅門之禍，禍國殃民。長孫無忌不能為相，請求皇上另找人選。」但李世民拒絕了皇后的請求，仍封長孫無忌為相。

長孫皇后眼看向皇上請求遭拒絕，就將其兄長孫無忌找去，向他講清利害，要他切不可貪圖眼前的榮華富貴而釀成大禍。長孫無忌最後被長孫皇后說服，向皇上力辭宰相之職。

孔子說：「君子欲敏於行，而慎於言。」儒家不僅要求人們要「謹言慎行」，更要求人們「明哲保身」。在傳統思想裡，如果一個人最終不能明哲保身，那麼不管這人生前有多麼大的貢獻，總不免被人嘲笑和輕視。久而久之，傳統文化培養出許多左右逢源，只圖個人安逸的牆頭草和無賴來，這是物極必反所致，而那些盡顯鋒芒的人則很難保全身家性命。班固嘲笑司馬遷不能保全

權衡利弊

「動必三省，言必再思」，所言所行應權衡利弊，周密計畫，切不可輕率盲動，草率行事。但是謹慎絕不等於畏首畏尾，膽怯退縮，它是分析利害得失之後，採取的最適宜或是把損失減少到最低的行動。先思而後行，是成大事者通常採取的行動。

長孫皇后對唐太宗說：「妾既托身紫宮，尊貴已極，實不願兄弟子侄布列朝廷。漢之呂、霍可為切骨之誡，特願聖朝勿以妾兄為宰執。」長孫皇后因為漢朝呂家把持朝政而致使朝堂大亂，因而不希望長孫家的人為官。但太宗仍拜長孫無忌為宰相，他認為把朝廷要職授予長孫無忌是鑑於他的才行。

在李世民奪取皇位繼承權的兵變過程中，長孫無忌稱得上是首功之人。唐太宗一直感念長孫無忌的佐命之功，「我有天下，多是此人之力」。

長孫無忌以盈滿為戒，懇請太宗批准他辭去宰相要職。長孫皇后曾經說過：「佛、老異方教耳，皆上所不為！」但「不為」也是為了「為」。長孫皇后無疑是很聰明的人，知道樹大招風，自己家族只能是表現得謙虛，贏得唐太宗的好感，才能在出了事情之後求得寬大處理。同時也是不讓自己的家族因虛榮而氣勢更盛，闖出來的禍患也更大。正是如此，唐太宗也為長孫家族破過很多例。

肢體的完整，結果身首異處。趙翼嘲笑司馬遷之餘也嘲笑班固，結果被處以更殘酷的腰斬。三個史學家，三種不同的命運。一個笑一個，一個不如一個。正是這種「謹言慎行」和「明哲保身」思想的作用使得司馬光的《資治通鑑》不如司馬遷的《史記》深刻，而司馬光以後的史學家又不能望司馬光的項背。中國文化鋒芒漸少，而平庸漸多。

《禮記・緇衣》：「君子道人以言而禁人以行，故言必慮其所終，而行必稽其所敝，則民謹於言而慎於行。」孔子也曾說：君王用言論來引導人們，用自己的行為來阻止人們的不良行為；所以，君子講話一定要考慮後果，行動一定要考察結局。這樣一來，百姓就能出言謹慎，行動小心。《詩經・大雅》中也曾言：「慎爾出話，敬爾威儀」，說的即是說話要謹慎，儀表要威嚴。可見，中國古代很早便重視人們的言行舉止，謹言慎行一直是先聖所提倡的。

《菜根譚》中曾言：「十語九中未必稱奇，一語不中則愆尤駢集；十謀九成未必歸功，一謀不成則訾議叢興，君子所以寧默勿躁，寧拙無巧。」意思就是十句話說對九句，未必有人稱讚你，但是假如你說錯一句就會接連受人指責；十次計謀即使九次成功，功勞未必歸功於你，可是其中只要有一次失敗，埋怨和責難之聲就會紛紛到來。所以君子寧肯保持沉默寡言的態度，也絕不能衝動急躁，做事寧可顯得笨拙，也絕對不自作聰明顯得高人一等。

這裡的「謹言慎行」固然是明哲保身的一種方式，但也表明另一種做事的方式，即遇事宜在深思熟慮後，一語中的。

「謹言慎行」才是「君子之道」，這是說我們為人處世，一定要謹言慎行，一言一行都展現出內在的修養和心靈的境界。一言以蔽之，就是任何時候都不苟且。因為人與人之間的關係十分錯綜複雜，往往在不經意間，就會產生什麼過失，就會給自己惹來許多責難和麻煩，還會引起許多的責難和抱怨，令人無所適從；所以真正的君子往往能夠看明白事情的道理，穩重地處理事情，不急不躁，為了明哲保身，寧可在別人面前顯得愚笨，也不想受到別人的責難或是得罪人。

對東方影響深遠的儒家一再告誡君子，言語、行動要謹慎，儀容、舉止要莊重。這是因為，君子不但要考慮事情的後果，還要保持正大光明的形象，更重要的是為了讓事情向更好的方向發展。《說苑・善說》言：「夫言行者，君子之樞機，樞機之發，榮辱之本，可不慎乎？」一言既可以興邦，一言也可以亡國，因此，言語不得不謹慎。

謹言慎行

《說苑・善說》言「夫言行者，君子之樞機，樞機之發，榮辱之本，可不慎乎？」一言既可以興邦，一言也可以喪邦，因此，言語不得不謹慎。「謹言慎行」固然是明哲保身的一種方式，但也表明另一種做事的方式，即遇事宜在深思熟慮後，一語中的。

多言傷人
訥於言而敏於行
酒中不語真君子
是非皆因多開口
萬言萬語不如無語
言多必失，沉默是金

口是禍之門，舌為斬身刀
來說是非者，便是是非人
良言一句三冬暖，惡語傷人六月寒
逢人且說三分話，不可全拋一片心
話到嘴邊留半句，事不三思終後悔
口業不淨，法不入心；口業清淨，功德不思議

《禮記・緇衣》：「君子道人以言而禁人以行，故言必慮其所終，而行必稽其所敝，則民謹於言而慎於行。」孔子也曾說君王用言論來引導人們，用自己的行為來阻止人們的不良行為。所以，君子講話一定要考慮後果，行動一定要考察結局。這樣，百姓就能出言謹慎，行動小心。《詩經・大雅・抑》中也曾言「慎爾出話，敬爾威儀」。

不屈不撓，鍥而不舍

原文：

> 概概梗梗，所以立功；孜孜淑淑，所以保終。

注曰：「概概者，有所恃而不可搖；梗梗者，有所立而不可撓。孜孜者，勤之又勤；淑淑者，善之又善。立功莫如有守，保終莫如無過也。」

王氏曰：「君不行仁，當要直言、苦諫；國若昏亂，以道攝正、安民。未行法度，先立紀綱；紀綱既立，法度自行。上能匡君、正國，下能恤軍、愛民。心無私徇，事理分明，人若處心公正，能為敢做，便可立功成事。誠意正心，修身之本；克己復禮，養德之先。為官掌法之時，慮國不能治，民不能安；常懷奉政謹慎之心，居安慮危，得寵思辱，便是保終無禍患。」

● 解讀

原文所要表達的意思是，人須堅定不移、正直剛強，這樣才能建功立業；孜孜不倦、精益求精，這樣才能善始善終。隨波逐流、朝三暮四，都是不可取的。耿直如松竹，堅定如磐石，方為大丈夫之風範，這也是成就事業的保障。創業不易，守業更難，只有勤勉奮發，才能善始善終。

這其中需要的是人堅強的意志和持之以恆、堅持不懈的精神。有關持之以恆、堅持不懈的歷史故事有很多，如：李白的鐵杵磨成繡花針、愚公移山、滴水穿石、蘇武牧羊等，都是眾所周知，耳熟能詳的典故。《淮南子‧說林訓》：「跬步不休，跛鱉千里」，其意是說哪怕是一隻跛腳的鱉，只要半步也不停留，也能走上千里。相反地，行者無疆，行百里者，半九十。百里的路程，哪怕走了九十里，也不能算是走完全程。老子曰：「挖井七仞而不及泉，廢井也。」挖井挖了很深，在只差一點點就要成功時卻放棄了，這井就相當於廢井。這些都說明了半途而廢的人永遠不能成功，因為他們沒有勇者無畏，堅持到底的精神，古人云：「操千曲而後曉聲，觀千劍而後器。」無論做什麼事，貴在堅持，只有在堅持之後，人才能發現其中的規律，得其真諦。

王羲之的兒子王獻之很小的時候便在書法上表現出了很高的天賦，因而小小年紀便很驕傲自滿。據說他母親曾對他說：「當你寫完院裡這十八缸水時，你的字才會有筋有骨，有血有肉，才會站得直、立得穩。」王獻之聽了不服氣，過一段時間後把自己寫的最滿意的字給父親看，王羲之見了不語，只在「大」字下點了一點。王獻之的母親看完後說：「只有那個點才得你父親之真傳。」大受打擊的王獻之於是埋頭苦練，終成一代書法大家。只要有恆心與持久的毅力，成功之時指日可待。

鍥而不捨

堅定不移，正直剛強，這樣才能建功立業；孜孜不倦，精益求精，這樣才能善始善終。隨波逐流，朝三暮四，都是不可取的。耿直如松竹，堅定如磐石，方為大丈夫之風範，這也是成就事業的保障。

「滴水可以穿石，愚公可以移山，鐵杵為什麼不能磨成繡花針呢？」「只要我下的工夫比別人深，沒有做不到的事情。」

鐵杵這麼粗，什麼時候能磨成細細的繡花針呢？

古人云：操千曲而後曉聲，觀千劍而後識器。無論做什麼事，貴在堅持，才能發現其中的規律，得其真諦。

你寫完院裏這十八缸水，你的字才會有筋有骨，有血有肉，才會站得直立得穩。

本德宗道章

本宗不可以離道德

　　原君子以德為本，聖人以道為宗。此章之內，論說務本、修德、守道、明宗道理。

　　釋評：道之於物，無處不在，無時不有。深切體會天道地道之真諦，才能出神入化地用之於人道，提高精神境界。喜怒哀樂、禍福窮通、興衰榮辱、凶吉強弱等，人生漫漫，世路茫茫，那一種境況你沒有遇到過？如何避禍就福，逢凶化吉，盡在於此矣。

本章圖說目錄

集思廣益，借梯登高

原文：

> 夫志心篤行之術：長莫長於博謀。

注曰：「謀之欲博。」

王氏曰：「道、德、仁、智存於心；禮、義、廉、恥用於外；人能志心篤行，乃立身成名之本。如伊尹為殷朝大相，受先帝遺詔，輔佐幼主太甲為是。太甲不行仁政，伊尹臨朝攝政，將太甲放之桐宮三載，修德行政，改悔舊過；伊尹集眾大臣，復立太甲為君，乃行仁道。以此盡忠行政賢明良相，古今少有人；若志誠正心，立國全身之良法。君不仁德、聖明，難以正國、安民。臣無善策、良謀，不能立功行政。齊家、治國無謀不成。攻城破敵，有謀必勝，必有機變。臨事謀設，若有機變、謀略，可以為師長。」

● 解讀

原文所要表達的意思是，凡事以德作為做事的根本，並且專心施行，才能成功。人生中沒有比足智多謀更能令事業長久。

在中國歷史上，提倡的是以德服人，德以懷遠。很多建功立業的豪傑英雄，也以某種寬厚的品行贏得了周圍人的幫助和支持，因而才得以名留青史。但任何人要想成就一番事業，都不是一帆風順的，孟子曰：「天將降大任於斯人也，必先苦其心志，勞其筋骨，餓其體膚，空乏其身，行拂亂其所為。」上天將要下達重大責任給一個人，一定要先使他的內心承受煎熬，使他的筋骨勞累，使他經受饑餓，以致肌膚消瘦，使他受到貧困之苦，所行不順，使他所做的事遭遇挫折，如此，才能使他的性情堅韌起來，使他的才幹增長。

一個人若想更快地成功，除了自身的原因外，還需要外人或外在條件的協助，畢竟一個人的力量是渺小的。俗話說：「三個臭皮匠頂個諸葛亮」，集合眾人的智慧和意見，才能取得更好的效果。一個人的能力總是有限的，當條件還不具備時，不妨借用一下別人的力量。靠自己的本事取得成功是智慧，善用外力取得成功同樣也是智慧。有些事情自己看來難如登天，在別人眼中卻易如反掌。這時，我們要學會如何求人，從而藉助別人的力量，順利實現自己的願望。英雄豪傑身邊的謀士賢臣，多不以虛名為人生目的，而是將層出不窮的謀術作為事業的宗旨，且以此為憑藉，宏廣其志向，充盈其仁德。相互配合，各取所得，大業可成。

三國時的劉備便是這樣一位善於藉助外力的君主。劉備雖是漢皇室後裔，但家境貧寒，以編草鞋維生，可以說是白手起家。他先後寄人籬下，在諸葛亮

借人之力

劉備於當陽被曹操打敗，如喪家之犬，無立錐之地，朝不保夕。但因聯吳抗曹得以苟延喘息，是孫吳救了他的性命！

《蜀先主廟》

作者：劉禹錫

天地英雄氣，千秋尚凜然。
勢分三足鼎，業復五銖錢。
得相能開國，生兒不象賢。
淒涼蜀故妓，來舞魏宮前。

劉備的祖上，漢朝開國皇帝劉邦也是一位借助他人之手成功的典型，蕭何、韓信、張良是劉邦建國的股肱之臣。

劉備「文不及諸葛，武不及關張」，更不及英勇善戰且忠心耿耿的趙子龍，但劉備卻是漢朝的君主。是因為劉備最成功的是知人善任，他善用借眾人之所長，善借他人之力，從而成為是一代帝王。

的建議下，空口借荊州。赤壁之戰後，東吳孫權派魯肅去見劉備，想討回荊州。荊州是軍事要地，劉備是費盡心機才得到的，怎麼肯輕易放手。魯肅是當時借荊州的保人，但魯肅空手而歸，只帶回了「暫借荊州，將來交還」的一紙空文。

雖不願雙方撕破臉，但荊州是東吳的地盤，東吳一定要討回。因此在劉備的妻子去世後，周瑜假意把孫權之妹孫尚香嫁與劉備，讓劉備到東吳成親，以便能將其扣為人質，換回荊州。諸葛亮識破了這個計謀，卻不想因拒絕這件婚事而破壞聯吳抗曹的大業，於是決定將計就計。

西元 209 年，劉備在大將趙雲的陪同下前往東吳成親。諸葛亮用三條妙計便破了周瑜的計畫。諸葛亮派軍士在東吳境內大肆宣傳東吳和蜀漢將要結為親家，還讓劉備拜見了孫權已故的兄長孫策和周瑜的岳父——喬國老。事情很快便傳到了孫權的母親吳國太處。為了面子和女兒的名聲，吳國太只好要他們假戲真做。第三條妙計便是用蜀國的軍事騙回貪圖安逸的劉備，並擊敗了追趕而來的吳軍，使得東吳賠了夫人又折兵。諸葛亮將計就計，藉輿論的壓力迫使喬國老、吳國太去向孫權、周瑜施壓，才使得劉備既保住了荊州，又娶到了孫權的妹妹。

劉備「文不及諸葛，武不及關張」，更不及英勇善戰且忠心耿耿的趙子龍，但為什麼登上國君之位的不是這些能幹的人，反而是劉備呢？劉備最成功的恐怕是知人善任，他靠部下的打拚成為一國之主，在三國鼎立之勢中佔得一席之地，可謂是善借他人之力的高手。劉備的祖上，漢朝開國皇帝劉邦也是一位借他人之手成功的典型，蕭何、韓信、張良是劉邦建國的股肱之臣。

所以任何人的成功都需要得到別人的幫助。一個人的力量是有限的，所有的人都需在他人的幫助下，才有發展和成功的可能。大部分成功的人都善於用人，善於尋找好的合作夥伴，激發共同的力量以獲得成功。

嫉賢妒能的人是最要不得的，縱觀古今，凡是在事業上有所建樹的人，其胸懷無不坦蕩寬廣，度量恢弘。相反地，嫉賢妒能之人往往沒有好下場。秦朝的李斯，嫉妒本門師兄弟韓非子的才華，借秦始皇之手處死了韓非子，但他最終也被奸臣趙高腰斬。龐涓嫉妒孫臏的才華，設計使孫臏跛腳，從此不良於行，因此在馬陵之戰時，被身居輜車的孫臏設計射死。

嫉賢妒能

　　嫉賢妒能之人往往心胸狹窄，見不得別人比自己強。怕對方會威脅到自己的地位、聲望等，私心在作祟。

　　1 　　綜覽古今，凡是在事業上有所建樹的人，無不懷坦蕩，度量恢宏。

　　2 　　那些嫉賢妒能之人往往是沒有好下場的。

　　秦朝的李斯，嫉妒本門師兄弟韓非子的才能，借秦始皇之手處死了韓非子，但最終他也被奸臣趙高腰斬。龐涓嫉妒孫臏的才華，設計損毀了孫臏的膝蓋，在馬陵一戰，被身居輜車的孫臏設計射死。讀者最熟悉的三國中的「既生瑜何生亮」周瑜的典故，周瑜如果能胸襟開闊一點，不至於會落到那樣的下場。

忍辱負重，以成大業

原文：

安莫安於忍辱。

注曰：「至道曠夷，何辱之有。」

王氏曰：「心量不寬，難容於眾；小事不忍，必生大患。凡人齊家，其間能忍、能耐，和美六親；治國時分，能忍、能耐，上下無怨相。如能忍廉頗之辱，得全賢義之名。呂布不舍侯成之怨，後有喪國亡身之危。心能忍辱，身必能安；若不忍耐，必有辱身之患。」

● **解讀**

原文所要表達的意思是，人身的安全與忍受一切屈辱來說更為重要。王安石說：「莫大的禍，起於須臾之不忍。」所以民間自來就有「和為貴，忍最高」的說法。人是感情動物，內心瞬息即變，行動也會有所不同。如果善於克制自己的情緒，就可能因禍得福，如果任由情緒肆意發洩，往往會引火燒身。身居高位者，更須忍常人所不能忍。一個真正的政治家，需有三忍：容忍，隱忍和不忍。

能忍得旁人所難以忍受的東西，能屈能伸，這樣才能不斷地積蓄力量，而只有不斷增加忍耐力與判斷力，這樣的人才能為將來事業的成功累積資本。宋代蘇洵曾經說過：「一忍可以制百辱，一靜可以制百動。」這就是說忍的作用抵得過千軍萬馬，這就是「忍小謀大」的策略。諸葛亮對孟獲七擒七縱，是對孟獲放縱的容忍和隱忍，況且是一忍再忍，最終以自己的忍讓制伏了南蠻，保住了國家的安寧與和平。

世事是複雜多變的，人與人的性格差異也很大，所以會有分歧和矛盾。對分歧和矛盾的處理方式顯示出人不同的處世方式和水準。智者總是通達的，他們無論碰到什麼樣的矛盾，首先要守住自己的心態，不被對方激怒，保持平穩的心態和狀態，然後在方法上更靈活一些，圓融、變通、講究藝術，最終達到很好的效果。反之，性格太過耿直的人，往往疾惡如仇、容易怒髮衝冠、火冒三丈，這其實是不理智，不成熟的表現，其處理結果往往是傷害了自己，也得罪了別人，俗話說：「過剛易折」，就是這個道理！

做人要屈伸有度、剛柔並濟。人如果太過於剛強的話，遇到事情時就容易遭受挫折；太柔弱，遇到事情就會優柔寡斷，錯失良機，很難成就大事。古往今來能成大事者，一定是能屈能伸之人。人生處世有兩種境界：一是逆境，二是順境。在逆境中，困難和壓力使身心俱損，這時的境遇就可以用一個「屈」

過剛必折

能忍得旁人所難以忍受的東西，能屈能伸，這樣才能不斷地積蓄力量。只有不斷增加忍耐力與判斷力，這樣的人才能為將來事業的成功積累資本。宋代蘇洵曾經說過：「一忍可以制百辱，一靜可以制百動。」

世事是複雜多變的，人與人的性格差異也很大，所以會有分歧，會有矛盾。對分歧和矛盾的處理方式顯示出不同的處世方式和水準。

王安石說：「莫大的禍，起於須臾之不忍」，因而有「和為貴，忍最高」的說法。如果善於克制自己的情緒，就可能因禍得福，如果任由情緒變化肆意發洩，往往會引火焚身。保持平穩的心態和狀態，然後方法上靈活一些，圓融，變通，講究藝術，才會圓滿收場。

性格太過耿直的人，往往嫉惡如仇，怒髮衝冠，火冒三丈，其實是不理智，不成熟的表現，其處理結果往往是傷害了自己，也得罪了別人，俗話說「過剛易折」，就是這個道理吧！

所謂過剛必折，並不是剛不好，而是過不好，因為世道本彎，有時人不得不委蛇而行，因為人一時的輕舉妄動，可能釀成生死的大禍。

做人要屈伸有度，剛柔並濟。人如果太過於剛強的話，遇到事情的時候就容易遭受挫折；太柔弱，遇到事情就會優柔寡斷，坐失良機，很難成就大事。

字來形容，委曲求全，保存實力，以等待轉機的降臨。在順境中，便可以乘風
萬里，扶搖直上。

三國時，魏國官吏王昶曾經訓誡他的子孫：「屈以為伸，讓以為得，弱以
為強」。說的是若能以暫時的委屈作為動力，以暫時的退讓作為獲得，以暫時
的懦弱作為經驗，就沒有辦不到的事情。

楚漢相爭時，劉邦的大將韓信是位隱忍的高手。韓信因曾受過乞婆的餵
養，而受到了當地人的恥笑。難纏的地痞流氓嘲笑韓信為「漂母食」，並且要
求韓信從他們的胯下爬過去，以此羞辱韓信，滿足他們取樂的心態，但韓信卻
忍住了這種侮辱，伏下身從他們的胯下爬過去，而後把衣服上的灰塵拍拍就離
開，因此被當地人認為是個膽小怕事的人，不能做大事。

韓信作為一個有骨氣、有抱負的人，面對恥辱、困難、挫折，不會不顧眼
前利益和一時之快而魯莽行事。因為他知道男子漢並不代表暴虐，不代表衝
動、不計後果。與其魚死網破，還不如忍辱負重保存實力。哪個男人沒有骨
氣？哪個男人沒有自尊呢？哪個男人甘心受辱呢？真正的男子漢，真正偉大的
人不會像那些暴徒一樣衝動。韓信苟且偷生的目的不是苟活，不是怕死，也不
是怕吃虧，而是不屑於做無聊之事，並能保存實力，有朝一日，一鳴驚人。後
來韓信發憤讀書，學得一身本事，軍事才華無人能比，被蕭何引薦到劉邦帳下
做了大將軍，成就了自己的一番事業。

在常人看來，胯下之辱絕對讓人不堪忍受，簡直是奇恥大辱，然而韓信爬
過去了，這是何等的胸襟和氣魄！無獨有偶，寫成鉅著「史家之絕唱，無韻之
離騷」的司馬遷，更是一位偉人。他因為李陵求情，而遭受了宮刑。這是一種
極度折辱男子自尊心的酷刑，尤其是對一位有遠大抱負的人來說，這與韓信的
胯下之辱的欺辱程度是無法比擬的，但為了《史記》的著述，司馬遷忍辱活了
下來，我們今天才能讀到這部曠世鉅著。越王勾踐忍受了臥薪嘗膽之苦，歷經
「十年生聚又十年教訓」，最終戰勝了吳國。

做大事者需忍受常人所不能忍，面對恥辱，要冷靜地思考，正確面對，而
不是憑一時意氣魯莽用事。人在遭遇困厄和恥辱時，如不能和對方抗衡，那最
重要的則是要保存自己的實力，而不是拿自己的命當賭注，做無謂的爭取。一
時意氣是莽夫的行為，絕非成大事者之為。

忍辱負重

　　成大事者需忍受常人所不能忍受，面對恥辱，要冷靜地思考，正確面對，而不是憑一時意氣魯莽用事，做無所謂的犧牲。一時意氣是莽夫的行為，絕非成大事的人而為。

　　韓信作為一個有骨氣有抱負的人，面對困難，面對挫折，面對恥辱，不會不顧眼前利益和一時之快而魯莽行事。與其魚死網破，還不如忍辱負重保存實力。

　　韓信忍辱負重的目的不是苟活，不是怕死，也不是怕吃虧，而是保存實力。

　　司馬遷因為李陵求情，而遭受了宮刑。這是一種極度折辱男子自尊心的酷刑，尤其是對一位有遠大抱負的人來說，這與韓信的胯下之辱的欺辱程度是無法比擬的，但為了《史記》的著述，司馬遷忍辱活了下來，我們今天才讀到這部「史家之絕唱，無韻之離騷」的曠世鉅著。

立身之本，修德為先

原文：

> 先莫先於修德。

> 注曰：「外以成物，內以成己，此修德也。」
>
> 王氏曰：「齊家治國，必先修養德行。盡忠行孝，遵仁守義，擇善從公，此是德行賢人。」

● 解讀

原文所要表達的意思是，人，沒有比提高自己的修養更重要的事了，也就是說德是人生的基礎。古人認為德才兼備的人是聖人，有德無才的人是君子，有才無德的人是小人，無才無德的人是愚人。可見德行對於一個人來說是多麼的重要，它不僅是劃分人的標準，也是為人處世的衡量標準之一。道德是否高尚，既關係到自身的人品修養，也關係到對周圍環境的影響和事業的成功。對外幫助他人，對內成就自己的事業，這才是修養德行的人所必備的操守。

品德高尚的人，以靜思反省，使自己的品格盡善盡美，以樸實儉約來培養情操，以清心寡欲明確志向，以刻苦學習求得真知。他們意志堅定，從不隨波逐流、消極怠慢。道德是智慧的約束，因為智慧會遠離那些充滿惡念的人，智慧與道德同在。

《道德經》裡說：「上德不德，下德不失德。」其意為，道德高尚的人，不會在乎那些形式主義的東西；品行低下的人，則喜歡玩弄那些形式主義的花樣。《道德經》又言：「上德無為，下德為之。」即意為道德高尚的人，一般會心態比較好，順其自然；品行低下的人，則總是喜歡投機取巧，別有用心。

曹操曾言：「吾任天下之智力，以道御之，無所不可。」即廣納天下的人才和英雄，以正義之道駕馭他們，應該會無往不利。曹操就是這樣一位梟雄，他在歷史上的名聲不太好，是因為他唯才是舉，而對人的品德要求不高，但在非常時期，只能採取非常之法，「治平尚德行，有事賞功能」，在戰亂的年代，曹操只能任用一些才能突出，但德行上有些小缺陷的人。並非曹操不注重人的德行修養，而是他更注重實際成果，更務實。曹操同樣十分尊重道德高尚的人。據說劉表的手下文聘一直堅守自己的領地，不願投降曹操，後來文聘前往投靠曹操時，曹操問他為何到此時才來，文聘說：「我一直想為劉表守好家門，被逼無奈才來投靠。」曹操看重他的這份忠心，於是將他派到了江夏，果然不負曹操所望，文聘在此擊敗了關羽、孫權，替曹操守住了這個咽喉要地。

欲齊其家，必先修身

　　古人認為德才兼備的人是聖人，有德無才的人是君子，有才無德的人是小人，無才無德的人是愚人。可見德行對於一個人來說是多麼的重要，它不僅是劃分人的標準，也是人為人處世的尺規之一。

　　德才兼備的人是聖人，黃石公認為德才兼備的人才可領導他人。所以一個人不僅要培養自己的才智，更要注重品德的修養，兩者缺一不可，當兩者很好地結合在一起時，就會產生不可忽視的力量。

　　有德無才的人是君子，一個統治者，如果只是有高尚的品格，能力不足，只會導致混亂，使得團隊積弱不振，最終在激烈的競爭中被淘汰。

　　有才無德的人是小人，一個人有能力，但是缺乏品德修養，便會逞能而肆意妄為，處處只為自己著想，完全不顧及別人的感受，有了好處，都往自己身上攬，有了壞處，全部推給別人，這樣的人，如果得了勢，便會小人得志，底下的人都沒有好日子過。

　　無才無德的人是愚人，這樣的人，只能庸庸碌碌，溫飽度過一生。

樂善好施，以誠待人

原文：

> 樂莫樂於好善，神莫神於至誠。

注曰：「無所不通之謂神。人之神與天地參，而不能神於天地者，以其不至誠也。」

王氏曰：「疏遠奸邪，勿為惡事；親近忠良，擇善而行。子胥治國，惟善為寶；東平王治家，為善最樂。心若公正，身不行惡；人能去惡從善，永遠無害終生之樂。復次，志誠於天地，常行恭敬之心；志誠於君王，當以竭力盡忠。志誠於父母，朝暮謹身行孝；志誠於朋友，必須謙讓。如此志誠，自然心合神明。」

● 解讀

原文所要表達的意思是，沒有什麼比樂於為善更快樂的了，也沒有什麼比真誠更能達到神通的境界了。助人為快樂之本，至誠是一種人生智慧，也是讓自己心靈寧靜坦蕩、虛靈不昧的最好方法。

古人有「朝聞道，夕死可矣」之訓。其中的「道」，實際上就是人的精神境界。身心健康的人，往往在謀生之外，積極求道。求道即是追求自利、利他、利眾，就是不僅僅「己所不欲，勿施於人」，還要「己欲立而立人，己欲達而達人」。平等待人和公正處世是樂善好施者的美德，這種美德集中展現為仁愛、博愛、慈悲。它驅使人們能盡心盡力自願去做一些乃至犧牲個人利益的事。

民諺有云：「但行好事，莫問前程。」只要行善積德，自然福壽平安，修百善自能邀百福。人為善，福雖未至，禍已遠離；人為惡，禍雖未至，福已遠離。多做好事，求的是一種心理上的滿足，對心理素質會漸漸造成一種良好的影響，整個人時刻都能處在一種寧靜坦蕩的心境中。這當然是人生最大的快樂了。

《易經》上說的「誠能通天」，說的即是人的精神可以與天地並立，甚至可以與天地相通。心誠的涵義不單是誠實無欺而已，更重要的是虛靈不昧。只有以誠相待，才能求得事情的轉機。

古往今來，「誠信」一直是人們所倡導的，而這也是朋友相處，君子成就大業的根本，是君子最重要的美德。君王以誠治國，大夫以誠得士。凡是建功立業者，守信是其必備的素質之一，而守信之人，也留名史上，諸如曾子殺豬、尾生抱柱、李勉埋金等這些故事便世代為後人所傳揚。

樂善好施

　　人生在世，沒有比樂於為善更快樂的了，也沒有什麼比真誠更能達到神通的境界了。助人為快樂之本，至誠是一種人生智慧。這是讓自己心靈寧靜坦蕩，虛靈不昧的最好方法。有樂善好施之心的人，能公正待人的人，必然志存高遠，不會是只為自己或自己的家庭活著，而能在愛護自己的同時，推己及人，也愛護大眾，「厚德載物」，深切地關懷天下蒼生。

　　慈善的傾向是人類心靈所固有的，我們被自己驅使去為他人謀求福利。我們做了使人幸福的事之後總感到滿意。樂善好施是一種本色的情意，一種惻隱之心的感受，而絕非追求浮華名聲。

　　人類生活需要不斷交往，需要發揚人與人之間的互尊、互助精神，換言之，需要一種「樂善好施」之精神，才能在交往中保持社會和諧。中華民族自古以來就有樂善好施、濟貧幫困、慈心為人、善舉濟世的優良傳統。

洞明真相，人情練達

原文：

明莫明於體物。

注曰：「《記》云：『清明在躬，志氣如神。』如是，則萬物之來，豈能逃吾之照乎！」

王氏曰：「行善、為惡在於心，意識是明，非出乎聰明。賢能之人，先可照鑒自己心上是非、善惡。若能分辨自己所行，善惡明白，然後可以體察、辨明世間成敗、興衰之道理。復次，謹身節用，常足有餘；所有衣、食，量家之有、無，隨豐儉用。若能守分，不貪、不奪，自然身清名潔。」

● 解讀

原文所要表達的意思是，沒有比體察世上萬物更為重要的事了。世事洞明皆學問，人情練達即文章。善於體察人情世故者，一定是聰明不惑的人。他不僅能夠洞察事物，探究規律，更能了解自己的內心、認識自己，一個人如果能做到這點，那做什麼事都會胸有成竹，游刃有餘。

其實這也是站在對方的角度上思考，即把握住對方的心理，以求出現雙方共贏的局面。在心理學上，這種修養方法被稱為「進入他人思維」。人只要能跳出自身的思維框架，設身處地地站在別人的處境中思考並處理問題，事情就比較容易解決，也會得到別人的認可。

俗話說：「眼見為實。」這種說法有些偏頗，事情是有假象的。若要做到真正的洞察其奸、明察秋毫，需了解事情的整個經過，不能片面或是先入為主地武斷認定了某個結果。

孔子可謂聖明，他識人看事的本領可謂是高人一等，但他也有出錯的時候。在某次出遊時，師徒幾人無東西果腹，僅有顏回討得的一點小米。在粥快熬好時，孔子看見顏回在偷吃，孔子十分不滿，他很自責是不是自己「教育無方」，因而才會使得自己一貫喜歡的學生做出這種事情來，但孔子沒有當面質問，而是迂迴地說要用飯來祭祖。顏回這才解釋因為粥上有一塊沾上了灰，他捨不得扔掉便自己吃了。孔子聽完，感到慚愧不已，感嘆道：「便是親眼所見的也不可過信啊！」

這樣一位儒學宗師，其品德修養不可謂不高，也會犯這樣的錯誤，更何況是普通人呢？因此如想世事洞明，便需平靜自己的內心，用心去感受周圍的一切，而非是為表面的現象所誤導。如朱熹《禮記・中庸》所注：「體，謂設以身處其地而察其心也」。所以說，只有體察世間萬物，觀察入微，才能通人情，明事理。

洞明真相

　　世上沒有比體察世上萬物，更為明白的事了。世間洞明皆學問，人情練達即文章。善於體察人情世故者，一定是聰明不惑的人。他不僅能夠洞察事物，探究規律，更能瞭解自己的內心、認識自己，一個人如果能達到這點，那做什麼事自然會胸有成竹，游刃有餘。

1　　在一次出遊時，師徒幾人無東西果腹，僅有顏回討得的一點小米。在粥快熬好之時，孔子看見顏回在偷吃，孔子十分不滿，他很自責是不是自己「教育無方」。

2　　但孔子沒有當面質問，而是迂迴地說要用飯來祭祖。顏回這才回明，這飯有一塊落灰了，但顏回捨不得扔掉便自己吃了。孔子聽完，慚愧不已，感歎道：「便是親眼所見的也不可過信啊！」

　　朱熹《禮記・中庸》所注「體謂設以身處其地而察其心也」。所以說，只有體察世間萬物，觀察入微，才能通人情，明事理。站在對方的角度上思考，即把握住對方的心理，以求雙方共贏局面的出現。

有求皆苦，無求乃樂

原文：

> 吉莫吉於知足，苦莫苦於多願。

注曰：「知足之吉，吉之又吉。聖人之道，泊然無欲。其於物也，來則應之，去則無繫，未嘗有願也。古之多願者，莫如秦皇、漢武。國則願富，兵則願疆；功則願高，名則願貴；宮室則願華麗，姬嬪則願美豔；四夷則願服，神仙則願致。然而，國愈貧，兵愈弱；功愈卑，名愈鈍；卒至於所求不獲而遺恨狼狽者，多願之所苦也。夫治國者，固不可多願。至於賢人養身之方，所守其可以不約乎！」

王氏曰：「好狂圖者，必傷其身；能知足者，不遭禍患。死生由命，富貴在天。若知足，有吉慶之福，無凶憂之禍。心所貪愛，不得其物；意在所謀，不遂其願。二件不能稱意，自苦於心。」

● 解讀

原文所要表達的意思是，人生沒有比自知滿足更吉利無凶的了。廣廈千間，夜眠七尺；珍饈百味，不過一飽。人生所需，其實甚少。生不帶來，死不帶去。人如能參透其中的道理，才會知足，才會常樂。

每個人對快樂幸福的理解是不同的，比如饑貧的人，只要能吃飽，對他來說就是一種莫大的幸福；對富翁來說，光吃飽不是一件幸福的事，他們還有更多的欲望。

人常道：「知足者常樂，不知足者常憂。」意思是說人們的欲望減少了，沒有那麼多不切實際的奢求，就會變得幸福。在生活中，懂得知足，不貪戀身外之物，是一種難得的清醒。如果能做到這一點，你就會活得輕鬆，過得自在，快樂和幸福才能常伴左右。

明朝金溪人胡九韶，家境貧困，一面教書，一面努力耕作，才僅僅能夠衣食溫飽，但每天黃昏時，他都要到門口焚香，向天拜九拜，感謝上天賜給他一天的清福。妻子笑他說：「我們一天三餐都是菜粥，怎麼談得上是清福？」胡九韶卻回答說：「我很慶幸生在太平盛世，沒有戰爭兵禍。又慶幸我們全家人都能有飯吃、有衣穿，不至於挨餓受凍。家裡床上沒有病人，監獄中沒有囚犯，這不是清福是什麼？

一個把名韁利鎖看得太重的人，注定是不快樂的。名利就是束縛人的枷鎖，把人的心靈束縛在方圓之地，無法動彈。人生之苦也皆來自於欲望、貪欲。如想快樂，便須跳出這些束縛之外，佛教等宗教之所以能安撫人心，就是因為他們所倡導的是淡泊名利，提倡「有求皆為苦，無求乃樂」，而快樂就是

知足常樂

　　廣廈千間，夜眠七尺；珍饈百味，不過一飽。人生所需，其實甚少。生不帶來，死不帶去。人如能參透其中的道理，人才會知足，才會常樂。

　　明朝金溪人胡九韶，家境很貧困，一面教書，一面努力耕作，才僅僅可以衣食溫飽。但每天黃昏時，他都要到門口焚香，向天拜九拜，感謝上天賜給他一天的清福。

　　我們一天三餐都是菜粥，怎麼談得上是清福？

　　我很慶幸生在太平盛世，沒有戰爭兵禍。又慶幸我們全家人都能有飯吃，有衣穿，不至於挨餓受凍。家裏床上沒有病人，監獄中沒有囚犯，這不是清福是什麼？

看淡塵世的物欲、煩惱，不慕榮利，能把名利得失置之度外，而凡事都能以誠相待的人，一生將是快樂的。從平淡的生活中去體會，快樂無處不有，唯有胸襟開闊、無所欲求的人，才能體會到。

聖人之道，淡泊無欲。身外之物，來則來，去則去，無需過分關注。范仲淹「不以物喜，不以己悲」，財物的聚散多寡，不值得為之大喜大悲。人的生、老、病、死、愛別離、怨長久、求不得，這是佛教中的八苦，皆是因為人的願望、渴求太多而苦難纏身。儒家以無欲則剛，認為恭謙儉讓，人不求名，物不求奢，才是君子所為。道家也倡導以「無欲無求，一身傲骨，兩袖清風，遨遊人間」為美。

但人心不足，欲海難填，人生的痛苦，都是因為欲望太多，貪婪過度。快樂與否，不是因為擁有得多，而是因為計較得少。聖人之所以成為聖人，是因為他把自己的欲望降到最低，而把理性昇華到了最高。

人的心靈如一葉小舟，若承載了太多的物欲、情欲，就很難輕盈快活地行駛。如想快樂，就需給「心靈卸重」，把虛榮、牢騷、哀怨、壓抑、苦惱等統統拋棄，放下障礙、開闊心胸，心裡自然清靜無憂。「心中有事世間小，心中無事一床寬。」一個心靈無負載的人，縱然只住在茅屋裏，也會覺得快活。

人是萬物之靈，有著七情六欲，就連孔聖人也曾經說過：「食色，性也」，情欲是人的天性，可見欲望和追求在人的生活中是多麼的重要。權力、金錢和美色也一直是人最瘋狂的渴望和追求。這些追求本無可厚非，人總是希望追求更好的生活，但是要掌握一個度，遵照一個道德準則。

然而，海有涯、欲無邊，古人對這種不堪重負的欲望也多有訓誡。唐宋八大家之一的柳宗元曾經寫過一篇膾炙人口的文章——《蝜蝂傳》，說的是一種叫蝜蝂的小蟲子，生性喜歡背東西，爬行時碰到什麼就背什麼，即使非常勞累也不停止，而且牠的背很不平整，東西不會滑下來，如此一來東西是越背越多，最終被東西壓倒爬不起來。人可憐牠，替牠把東西取下來，然而一旦牠能繼續爬行，牠仍然繼續背東西。這種小蟲又喜歡往高處爬，用盡了牠的力氣也不肯停下來，最後跌倒摔死在地上。這種小蟲子並不是真實存在的，其實是柳宗元虛構的一種生物，借喻的是人類的心，人的欲望是無窮盡的，但是人所能承受的卻很少，最終會不堪重負，疲累而死。

人需克制自己，行事有度，切不可恣情縱意，貪得無饜。

有求皆苦

　　人心不足，欲壑難填，人生的痛苦，都是因為欲望太多，貪婪過度。快樂與否，不是因為擁有得多，而是因為計較得少。聖人之所以成為聖人，是因為他把自己的欲望降到最低點，而把理性昇華到了最高點。

人是萬物之靈，有著七情六欲，就連孔聖人也曾經說過：「食色，性也」，情欲是人的天性，可見欲望和追求在人的生活中是多麼的重要。權力、金錢和美色也一直是人最瘋狂的渴望和追求。這些追求本是無可厚非的，人總是希望追求更好的生活，但是要掌握一個度，遵照一個道德準則。

自律自省

人需克制自己，行事有度，切不可恣情縱意，貪得無厭。

人的欲望是無窮盡的，但是人所能承受的是很少的，最終會是不堪重負，疲累而死。

勞而有度，逸而有時

原文：

悲莫悲於精散，病莫病於無常。

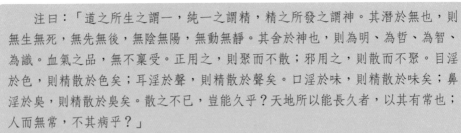

注曰：「道之所生之謂一，純一之謂精，精之所發之謂神。其潛於無也，則無生無死，無先無後，無陰無陽，無動無靜。其舍於神也，則為明、為哲、為智、為識。血氣之品，無不稟受。正用之，則聚而不散；邪用之，則散而不聚。目淫於色，則精散於色矣；耳淫於聲，則精散於聲矣。口淫於味，則精散於味矣；鼻淫於臭，則精散於臭矣。散之不已，豈能久乎？天地所以能長久者，以其有常也；人而無常，不其病乎？」

王氏曰：「心者，身之主；精者，人之本。心若昏亂，身不能安；精若耗散，神不能清。心若昏亂，身不能清爽；精神耗散，憂悲災患自然而生。萬物有成敗之理，人生有興衰之數；若不隨時保養，必生患病。人之有生，必當有死。天理循環，世間萬物豈能免於無常？」

• 解讀

原文所要表達的意思是，人生沒有什麼比精氣耗散更悲哀的，病害沒有比身心變化不定、機能紊亂無序更嚴重的了。

所謂「精」是煥發的動力，也是「神」。天地之間產生了一種混沌之氣，混沌中的淳樸之氣就稱為精氣，世間萬物，凡有生命，皆由這種精純之氣組成。正確地運用它，則聚集而不散；錯誤地運用它，則消散而不聚集。

天地萬物之所以永恆，是因為它有自己獨特的運行規律。如果強行打破這種規律，就會受到懲罰。人若無視自然規律，不正常生活，怎能不疾病纏身呢？

老子曾言：「五色令人目盲，五音令人耳聾，五味令人口爽，馳騁打獵令人心發狂，難得之貨令人行妨。」意思是說，繽紛的色彩使人眼睛昏花，變幻的音響使人耳朵發聾，美味的食物使人口味敗壞，馳騁打獵令人心意狂蕩，珍奇財寶令人行為不軌。告誡人們無論做什麼事情，花費的精神一定要有個限度，千萬不能過多過甚，一旦沉溺其中，欲自拔而不能，「精」、「神」就散於其中，則於人毀一生，於家毀一代，於國毀一世。勞而有度，思而不慮。要主動休息，就是在運動中求身體的休息。

古人很重視身體的鍛鍊，而身體健康與否也是一個很重要的標準。《周禮·保氏》：「養國子以道，乃教之六藝：一曰五禮，二曰六樂，三曰五射，四曰五御，五曰六書，六曰九數。」就是儒家要求學生的「通五經貫六藝」中的「六藝」，即「禮、樂、射、御、書、數」六種技藝。其中的射、御，其實就包括了對身體的要求。在中國古代，真正的文人並非手不能提，肩不能挑的病弱之人。北宋的陸游便是一個典型的例子，他生活在金人入侵、國家內憂外患頻仍的年代，雖是文人，但為了收復故土，曾千里投師學習劍術。

勞逸結合，張弛有度

　　天地萬物之所以永恆，是因為它有自己獨特的運行規律。如果強行打破這種規律，就會受到懲罰。人若無視自然規律，不正常生活，怎能不疾病纏身呢？

　　《周禮・保氏》：「養國子以道，乃教之六藝：一曰五禮，二曰六樂，三曰五射，四曰五御，五曰六書，六曰九數。」就是儒家要求學生「通五經貫六藝」的「六藝」即「禮、樂、射、御、書、數」六種技藝。其中的射、御中其實就包括了對身體的要求，只有身體健康，才可能會進行這樣的體力訓練。在中國古代，真正的報國志士都是六藝皆備的。

短視苟得，必無長久

原文：

> 短莫短於苟得。

注曰：「以不義得之，必以不義失之；未有苟得而能長也。」

王氏曰：「貧賤人之所嫌，富貴人之所好。賢人君子不取非義之財，不為非理之事；強取不義之財，安身養命豈能長久？」

● 解讀

原文所要表達的意思是，人生中短暫的東西當屬苟且得到的。苟在古代是很美的一種草，但在後來的衍生中，卻被逐漸賦予了一些不好的色彩。這句話的意思有三，以苟且的三種（一種是不義之財，一種則是短視近利、因小失大，三是安於現狀，苟且偷生的生活）方式得到的事物都不能長久。

使用不光彩的手段，取得不應該得到的東西。這種以不義的方法得來的東西，必將也會以各種方法喪失。清朝的和珅精明能幹，善於臨機應變，有處理政務的一定能力，最重要的是他特別擅長於揣摩上意，為迎合皇帝而挖空心思，最重要的是還會為皇帝聚斂銀錢，供皇帝支付各種不便公開動用國庫的費用，故能博取皇帝的歡心，成為皇帝身邊的大紅人。特別是乾隆晚年，乾隆盛世的出現，使得乾隆一改積極進取的心思，好大喜功、愛聽諛言、文過飾非、自詡明君，和珅能按其旨意辦事，甚得其心，因而成為他的心腹和代理人。

而和珅也身兼多職，在用人、理財、施刑、「撫夷」等方面都是大權在握，朝中的官員多仰其鼻息。為了滿足乾隆及自己的奢侈欲望，而又不動用國庫，他便肆無忌憚地攬權索賄。

和珅聚斂財富的主要方式是任用官員索取賄銀。內從九卿，外至督撫司道，若不納銀獻寶，便很難高升，從而形成了「和相專權，補者皆以貲進」、「政以賄成」，禍國殃民的嚴重局面。

嘉慶帝登基後便宣布了和珅的二十條大罪，下令逮捕和珅入獄。嘉慶帝本要將和珅凌遲處死，但由於其妹，也是和珅兒媳的固倫和孝公主的求情，並且參考了董誥、劉墉諸大臣的建議，改為賜和珅獄中自盡。經查抄，和珅財產的三分之一，價值二億二千三百萬兩白銀，玉器珠寶、西洋奇器無法勝數，以致民間諺語說：「和珅跌倒，嘉慶吃飽。」權傾一世，富可敵國的和珅，最終還是被滿門抄斬。貪得無厭的和珅不僅惹得民間怨聲載道，更攪得清朝的官場更形渾濁，給清朝的由盛轉衰注入了一股催化劑。金錢、地位，是人人都想要的，但君子愛財，取之有道，這個「道」講的就是規則。合乎規則所取得的財

不義之財

　　人生中短暫的東西當屬是苟且暫時得到的。金錢、地位，是人人都想要的，但君子愛財，取之有道。這個「道」講的就是規則。合乎規則的財物，我們當仁不讓，不合乎規則的財物，我們分文不取。道正，則財正；道偏，則財偏。這個規則是安身立命的基礎，是生活的原則。

不義之財

「天下熙熙，皆為利來；天下攘攘，皆為利往。」財為生活之源，愛財本身並無錯誤，但要取之有道。只要是不義之財，早晚會害了自己。古往今來，多少人謀取私利，機關算盡，到頭來反誤了卿卿性命。

「馬無夜草不肥，人無橫財不富」，「餓死膽小的，撐死膽大的」這些說法，反映了不勞而獲的投機心理，它宣揚的不是勤勞致富而是謀取不義之財。不義之財必定會讓謀取之人付出相當的代價。

和珅身兼多職，在用人、理財、施刑、「撫夷」等方面都是大權在握，朝中的官員多仰其鼻息。為了滿足乾隆及自己的奢侈欲望，而又不動用國庫，他便肆無忌憚地攬權索賄。

　　和珅聚斂財富的主要方式是任用官員索取賄銀。內而九卿，外而督撫司道，不納銀獻寶，便很難高升，從而形成了「和相專權，補者皆以貲進」，「政以賄成」，禍國殃民的嚴重局面。嘉慶登基後便處死了和珅，以儆效尤。

物，我們當仁不讓，不合乎的財物，我們則分文不取。道正，則財正；道偏，則財偏。這個規則是安身立命的基礎，是生活的原則。所以，無論是富貴還是貧賤，無論是倉促之間還是顛沛流離之時，都絕不能違背這個基礎和原則。財是把雙刃劍，它既可以給你帶來喜悅也可以給你帶來煩惱。它可以滿足你的一切需求，但是也會讓你成為它的奴隸。它能夠讓你為所欲為，也能夠讓你淪為階下囚，禁錮一方。

第二種苟且說的是因為貪圖眼前小利，沒顧及到長遠的利益，這種因小失大而得到的東西，也就等於是勉強得到的。常言道：「貪小便宜吃大虧。」傳說宋國有一家人，世世代代在水中漂洗絲絮。他們家有一個祖傳藥方對治療皮膚受凍龜裂有奇效，正是靠這個藥方，這個家族才得以生存，才不因凍傷而影響工作。有個客商得知這事，出高價購買，這個家族經商量後決定出賣藥方，這個客商隨即轉手把藥方獻給了吳王，並棄商從政。之後越國入侵吳國，此商人便奉命出征，在與越國的水戰當中，吳軍因這種藥品而免受凍傷龜裂之苦，一下子士氣大振，大獲全勝。吳王大悅，重賞了這個商人。商人能因此而封王顯貴，漂洗絲絮的家庭卻終世不免以洗絲絮來維持生計，為何同樣是出賣藥方，回報卻不同呢？因為眼光不同，一個是小利，另外一個是遠利。

第三種苟且則是安於現狀，苟且偷生之意。身處平安之地而不忘危難，現在擁有的東西能夠珍惜，這樣的人才無所短而有所進。孔子曾以「富貴無常」告誡王公，勉勵百姓。居安思危，雖然生活暫時無憂，但是未來是不可預料的，人無遠慮必有近憂，所以苟安現狀的人，即使不敗亡也不會有所進步。孟子的「生於憂患，死於安樂」也是教育人們必須要有憂患意識，安逸會讓人裹足不前，從而迷失陷落，走上不歸路。

明末農民領袖李自成歷經大大小小幾百場戰役，終於推翻了統治兩百多年的明王朝，但他入主北京之後目光短淺、不分忠奸、沉溺聲色，導致其內部不和，軍紀渙散，而崛起於遼東的、所謂的「東虜」女真卻對關內虎視眈眈，但李自成卻對關外的情況知之甚少甚或全然不知，因此只做了短短四十餘天的皇帝，便被驅逐出了北京。

目光短淺

鼠目寸光難成大事，目光遠大可成大器。漢•劉向《說苑•正諫》：「園中有樹，其上有蟬，蟬高居悲鳴飲露，不知螳螂在其後也；螳螂委身曲附欲取蟬，而不知黃雀在其傍也。」螳螂以為自己能美餐一頓，卻不知自己也即將成為別人的美食。人無遠慮，必有近憂。一個人境界的大小，決定了他的思考方式。而人若想事業成功，便需高瞻遠矚，事事想在前，步步搶在先。

惠子對莊子說：魏王送給我一種大葫蘆種子，我嘗試著種植。成熟後，葫蘆容量很大，可以裝五石的東西。但由於它的質地較軟，根本不能用來盛水。將它剖成兩半來做瓢，又嫌太大而使用不便。葫蘆啊葫蘆，並不是你容量不夠大，而是你大而無用啊！

莊子說：惠施先生，您也太拙於使用大器物了吧。宋人賣藥方的故事中，後者能因此而封王顯貴，前者卻終世不免於以洗絲絮來維持生計，原因何在？是因為他們眼光不同，對事物的使用方法不同呀！現在先生有一個容量達五石的大葫蘆，為什麼不考慮作為腰舟來浮游江湖？反而擔憂它大而無用？您真是像那個宋國家庭一樣眼光短淺啊！

貪心不足，以身徇物

原文：

> 幽莫幽於貪鄙。

注曰：「以身殉物，闇莫甚焉。」

王氏曰：「美玉、黃金，人之所重；世間萬物，各有其主，倚力、恃勢，心生貪愛，利己損人，巧計狂圖，是為幽暗。」

• 解讀

原文所要表達的意思是，在人的缺點中，沒有比貪婪卑鄙更昏暗不光彩的了。以身徇物，是最大的昏暗。不愛惜自己的身體，卻被那些身外之物弄得頭昏腦脹。貪財、貪色、貪酒等，一個「貪」字鑄成了悲劇的人生。貪，輕則神志昏昏，重則無法無天，悖情悖理。

人如果想要一生平安，首先必須從戒貪做起，並不是貪錢才算貪，欲望也是貪。春秋時期的智伯就是因利慾薰心，肆意妄為而丟了性命。

春秋末期，周朝的統治分崩離析，各諸侯紛紛自立，割據一方。晉國是其中實力較強的一個諸侯國。晉國有趙襄子、魏桓子、韓康子、范氏、智伯、中行氏六個上卿。在智伯執政時，恰逢范、中行二氏被逐，四卿並峙。智伯也是個很能幹的人，他千方百計地想擴張自己的勢力範圍，於是先聯合韓、趙、魏三家攻打中行氏，強佔了中行氏的土地。後又強迫韓康子割讓了一塊有一萬戶人家的封地給他，接著，他又威逼魏桓子割地求和。

正值春風得意時，智伯的性格缺陷 「知（智）怕貪而愎」便曝露無遺。他貪得無饜，好大喜功，驕奢淫逸，且剛愎自用，不納諫言，獨斷專行。早在晉出公十一年伐鄭時，智伯和趙家的世子趙毋恤一同率兵出征。在一次酒醉後，他不僅強灌趙毋恤喝酒，且動手打了趙毋恤。回國後，他不但不為自己的行為道歉，反而挑撥趙家廢掉趙毋恤。在智伯獨霸晉國後，更加變本加厲。在宴席上，他當面戲弄韓康子，並且侮辱魏桓子的家臣段規。屬下勸其收斂，智伯竟大言不慚地說：「難將由我，我不為難，誰敢興之！」似乎韓、魏等諸卿的命脈都操縱在他的手裏，但他低估了趙、韓、魏三家的力量，因過分自信而被韓、趙、魏三家聯手除去。

貪婪無時不在，欲望誘惑著人們追求最高品質的生活享受。這種誘惑往往會使人迷失生活的方向。貪婪是一種頑疾，不是什麼靈丹妙藥就能治好的。人們極易成為它的奴隸，變得越來越貪婪。一個貪求厚利，卻永不知足的人，等於在愚弄自己的人格，做出愚昧不堪的行為。因此，我們真正應當採取的態度

貪心不足蛇吞象

「人心不足蛇吞相」是一個典故，源於「巴蛇吞象」，出自《山海經・海內南經》。

從前有一個窮人救了一條蛇，蛇為了報答他的救命之恩，於是便說牠可以滿足他的任何願望。窮人一開始只要求簡單的衣食，蛇滿足了他的願望，後來這個人慢慢地貪婪起來，要求做官，蛇也滿足了他。一直做到了宰相，但是這人還不滿足，竟要求做皇帝。蛇此時終於明白，人的貪心是永無止境的，於是便一口將這個人吞吃掉了。因為，蛇吞掉的是宰相，而不是大象。故此，留下了「人心不足蛇吞相」的典故。

今天，人們漸漸地把「人心不足蛇吞相」蛇吞相」的典故。寫成「人心不足蛇吞象」來比喻人貪心永遠不會滿足，就像蛇貪心很大，竟想吞食大象一樣。

貪念

貪念只是一念之差，人的貪念一起，良知也就會泯滅，失去了是非觀念。金錢是貪婪的空氣，權力是貪婪的手杖。對於人類來說，貪婪是許多災禍的根源。

貪婪無時不在，欲望誘惑著人們追求最高品質的生活享受。這種誘惑往往會使人迷失生活的方向。

應該是遠離貪婪。

得到的越多就想要更多，這些過多的欲望在不知不覺當中，便會充斥貪婪人的生活，在他們的眼中沒有「夠」這個概念，卻不知道在一次次的爭搶後，失去的遠比得到的還要多百倍，所以算來算去總是賠的。貪心不足蛇吞象，這恰恰反映了人類貪婪的一面。金錢是貪婪的空氣，權力是貪婪的手杖。對人類來說，貪婪是許多災禍的根源，有時甚至會釀成毀滅性的災禍，但是人的一生，無論你得到過多少財富，最後仍是兩手空空回歸大地；無論多麼的不可一世，最終都是化為塵土。錦衣玉食、穿金戴銀、甚至美女入懷，一時的快感都不過是一種神經刺激、心理暗示，這種自我陶醉終會被打破的。

貪婪之人大都是意志薄弱者，在金錢與物質面前，不能控制自己的行為。他們知道貪婪之心不好，有的在謀得不義之財後，也曾想過金盆洗手，但也僅只於想想而已，在誘惑面前，仍然猶豫不決，把後悔與遲疑置於腦後，再一次伸出貪婪之手。貪婪會讓人失去理智，古代齊國有一個人走過集市時，看見攤子上擺著許多黃金，他拿起一塊就走，被人捉住後他卻說：「吾不見人，徒見金」，意思是說，我沒看見人只看見金子。這樣的貪婪之人，皆因利慾薰心而喪失了理智，他們只看到了利，而罔顧道德、法規的約束和輿論的譴責。

總之，人活著，追求功名、權力、金錢、地位本無可厚非，但不論追求什麼，總要適可而止。如果讓貪欲牽著鼻子走，最終一定會走向萬劫不復的深淵。貪汙是一種侵犯他人利益的行為，歷來為國法所不容，而且歷朝歷代對貪官都採取了極為嚴厲的手段。平民百姓貪婪一點，禍害的只是周遭的一些人，但如果為官者貪得無饜，禍害的將不只是幾個人，而是一方百姓。如果一個國家多出幾隻這樣的大蛀蟲，那這個國家恐怕就岌岌可危了。正如《韓非子·喻老》中所言：「千丈之堤，潰於蟻穴，以螻蟻之穴潰；百尋之室，以突隙之煙焚。」星星之火可以燎原，為了防微杜漸，只能從嚴做起。

明朝開國皇帝朱元璋出身寒微，十分痛恨貪官汙吏，他規定凡貪汙白銀六十兩的官員就要斬首，並把此人的皮囊製成標本放在衙門大堂旁，以警示繼任者。貪婪者卻個個心存僥倖心理，認為自己不會被發現，不會被繩之以法；偶爾僥倖逃脫了監督與檢查，便洋洋得意，自認為手段高明，本事通天，結果在泥坑裏越陷越深。

利慾薰心

齊國有一個人走過集市，看見攤子上擺著許多黃金，他拿起一塊就走，被人捉住後他卻說「吾不見人，徒見金」。

　　貪，幾乎是一切禍根的起源。人面對誘惑，往往無力抗拒，在不知不覺當中便深陷其中。追求更好的生活本無可厚非，但需要適可為止，否則將是萬丈深淵。

　　沒有天上掉餡餅的好事，一般掉下來的都是陷阱，不屬於自己的東西，最好不要過分奢望，有了意外的好處，一定要慎重接受。

　　意外之財，非分之福，如同一個陷阱。人如果過分貪心，一定會掉在陷阱裏。

　　有些人因為貪婪，想得到更多的東西，卻把現在所有的也失掉了。貪婪是一根刺，它無時無刻不在刺痛和折磨人們。拔掉這根刺，才能生活得安寧幸福。

恃才自傲，孤家寡人

原文：

　　孤莫孤於自恃。

> 　　注曰：「桀紂自恃其才，智伯自恃其彊，項羽自恃其勇，高莽自恃其智，元載、盧杞，自恃其狡。自恃，則氣驕於外而善不入耳；不聞善則孤而無助，及其敗，天下爭從而亡之。」
>
> 　　王氏曰：「自逞己能，不為善政，良言傍若無知，所行恣情縱意，倚著些小聰明，終無德行，必是傲慢於人。人說好言，執蔽不肯聽從；好言語不聽，好事不為，雖有千金、萬眾，不能信用，則如獨行一般，智寡身孤，德殘自恃。」

● 解讀

　　原文所要表達的意思是，恃才自傲的人多會被孤立，成為孤家寡人，恃才自傲等於自掘墳墓。有才華的人最容易犯的一個錯誤就是恃才自傲，正因為他有才華，比別人在某一方面傑出，這種超越眾人的心理會使他不自覺地表現出一種盛氣凌人的態度。但驕傲的人也不全是有才華的，有一種胸無點墨，無德無能之人，好以傲慢來維持其心理平衡。

　　隋煬帝楊廣是一個才華橫溢的君主，據史籍記載，楊廣年少好學，尤善詩文，年僅十三歲即被封為王，擔任拱衛京城的并州長官，二十歲時被拜為大元帥，統率大軍進攻陳朝。隋軍在楊廣的指揮下，紀律嚴明、對百姓秋毫無犯，對陳朝的府庫資財一無所取，因而「天下皆稱廣以為賢」，即位後更修通運河、西巡張掖、開創科舉、開發西域、建立國家體系等，不得不說楊廣是位相當有作為的帝王，但就是這樣的一位皇帝，在沒有任何力量的約束下，弒父篡位，即位後我行我素，很快便沉迷酒色，無心治國，隋朝也是中國歷史上維持時間極短的朝代之一。自滿者敗，自恃者孤。或許是隋朝的繁華讓這位帝王更加自傲、自滿，因而喪失了前進的動力，沉迷於享樂以致喪國。

　　隋煬帝的皇后是位厚德之人，作《述志賦》委婉勸誡楊廣，楊廣雖然敬重妻子，但仍一意孤行。後人不得不為這種恃才傲物的人感歎，其結局多為「煢煢孑立，形影相弔」。

　　才華是人的終生財富，也是令人羨慕的，但才華橫溢之人往往卻在風華正茂之時，便迅速凋零。正所謂「花要半開，酒要半醉」，凡是鮮花盛開得最嬌豔的時候，往往會立即被人採摘而去，即使不會被人摘取，盛極而衰，極盛之時也就代表著衰敗的開始。且天外有天，人外有人，恃才傲物如同炫耀一般終究遭人厭惡，終會害人害己，春秋時的公孫子都便是這樣的例子。

恃才自傲，孤家寡人

恃才自傲等於自掘墳墓。有才華的人很容易產生一種心理優越感，這種心理優越、超越眾人的心理會使他不自覺地便表現出一種盛氣凌人的態度。

世人易驕傲的只有兩種人，一是真有才，因而目中無人，老子天下第一；另一種其實腹中空空，無德無能，只好以傲慢來維持其心理平衡。

謙虛是一種美德，鋒芒內斂可自保。很多人便是輸在了鋒芒畢露上，所謂「木秀於林，風必摧之」講的便是這個道理。與人交好，虛心聽取他人的意見，是避免恃才自傲的基本方法。

恃才自傲的人往往會忽略他人利益和感受，因而損失也越大。《尚書‧大禹謨》中有云：「汝惟不矜，天下莫與汝爭能；予惟不伐，天下莫與汝爭功。」意思是一個人只要不驕傲自滿，天下便沒有人與你抗衡；只要不自我炫耀，天下便沒人和你搶功。恃才自傲之人，需戒驕戒躁方可成功。

春秋時期，鄭莊公準備伐許。戰前，鄭莊公便在國內選拔賢能，以便充當先行官。眾將都使出了渾身解數，希望能一舉奪魁，自己能一展抱負。經過輪番比試，有六個人在第一輪比試中勝出。在第二輪比試中，最有實力的當屬年輕的公孫子都和中年的穎考叔。其中的公孫子都自恃武藝高強，向來不把別人放在眼裡。他搭弓上箭，三箭連中靶心。志得意滿的他，昂著頭，只是瞟了瞟穎考叔便走下台去。穎考叔是鄭國的大將，不但武藝高強，還才智過人。他曾勸鄭莊公與不睦的母親和解，因而贏得了鄭莊公的信賴。穎考叔憑藉多年的戰場經驗，三箭射擊，連中靶心。因此在第二局的射箭比賽中，只有公孫子都和穎考叔勝出，且是以平手同時勝出，這樣便需進行第三局比賽。在第三局的比試中，公孫子都因為一時失手，輸給了穎考叔，失去了當先行官的機會，於是只能偏居副將之職。

年輕的公孫子都自然不會服氣，心中一直暗懷不滿。在穎考叔殺死許國戰將許猋，即將攻佔許都之際，被嫉妒之心迷失理智的公孫子都竟然拈弓搭箭，射死了城頭上的穎考叔。恢復理智的公孫子都十分後悔，但為時已晚，終日為愧疚之心所纏，最終精神崩潰。

有才華之人，往往最見不得比自己強的人。無論多麼睿智之人，也會不知不覺中犯下這樣的錯誤。嫉妒之心，就像心裡面長的那根刺，稍不注意，這刺就會越長越大，刺得自己心疼。三國的周瑜便是被這根刺刺死的，在臨死時發出「既生瑜，何生亮」的感慨！

有才之人，最容易犯得另外一個錯誤便是鋒芒畢露，自恃才華過人，便肆無忌憚，在無意中得罪一些人。為求自保，便需鋒芒內斂。因而，要充分發揮自己的才華，也要曉得保護自我，這就要說服、戰勝盲目驕傲自大的病態心理，更要養成謙虛讓人的美德。做人切忌恃才自傲，不知饒人。鋒芒太露易遭忌恨，更容易樹敵。人生就是這樣。所以，即使你有非常出眾的才華，但也一定要謹記：不要把自己看得太了不起，不要把自己看得太重要，不要把自己看成是救國濟民的聖人君子，該收斂時就收斂，夾起尾巴好做人，切勿光芒刺人眼。

害人害己

恃才傲物如同炫耀一般終究遭人厭惡，終會害人害己，才華是令人羨慕的，也是很多人不幸的根源之一。少年得志，往往志得意滿，目空一切，傲視蒼穹，一旦遭遇挫折便會一蹶不振，或半路夭折，不得不讓人感歎天妒英才、造化弄人啊！

在爭奪先行官的比賽中，年輕氣盛的公孫子都因小小失誤而被潁叔考戰勝。心懷不滿的公孫子都的不滿之心、嫉妒之情便漸漸滋生。

潁考叔果然不負莊公之望，在進攻許國都城時，手舉大旗率先從雲梯上衝上許都城頭。眼見潁考叔大功告成，公孫子都嫉妒得心裏發疼，竟抽出箭來，搭弓瞄準城頭上的潁考叔射去，一下子把沒有防備的潁考叔射死了。

公孫子都回過神來，大錯已經鑄成，潁叔考慘死的景象時時浮現在他的眼前，公孫子都坐臥不寧，最後導致精神崩潰。

上下相疑，危亡之患

原文：

> 危莫危於任疑。

11

> 注曰：「漢疑韓信而任之，而信幾叛；唐疑李懷光而任之，而懷光遂逆。」
>
> 王氏曰：「上疑於下，必無重用之心；下懼於上，事不能行其政；心既疑人，勾當休委。若是委用，心不相托；上下相疑，事業難成，猶有危亡之患。」

● 解讀

原文所要表達的意思是，人生中沒有比任命半信半疑的人更危險的事情。用人，卻還對其抱持懷疑之心，這對用人者來說是一件很危險的事情。

明朝崇禎在位之時，正趕上國家內憂外患，加之他用人不當、疑心過重、馭下太嚴，剛愎自用，因此在朝政中屢鑄大錯。眾所周知的袁崇煥的悲劇，就是崇禎的多疑造成的，從剛開始的極其信任、重用到後來的猜忌，以致最終兇殘殺害。崇禎對袁崇煥充滿了幻想，他既欣賞他的幹勁和才能，卻又討厭他的倔強，重用他但又不能夠信任他，所以當敵人用反間計陷害袁崇煥時，能夠輕而易舉的得手。過後，崇禎又不敢承認自己的過錯，剛愎自用，一錯再錯，以致錯殺了袁崇煥。

不僅僅對待袁崇煥是這樣，崇禎對其他大臣的任用也是如此，遇到重大問題，只憑著自己的主觀臆斷妄加猜測，因為他不相信任何人。為剿流寇，崇禎先用楊鶴主撫，後用洪承疇，再用曹文詔，再用陳奇瑜，復用洪承疇，再用盧象升，再用楊嗣昌，再用熊文燦，又用楊嗣昌，十三年中頻繁更換圍剿農民軍的負責人。這其中除熊文燦外，其他都表現出了出色的才幹。然而都是因為得不到信任，最後半途而廢，功虧一簣，才給了闖王李自成喘息的機會，使得李自成數次大難不死，後往河南聚眾發展，最終滅了明王朝。

在崇禎身上，機智和愚蠢，膽略與剛愎，高招與昏招，兼而有之，這些加速了明王朝的覆亡。崇禎雖有心為治，卻無治國良方，以致釀成亡國悲劇。

錯殺忠良

袁崇煥在行刑前，唸出了自己的遺言：

一生事業總成空，
半世功名在夢中。
死後不愁無勇將，
忠魂依舊守遼東。

崇禎就是一個多疑的典型。明朝崇禎即位之時，正趕上國家內憂外患，加之他用人不彰、疑心過重、馭下太嚴，剛愎自用，因此在朝政中屢鑄大錯。

崇禎重用袁崇煥但又不能夠信任他，所以當敵人用反間計陷害袁崇煥時，能夠輕而易舉的得手。過後崇禎又不敢承認自己的過錯，剛愎自用，一錯再錯，以致錯殺了袁崇煥。

1630年，袁崇煥在北京西市被處以極刑，北京百姓誤認為袁通敵，恨之入骨，明末史家張岱記下了這個血腥的場面「劊子手割一塊肉，百姓付錢，取之生食。頃間肉已沽清。再開膛出五臟，截寸而沽。百姓買得，和燒酒生吞，血流齒頰」。

叛歸清朝

洪承疇之所以降清，除了清朝的條件，另外一個最大的原因，恐怕是崇禎帝的多疑所致，洪承疇即使是能回到大明，等待他的恐怕是嚴酷的刑罰，而不是安撫體恤。

洪承疇本是明朝大將，被清朝俘虜，開始他嚴詞拒絕了清朝的勸降，皇太極很苦惱如何收服這位大將。聰慧的大玉兒毛遂自薦，勸降了洪承疇。

私心勝者，可以滅公

原文：

敗莫敗於多私。

注曰：「賞不以功，罰不以罪；喜佞惡直，黨親遠疏；小則結匹夫之怨，大則激天下之怒，此多私之所敗也。」

王氏曰：「不行公正之事，貪愛不義之財；欺公枉法，私求財利。後有累己、敗身之禍。」

● 解讀

原文所要表達的意思是，人生中沒有比私心太重更能招致失敗的。私心是一種心理現象，表露於外，就是趨利避害，為己謀私。世人沒有一個不求利，只不過利的具體內容不同。有大利、小利之分，而人多謀求的是狹義的利，這句話也就是告誡人們私心不能大於為公之心。《禮記》中所言：「大道之行也，天下為公」，《慎子》：「凡立公，所以棄私也」，《漢書》的「公道立，奸邪塞，私權廢」，漢朝韓嬰所言：「君子不以私害公」，宋朝林逋的：「私心勝者，可以滅公」都是有關這方面的論述。

私心太重的人，甚至可以毀掉國家。公道達而私門寒，公義立而私事息，但歷史上以權謀私，禍國殃民的人物卻不在少數，尤以北宋的蔡京最具代表性。

北宋奸臣蔡京假託「紹述」，藉天子之名，培植親信，廣布黨羽，剷除異己，還倚仗權勢，巧立名目，搜刮劫掠的珍奇異寶和錢財更是數不勝數。蔡京的權勢令各地官僚爭相獻媚，特別是每年他生日時，紛紛競送錢帛和各地稀有特產，《水滸傳》中就曾提到水滸英雄搶奪蔡京的生辰綱事件。

自古以來，君明則臣正，君暗則臣佞。喜歡奸巧諂媚的小人，而厭惡正直敢言的忠臣，終會受到懲罰。宋徽宗本人就喜歡玩樂，貪圖新奇，不務朝政，可謂是荒淫無道。蔡京也正是看準了宋徽宗的驕奢淫逸，一味沉溺於聲色犬馬之中，才投其所好，既取悅皇帝，又滿足自己。在蔡京的慫惠下，宋徽宗更是荒淫無恥到了極點。徽宗常常微服出宮，夜宿娼門，留下了和名妓李師師的一段風流韻事。蔡京還在宮中設小市場，宮女們扮成商販賣酒賣茶，宋徽宗扮成乞丐挨門行乞，大家取樂。這一對昏君奸臣心中哪裏還有大宋的千里江山、數萬民眾。

崇寧三年，蔡京聽說宋徽宗厭聽舊聲，喜聞新樂，便命人對原有樂器、樂律都進行了改革，創造出一套新時樂。果然這一次馬屁又拍了一個正著。徽宗龍顏大喜，賜新樂名「大晟」，建立「大晟府」。蔡京派自己的兒子蔡攸填了這個肥缺，就是這種私心作祟，才促使蔡京不斷討好宋徽宗，完全不顧及其是否對國有益。蔡京的惡行加速了北宋的滅亡，這個國之蛀蟲也未落到好下場。

君暗臣佞

臭名昭著的蔡京（1047-1126年）為北宋末年的權奸，是北宋六惡之一。

《禮記》中所言「大道之行也，天下為公」，《慎子》曰：「凡立公，所以棄私也」，《漢書》的「公道立，奸邪塞，私權廢」，漢朝韓嬰所言：「君子不以私害公」，宋朝林逋的「私心勝者，可以滅公」都是講述人當大公無私。

蔡京最後死於流放途中，由於名聲太差，民間知道他是蔡京，都不願意把食物賣給他，據說蔡京就是這麼餓死的。從開封到長沙，三千里的路上，蔡京很難買到一口飯、一盤菜、一杯茶。到長沙後，他無處安歇，只能住到城南的一座破廟裏，病困交加，饑寒交迫，不得善終。

「八十一年往事，三千里外無家，孤身骨肉各天涯，遙望神州淚下。金殿五曾拜相，玉堂十度宣麻，追思往日謾繁華，到此番成夢話。」這是北宋奸臣兼貪官蔡京在被貶謫之後所寫的一首悔過詩，詩中的反醒之意並不深刻，反而對榮華富貴思念較多。

蔡京的藝術天賦極高，素有才子之稱，在書法、詩詞、散文等各個藝術領域均有不俗表現。

伍

遵而行之者，義也

　　原遵者，依奉也。義者，宜也。此章之內，闡明施仁、行義，賞善、罰惡，立事、成功之道理。

　　釋評：義與利的衝突、論爭，貫穿了整個人類社會，而且將會越來越激烈地爭執下去。見利忘義還是捨生取義，不但時時在撕裂著人性，也在撕裂著人類。本章總結的四十六種災禍，時下，不是觸目皆是嗎？消滅這種種毀滅自身、危害社會的不義的、醜惡的或腐敗的弊端，唯一的辦法就是「遵義」，換言之，加強文明建設。

本章圖說目錄

智者自省，愚者自得

原文：

以明示下者，暗；有過不知者，弊。

注曰：「遵而行之者，義也。聖賢之道，內明外晦。惟，不足於明者，以明示下，乃其所以暗也。聖人無過可知；賢人之過，造形而悟；有過不知，其愚蔽甚矣！」

王氏曰：「才學雖高，不能修於德行；逞己聰明，恣意行於奸狡，能責人之小過，不改自己之狂為，豈不暗者哉？不行仁義，及為邪惡之非；身有大過，不能自知而不改。如隋煬帝不仁無道，殺害忠良，苦害萬民為是，執迷心意不省，天下荒亂，身喪國亡之患。日月雖明，雲霧遮而不見；君子雖賢，物欲迷而所暗。君子之道，知而必改。」

● 解讀

原文所要表達的意思是，向別人炫耀自己聰明智慧的人，必定是不聰明的。聖賢人的處事原則是，內心明睿卻不顯露出來。有過失，自己卻不知道的人，必定是蒙蔽自己的視聽，這樣的人太悲哀了，而聖人卻一有過失便馬上意識到，因為聖人善於反省自己。

水太清，魚就無法生存，容易被人捕去。人如果太精明了，就不會有朋友，朋友怕會受其算計。當首領的，不可外露精明。不被人看成是威脅，很多事才可以掌握主動權；否則，便會被精明的屬下或是他人算計而事事受制。要是這樣，上位者的工作便不好執行了。人可分為三種，最聰明的人會把別人的過失當成是經驗，引以為戒，主動改進自身的缺點；相對聰明的人會自覺反省自己的作為，並加以改正；而那些不能認識自己的錯誤，或是認識了自己的錯誤卻仍執迷不悟，一錯到底的人，只能說是太愚蠢了。很多人把別人的缺點看得很透徹、很清楚，對自己的缺點卻視若無睹，這種人也不能說是聰明人。

真正的聰明人要寬容大度，也就是說要特別注意場合，尤其是給不如自己的人或下屬留面子，對別人大度和寬容才可以服眾。對別人過分的苛刻，往往會因傷害其自尊心而遭到別人的反感，甚至敵視。上位者尤其應該注意，自己再能幹，不可能事事親力親為，只有合眾人之力，才能更快更好地完成這些事。

真正聰明的人具備敏銳的觀察力，他們不僅能夠洞察世事，盡閱人間百態，更重要的是他們能夠敏銳地認識到自身的缺點。俗話說：「人貴自知」，人只有清醒地認識到自身的優勢和不足，揚長避短，才能長立不敗之地。先賢聖人也會做錯事，但他們事後會認真分析，清醒地認識到自己的不足之處，儘快採取彌補措施，竭力挽救，促使事情向更好的方向發展。

妄自尊大，有過不知

上位者，需明於內而憨於外，做事便可以掌握主動權；否則，處處被動，事事受制。

最聰明的人是看到別人的過失，引以為戒，主動克服自身的不足；比較聰明的人是自己犯了錯誤能自覺反省改正；至於有了錯誤仍執迷不悟，一錯到底的，那只有用愚蠢兩個字形容了。

聰明人說話做事注意場合，不會隨便傷害別人的自尊心，尤其是給不如自己的人或下屬留面子，對別人大度和寬容才可以服眾。上位者尤應該注意，自己再聰明能幹，一個人的智慧和力量畢竟有限，不可能事事親力親為，只有相信依靠下屬，和眾人之力，團結一致，才能儘快最好地完成這些事。

漢・班固《白虎通》：「故水清無魚，人察無徒。」水太清，魚就存不住身，對人要求太苛刻，就沒有人能當他的夥伴。

玩物喪志，當局者迷

原文：

> 迷而不返者，惑。

2

> 注曰：「迷於酒者，不知其伐吾性也。迷於色者，不知其伐吾命也。迷於利者，不知其伐吾志也。人本無迷，惑者自迷之矣！」
>
> 王氏曰：「小人之非，迷無所知。若不點檢自己所行之善惡，鑒察平日所行之是非，必然昏亂、迷惑。」

● 解讀

原文所要表達的意思是，沉迷某種嗜好而不知幡然醒悟的，是糊塗不明之人所常犯的錯誤。人常說：「酒不醉人人自醉。」一個人如果意志不堅定，經受不住身外之物的誘惑。一旦進入迷途，就很難自拔，這難道不是一件很可怕的事情嗎？如果一個人將大量的精力與時間，花費在自己所喜好的玩物之上，哪裡還有心思過問其他正經的事情呢？

古人所講的：「玩物喪志」，指的就是過度沉迷於所玩賞的事物，從而喪失積極進取的精神，正經事被拋之腦後。春秋時期的衛懿公好鶴而亡國，可以說是玩物喪志的典型。

衛懿公愛好養鶴，如癡如醉，連朝政也拋之腦後。為了養鶴，每年耗費國家大量的資財，他對待仙鶴如同貴賓，吃的是最好的，住的是最好的，對鶴還有不同的封號，甚至在鶴死去時，還對其進行厚葬，為此向百姓增加稅收，民眾飢寒交迫，怨聲載道。

衛懿公好鶴本無可厚非，但因此而荒廢朝政，不問民情，橫徵暴斂，實不可取，因此導致之後北狄人進犯邊境時，衛懿公即使下令招兵抵抗，但老百姓都不肯應戰。眾大臣們也說：「大王起用仙鶴，就足以抵禦狄兵了，哪裏用得著我們！」懿公說：「鶴怎麼能打仗禦敵呢？」眾人說：「那為什麼君主給鶴加封晉爵，而不顧老百姓死活呢？」衛懿公悔恨交加，卻為時已晚，衛軍全軍覆沒，衛懿公也被砍成肉泥。古人有詩評論衛懿公：「曾聞古訓戒禽荒，一鶴誰知便喪邦。熒澤當時遍磷火，可能騎鶴返仙鄉？」

沉迷一樣事物，往往無法自拔，連英明的唐太宗也犯過這樣的錯誤。據說有一次，外邦進獻了一隻可愛稀有的小鳥，唐太宗十分喜愛，日夜把玩，魏徵知道後，便故意在唐太宗正在把玩小鳥時進諫。唐太宗很敬畏魏徵，便耐心聽其所說，因此藏在他袖內的小鳥便活活被悶死了。沉迷之人，往往無法自察，這便需要旁觀者指點迷津。

玩物喪志

　　酒不醉人人自醉，外物本無錯，不受控制的是自己的內心。過於沉迷所玩賞的事物，就會被這些玩物侵佔自己的全部精力，從而荒廢了本應該自己集中精神去做的正事。玩物喪志，毀掉了多少人的生活啊！

　　衛懿公十分喜歡仙鶴，豢養了很多仙鶴。衛懿公把鶴編隊起名，由專人訓練牠們鳴叫、和樂舞蹈。他還把鶴封有品位，並給這些鶴發放俸祿，上等的鶴的供給與大夫一樣，養鶴訓鶴的人也都加官進爵。每逢出遊，這些鶴分班跟隨，前呼後擁，有的鶴還乘有豪華的輦子。

　　衛懿公，名赤，衛惠公之子，衛康叔十代孫，衛都朝歌人。衛懿公是春秋時期北方衛國的君主。衛國很小，常受北狄侵擾，平時靠求助強國保護。

　　衛國終因懿公好鶴而身死國亡。古人有詩評論衛懿公：曾聞古訓戒禽荒，一鶴誰知便喪邦。熒澤當時遍磷火，可能騎鶴返仙鄉？

衛懿公之死　　周惠王十七年（前660）的冬天，北狄（今大同一帶）人聚集兩萬騎兵向南進犯，直逼而來。衛懿公驚恐萬狀，急忙下令招兵抵抗。老百姓紛紛躲藏起來，不肯應徵。眾大臣們也說：「大王起用仙鶴，就足以抵禦狄兵了，那裏用得著我們！」懿公說：「鶴怎麼能打仗禦敵呢？」眾人說：「那為什麼君主給鶴加封進爵，而不顧老百姓死活呢？」懿公悔恨交加，但為時已晚，很快便被北狄人佔領了國都，衛懿公也被砍成肉泥。

君子慎言，禍從口出

原文：

> 以言取怨者，禍。

注曰：「行而言之，則機在我，而禍在人；言而不行，則機在人，而禍在我。」

王氏曰：「守法奉公，理合自宜；職居官位，名正言順。合諫不諫，合說不說，難以成功。若事不干己，別人善惡休議論；不合說，若強說，招惹怨怪，必傷其身。」

● 解讀

原文所要表達的意思是，因言語不慎而引來怨仇，必定會招致無窮無盡的災難。一句話說得不好會招致大禍，這是常常可以見到的事。漢武帝時期的大臣主父偃喜歡揭發人隱私，最終禍及自身。

孔子曰：「君子欲訥於言而敏於行。」說的就是君子說話言辭要慎重遲緩。《易·繫辭》中也記載了孔子的言論。動亂的產生，往往是由於出言不遜而引起的。我們不得不承認，人所招惹的禍害中，言語是最厲害的。話說得好，可以動人、保身、興邦；說不好則會樹敵、傷友、喪國。孔子說：「言行，君子之所以動天地也。可不慎乎？」春秋戰國時期，蘇秦、張儀遊說諸侯，諸葛亮說動孫權聯蜀抗曹，孝莊勸降洪承疇，後金遂滅大明，這都是以語言來致勝的事例。歷史上，因一句話而惹來殺身之禍的例子不勝枚舉。因一句「此跋扈將軍也」而被梁冀毒死的漢質帝，還有恃才傲物的楊修都因言語而送命。

古語道：「君子慎言，禍從口出。」就是說，作為一個有德行的人，不要對人、對事妄加評論，什麼事自己明白就好，有些話能不說就不說。隨意說話，就容易失言，甚至於在無意中傷害了別人，或者給別人留下攻擊自己的口實。因為，說者無心，聽者有意的事，再常見也不過了。

主父偃做到中大夫時，炙手可熱，眾大臣均巴結討好他，賄賂他的金錢達數千金之多，主父偃也來者不拒。主父偃曾希望把自己的女兒嫁給齊王，但遭到拒絕。顏面掃地的主父偃於是上書漢武帝，言齊國富強，但齊王血緣卻與皇帝太過疏遠，且齊王似乎還很不安分，於是漢武帝便派主父偃為齊相入齊，監察齊王。主父偃故意把要告發齊王的事透露給齊王知道，齊王因此在無奈下自殺。這件事傳到趙王耳中，趙王很擔心了解自己底細的主父偃也告發自己，於是便搶先告發其接受諸侯的賄金，惱怒的漢武帝於是逮捕了主父偃。漢武帝雖

以言取怨

孔子曰：「君子欲訥於言而敏於行。」說的就是君子說話言辭要慎重遲緩。因言語不慎而引來怨仇的，必定會招致無窮無盡的災難。一言可以動人、保身、興邦，一言也可樹敵、傷友、喪國，故孔子說：「言行，君子之所以動天地也。可不慎乎！」

主父偃做到中大夫，炙手可熱，眾大臣均巴結討好主父偃。主父偃曾希望把自己的女兒嫁給齊王，但遭到拒絕。顏面掃地的主父偃上書漢武帝，述說齊國的威脅，於是漢武帝便派主父偃為齊相入齊，監察齊王。主父偃故意把要告發齊王的事透露給齊王，齊王被迫自殺。

這件事傳到趙王耳中，趙王很擔心瞭解自己底細的主父偃也告發自己，於是便搶先告發其接受諸侯賄金，惱怒的漢武帝逮捕了主父偃。以前那些行賄過主父偃的大臣及主父偃曾得罪過的大臣，便紛紛落井下石。可悲的是主父偃的數千賓客，竟沒一個人為他收屍，只有孔車一人埋葬他。

古語道：君子慎言，禍從口出。就是說，作為一個有德行的人，不要對人、對事妄加評論，要言有據、話有理。

不想殺主父偃，但朝中大臣都因主父偃喜歡揭人隱私而頗為害怕，紛紛落井下石。可悲的是主父偃的數千賓客，竟沒一個人為他收屍，只有孔車一人埋葬他。主父偃死於揭發別人隱私，可謂「禍從口出」。

俗話說：「君子慎言，禍從口出」。那我們要怎麼做才能慎言呢？韓非子曾寫一篇《說難》，談的都是說話的困難的問題，韓非子本身有口吃，所以他的《說難》應該更具針對性。這裡面也就是現代人所說的說話的藝術。和別人說話時，必須摸清對方的心理，有的人好功名，惜名聲，而輕財利，這時假如你與他論財利，他一定會疏遠你，但如果你只和他談功名，又會使他的榮譽心受到傷害，這是典型的話不投機。相對地，有些人口是心非，雖標榜榮譽，但內心卻愛慕財利，若你和他談慷慨樂捐的事，他雖然和你侃侃而談，也裝作很有興趣的樣子，其實內心也一定打算疏遠你了。

正所謂飯能亂吃，話不能亂講。說話要看對象，既要考慮對方的感受，也要考慮時間和地點，切不可傷人自尊心。有些話能說，有些話不能說。說話前要深思熟慮，考慮清楚，切不可因一時衝動而脫口而出，即使所說的話是真話。話也分好壞對錯，要仔細考慮清楚，此話會不會惹來別人的猜忌憤恨？會不會有損於良好的社交形象？然後再說出來。在日常生活中，因為一句話而夫妻反目、朋友結仇的例子比比皆是。

講話還要看時機，機會未到時，不可以說早，但時機一到，當說則說，不說反而不好，且言多必失，因而說話以少為妙，但說話少還不如說話好，話少而精為妙。修養高的人深知言多必失，所以三思而後言；有信義的人，恐怕多說話不能兌現而失信於人，也不敢多說或輕諾；思慮深沉的人，恐洩漏機密情感，被人抓住把柄，也不敢多言。善說話者，話雖然不多，但句句中肯而恰當，因此話妙比話少更勝一籌。

說話時如果不假思索，想到就說，這樣在無意之間，個人的弱點就完全曝露了出來，「片言之誤，可以啟萬口之譏」。出言吐語直接反映了一個人的修養問題。出言「溫文爾雅」，謂之君子；出言「直爽磊落」，謂之豪傑；出言「藏頭露尾」，謂之陰狠；出言「暴戾恣睢」，謂之莽夫；出言「油腔滑調」，謂之小人，人格使然。

語言是溝通的工具，人與人之間的相處、了解、溝通，多是依賴語言交流。語言技巧的高低，與這個人的為人處世，甚至是與其成就大小有直接關係。說話技巧好，一席話說得人家心悅誠服，心花怒放，芥蒂消除，冰釋前嫌；說話不講技巧，措辭失當，引起誤會，感情日惡，令人動氣，肝火上升。

因而，說話這門藝術，是不得不慎重對待的。

不可妄言

　　飯能亂吃，話不能亂講。說話要看對象，既要考慮對方的感受，也要考慮時間和地點，切不可傷人自尊心。

　　「片言之誤，可以啟萬口之譏」。出言吐語直接反映了一個人的修養問題。出言「溫文爾雅」，謂之君子；出言「直爽磊落」，謂之豪傑；出言「藏頭露尾」，謂之陰狠；出言「暴戾恣睢」，謂之莽夫；出言「油腔滑調」，謂之小人，人格使然。

　　話少不如話好，話好而巧為妙。修養高的人深知言多必失，所以三思而後言；有信義的人，恐怕濫說話不能兌現而失信於人，也不敢多說或輕諾；思慮深沉的人，恐洩漏機密情感，被人抓住把柄，也不敢多言。

　　楚國人過年請客，親朋好友們陸陸續續都過來了，還有一個朋友都快天黑了還沒到來，主人心急呀，想表示對這位朋友的尊重便說道：「這該來的怎麼還沒來呀？」其他的朋友聽到了，心裏很不舒服，「那我們是不該來的了？」於是很氣憤地走了一批，主人一看怎麼走了呀？於是為了表示對他們是很尊重的：「這不該走的怎麼都走了呀？」於是最後一個都給氣走了：「那我就是該走的啦！」

出爾反爾，自取其辱

原文：

令與心乖者，廢；後令謬前者，毀。

4

> 注曰：「心以出令，令以心行。號令不一，心無信而事毀棄矣！」
>
> 王氏曰：「掌兵領眾，治國安民，施設威權，出一時之號令。口出之言，心不隨行，人不委信，難成大事，後必廢亡。號令行於威權，賞罰明於功罪，號令既定，眾皆信懼，賞罰從公，無不悅服。所行號令，前後不一，自相違毀，人不聽信，功業難成。」

● 解讀

原文所要表達的意思是，做人需言出必行，如果心口不一，言行不一致，那麼做事就會半途而廢。或者是出爾反爾，食言而肥，這樣的人做事也會失敗。

說一套，做一套；口是心非，當面是人，背後是鬼。規則朝令夕改，出爾反爾，屬下就無所適從，任何政令都無法得到執行。國君言行不一，出爾反爾的話，就會失去民心，民心渙散，進而喪國。歷史上不乏這樣的事例。故孔子曰：「人而無信，不知其可也！大車無輗，小車無軏，其何以行之哉？」說的就是人如不講信用，恐怕難以立身處世！這就好比大車沒有輗（古代大車轅端與衡相接的部分），小車沒有軏（古代小車轅頭上連接橫木的關鍵），那怎麼能夠行走呢？孔子又曰：「自古皆有死，民無信不立」，作為普通百姓都以信為立身的根本，那麼作為一國之君者更應該以信為本，一國之君若不誠信，導致信任度降低，影響的將是整個國家的前途，而非是幾個人的利益。歷史上不乏這樣的故事，比如昏庸無道的周幽王為博褒姒一笑，竟點燃了只有在外敵入侵需要召集諸侯來救援時才能點燃的邊關烽火。烽火就相當於國家的號令，進一步展現的是國家的信用。周幽王玩人失德，自取其辱，因此身死國亡。

周幽王死於失信，他失信的是整個國家的信用。上位者如想成為一個成功的統治者，需以德服人，以信取信於民。人無信不立，國無信不強。季康子曾問孔子：「要使老百姓恭敬、忠誠和勤勉，應該怎樣做呢？」孔子說：「君主以身作則，帶頭示範，百姓便會照著學，跟著做。秦國的商鞅變法，為何會立木取信？民心是立國之本，失去民心便意味著失國。欲立國，便需取信於民。何以取信？君主需言必信，行必果，使百姓真心擁護，方可成大事。」

人無信不立

　　孔子曰：「人而無信，不知其可也！大車無輗，小車無軏，其何以行之哉？」說的就是人如不講信用，恐怕難以立身處世！這就好比大車沒有輗，小車沒有軏，那怎麼可以行走呢？孔子又曰「自古皆有死，民無信不立」。

　　人無信不立，國無信不強。要使老百姓恭敬、忠誠和勤勉，應該怎樣做呢？君主以身作則，帶頭示範，百姓便會照學跟做。周幽王把國之令信當成是博取美女一笑的工具，這種失信於國、失信於民的行為直接導致了國家的滅亡。

　　《史記》記載周幽王昏庸無道，為博美女褒姒一笑，烽火戲諸侯。時隔不久，敵人來犯，諸侯上了一次當便不再相信他。→ 烽火點著了，卻沒有一個人來救援，京城裏的駐軍很少，駐軍首領鄭伯友出去抵擋了一陣。可是由於他的人馬太少，最後被敵人圍住，亂箭射死了。→ 周幽王和虢石父都被西戎殺了，褒姒被擄走。這就是周幽王玩人失德，自取其辱，身死國亡。

退避三舍

　　當年晉公子重耳（晉文公）逃亡在楚國時，楚王收留了他。他問重耳將來怎樣報答自己。重耳說：「要是托您的福，果真能回國當政的話，我願與貴國交好。假如有一天，晉楚交兵，我將『退避三舍』再與您交兵。」以後晉楚在城濮交戰，晉文公遵守諾言，把軍隊後撤九十里。

　　這種言而有信的行為，在征服小國原時也曾發生。晉文公在攻原時，曾聲稱如三天攻不下原，便撤軍而歸。三天過去了，原已岌岌可危，但晉文公依約退兵，深受震撼的原便歸順於晉。春秋戰國時期，各諸侯國還是很講究以德服人、以義得天下的理念，晉文公得以稱霸中原，不是沒有其道理的！

5

不怒而威，君主之尊

原文：

> 怒而無威者，犯；好直辱人者，殃。

> 注曰：「文王不大聲以色，四國畏之。故孔子曰：『不怒而威於鈇鉞。』己欲沽直名而置人於有過之地，取殃之道也！」
>
> 王氏曰：「心若公正，其怒無私，事不輕為，其為難犯。為官之人，掌管法度、綱紀，不合喜休喜，不合怒休怒，喜怒不常，心無主宰；威權不立，人無懼怕之心，雖怒無威，終需違犯。言雖忠直傷人主，怨事不關己，多管有怪；不干自己勾當，他人閒事休管。逞著聰明，口能舌辯，論人善惡，說人過失，揭人短處，對眾羞辱；心生怪怨，人若怪怨，恐傷人之禍殃。」

● 解讀

原文所要表達的意思是，只是大聲呵斥但卻沒有懾服人的力量，一定會受人輕視，人家就敢冒犯他。喜好以別人的痛苦來取悅大家的人，自己也必會遭殃。

當然統治者的威嚴不是裝出來，他不是故意嚇唬人的，這是一種內在的修養。威嚴分三種，有的不怒而威，有的怒而有威，有的則雖怒不威。怒不是目的，威懾才是真。不怒自威，不是平常人能做得到的，這是需要深厚的道德修養和強大的辦事能力征服眾人，久而久之，其身上便顯示出一種令人信服的氣質。不怒自威的多是上位者，他們面對、經歷的事情養成了他們的沉默不多言，但發言絕對一語中的，征服眾人。不怒自威在國家方面，表現為萬國來朝。

據《史記》記載說周文王平時修德行善，無論是對待自己的臣民還是周遭的國家，都以寬和為主，因而使得諸侯背叛商紂王來歸依他。又說周文王禮賢下士，故天下名士多歸附於他。周文王雖從不聲色俱厲，但四鄰國家都怕他，所以說周文王以文治國，不怒自威。

這種不怒而威，不是靠嚴苛，而是靠寬和待人。對待臣屬應尊重其人格，不可惡語傷人。宋《五燈會元》中有這樣一句話：「利刀割肉瘡猶合，惡語傷人恨不消。」一句脫口而出的惡語會讓人銘記終生，最終會自食惡果。三國時的禰衡，總是惡語傷人，曹操不殺、劉表也不殺，但最終是死在了黃祖手中。

不怒自威

　　上位者的威嚴是一種內在的修養。有的不怒而威，有的怒而有威，有的則雖怒不威。怒不是目的，威懾才是真。

　　宋《五燈會元》中有這樣一句話：「利刀割肉瘡猶合，惡語傷人恨不消。」一句脫口而出的惡語，會使被辱的人銘記終生，如碰上度量狹小之人，恐會藉機報復。統治者在管理下屬的過程中，需寬和、謹慎，否則將難以長久。周文王便是以寬和作為施政的中心，致使四夷來朝，這是周武王能戰勝商紂的最重要的原因。

惡語傷人

　　良言一句三冬暖，惡語傷人六月寒。一句良善有益的話，能讓聽者即使身處三冬嚴寒也備感溫暖；相反，尖酸刻薄的語言，傷害別人的感情和自尊心，即使在六月大暑天，也會讓人覺得寒冷。

　　語言是一門藝術，運用得當與否，對其一生有重大的影響。三國的禰衡，自恃才華，傲視群雄，出口咄咄逼人，不給人留一點顏面。不能說禰衡的觀點和學識有錯誤，而是表達方式讓人接受不了。人要臉，樹要皮，萬不可傷人自尊。

寬厚待人，禮敬有加

原文：

戮辱所任者，危；慢其所敬者，凶。

6

注曰：人之云亡，危亦隨之。以長幼而言，則齒也；以朝廷而言，則爵也；以賢愚而言，則德也。三者皆可敬，而外敬則齒也、爵也，內敬則德也。

王氏曰：人有大過，加以重刑；後若任用，必生危亡。有罪之人，責罰之後，若再委用，心生疑懼。如韓信有十件大功，漢王封為齊王，信懷憂懼，身不自安；心有異志，高祖生疑，不免未央之患；高祖先謀，危於信矣。心生喜慶，常行敬重之禮；意若憎嫌，必有疏慢之情。常恭敬事上，怠慢之後，必有疑怪之心。聰明之人，見怠慢模樣，疑怪動靜，便可迴避，免遭凶險之禍。

● 解讀

原文所要表達的意思是，當權者要信任自己的臣屬，一旦開始迫害幫助自己的下屬，害人終害己，當權者也不會有好下場，歷代昏君大多如此，而如果當權者怠慢之前尊重有加的賢士，這說明這個上位者的雄心大志已經沒有了，不願意再聽取別人的意見，一心只顧貪圖安逸，故步自封了。這是很危險的事情，無論是對國家、君主，還是對臣屬、百姓。

大家所熟知的明代著名抗清將領袁崇煥炮傷努爾哈赤，殺悍將毛文龍，率軍解北京之圍，卻因功高震主，最終因崇禎帝的疑心而喪命。從崇禎帝的角度出發，有疑心是人之常情，但不能因疑心而殺大將。作為君主，為避免將領獨霸一方的局面，最好的方法便是分權，讓將領相互制衡、相互監督，用某種體制來約束雙方，從而保證疑心者和被疑者之間的誠信，宋太祖杯酒釋兵權的例子和宋代的兵制在分權方面就是很好的示範。

孔子曰：「君子有三畏：畏天命，畏小人，畏聖人之言。小人不知天命而不畏也，狎大人，侮聖人之言」。此處的畏並不是害怕，而是尊敬，是一種謙遜的態度。人，總是有所敬畏的，敬畏天命、敬畏權勢、敬畏至理名言。所謂的天命即是道，即人無法逆轉的規律。人對其無可奈何，只能向它表示敬畏。大人指的是芸芸眾生，他們可以載舟，亦可覆舟，也需禮敬。聖人的思想釋放著思想的光芒，對現實生活深有啟發，更需要敬畏。小人因不忌諱這些，因而變得放肆、荒誕不經、妄自尊大，行事毫無章法，最終的結果可能是自取滅亡。

用人之術

　．居高位者，不可不知用人之術。用好一人，大事可成；用錯一人，萬事皆休。

歷史上也不乏因錯用人而鑄成大錯的，即使是諸葛亮這樣的智者也會犯這樣的錯誤。

　　「千里馬常有，而伯樂不常有。」周文王得姜子牙而奠定了西周的基礎；秦穆公用五張羊皮，從楚國換回了百里奚，才成為春秋霸主之一；孟嘗君靠雞鳴狗盜之徒才得以保命，靠馮諼的「薛國市義」、營造「狡兔三窟」等活動才得以恢復相位。

敬畏之心

　　敬畏表示的是一種謙遜的態度，這也是人生的態度。

　　唐太宗的「民可載舟，亦可覆舟」、「以銅為鏡，可以正衣冠；以古為鏡，可以知興替；以人為鏡，可以明得失」，便表明了這種謙虛的態度，因而才開創了大唐的盛世。

　　人外有人，天外有天。個人的修養見識都是有限的，且是有區域性盲點的，世界萬物時刻處在變換之中，詭譎難測，因而不可太狂妄自大。即使是在志得意滿之時也須持有一份憂患之心。

親小遠賢，自取滅亡

原文：

　　貌合心離者，孤；親讒遠忠者，亡。

　　注曰：「讒者，善揣摩人主之意而中之；而忠者，推逆人主之過而諫之。讒者合意多悅；而忠者、逆意者多怨。此子胥殺而吳亡；屈原放，而楚滅是也。」

　　王氏曰：「賞罰不分功罪，用人不擇賢愚；相會其間，雖有恭敬模樣，終無內敬之心。私意於人，必起離怨；身孤力寡，不相扶助，事難成就。親近奸邪，其國昏亂；遠離忠良，不能成事。如楚平王，聽信費無忌讒言，納子妻無祥公主為后；不聽上大夫伍奢苦諫，縱意狂為。親近奸邪，疏遠忠良，必有喪國、亡家之患。」

● **解讀**

　　原文所要表達的意思是，君主和臣子表面上和樂融融，同心協力，但實際上臣子各自有自己的打算，這樣的君王必然勢單力孤，而那些親近佞臣、聽信讒言、疏遠忠臣、拒聽忠言的君主，必定會招致國家的滅亡。

　　為什麼說是表面和樂呢？因為花言巧語之人，揣摩君主的意圖而投其所好，而忠心耿耿的人卻總是勸誡君王。平心而論，無論是誰，也不願意聽那些指責自己錯誤的話語，更何況是高高在上的君王，因而便形成了合他心意的就高興，不合他心意的就發怒。伍子胥勸諫吳王而被殺，吳國也滅亡了；屈原勸諫楚王而遭放逐，不久楚國也滅亡了。這兩者就是這樣的例子。

　　親賢用賢，遠小避小，上到帝王將相、達官貴人，下至平民百姓、三教九流，無不適用。此事至關重要，大至社稷的穩固與覆亡，小至平民百姓的身家性命，無不涉及。

　　孔子曰：「惟女子與小人難養也」。凡是有人的地方，有「君子」，也就會有「小人」。古今中外，無一例外。自古以來，無論是帝王將相、先賢聖人，還是平民百姓，「近賢遠小」都是必須的，事關身家性命。但是，有幾人能做到？有幾人能做好？

　　親小人，遠賢臣而敗亡的歷史教訓太多了。商紂遠賢親佞，逼死比干，逼瘋箕子，自己也落到個鹿台自焚的下場。楚懷王不聽信屈原的忠心進諫，反而親近小人兩次放逐他，楚國的滅亡也是在預料之中的事。在中國歷代王朝中，不乏因親佞遠賢而致使國家衰落直至亡國的例子，因而在新的王朝初興之際，明君賢臣多會對前代的王朝進行總結，親賢遠小無疑是其中的一個經驗教訓，諸葛亮在《出師表》中便勸誡劉禪：「親賢臣，遠小人，此先漢所以興隆也；

讒言誤國

　　親賢用賢，遠小避小，上到帝王將相、達官貴人，下至平民百姓、三教九流，無不適用。此事至關重要，大至社稷的穩固與覆亡，小至平民百姓的身家性命，無不涉及。

吳國大宰伯嚭貪財好色。夫差擊敗越國時，文種賄賂伯嚭，伯嚭便竭力勸說夫差受降，使勾踐免於一死。後陷害伍子胥，伍被迫自刎。

燕國名將樂毅，功勳蓋世，卻禁不住燕惠王身邊的小人挑撥，只好逃亡越國。

　　讒言是小人的專利，忠言是正直者的墓碑。「親賢臣，遠小人」則事業成，國家興。讒言順心，忠言逆耳。要防小人、近賢人，須頭腦清醒、心明眼亮，明辨是非，不輕信讒言，小人也就無法興風作浪。對小人也需敬而遠之，不然也會反遭其亂。孔子曰：「小人近之則不遜，遠之則怨。」

名將廉頗、李牧為趙國立過大功，被趙王的寵臣郭開等人誣陷，一個倉皇逃命，一個被殺。

曹魏名將鄧艾，立下平蜀第一功，遭主帥鍾會嫉恨，以謀反罪誅之。

秦檜勾結金人與趙構合謀製造冤案，陷害忠良。

親小人，遠賢臣，此後漢所以傾頹也。」其意即是說，親近賢臣，遠避小人，這是漢朝前期所以能夠興盛的原因；親近小人，遠避賢臣，這是漢朝後期所以衰敗的原因。東漢時桓帝和靈帝信任宦官直至亡國，這樣的經驗教訓對於身為漢王室後裔的劉備是觸動最深的，身為劉備股肱之臣的諸葛亮也深知這一點，因而在出師北伐前，對劉禪諄諄教導，可惜劉禪未能聽取諸葛亮的教誨，蜀漢的滅亡也就在預料之中了。扶不起的阿斗終究未能鬥得過曹魏。

親佞遠賢，大則致國亡，小則害人性命，這是對上位者來說的；對下位者來說，很多忠臣就是受誣陷而死，歷史上這樣的例子很多。歷史上著名的大臣伍奢、伍子胥父子便是死在了聽信佞言的君主手上。

據說，楚平王即位後，分別任命伍奢、費無忌為太子太師和太子少師，太子建尊重伍奢而嫌惡費無忌，因此費無忌便暗自懷恨。當太子建十五歲時，費無忌進諫平王說太子建應成家立室，楚平王因此為太子建聘秦女孟嬴為夫人，命費無忌前去迎親，費無忌發現孟嬴貌美便建議平王自娶。楚平王很好色，便不顧道德，自娶孟嬴為夫人並對費無忌益加寵信。後楚平王採納費無忌的建議，派太子建去鎮守城父，次年費無忌便誣告太子建與伍奢密謀聯合齊、晉反叛。平王聽信讒言，嚴加詰問伍奢，並派人處死了太子建、伍奢和伍奢的長子伍尚。

被迫逃亡的伍子胥於是帶著太子建之子逃到吳國，成為吳王闔閭重臣。西元前506年，伍子胥帶兵攻入楚都，報了父兄之仇。在伍子胥的協助下，吳王遂成為諸侯一霸。在伍子胥出使齊國期間，與伍子胥不和的太宰伯嚭乘機向吳王夫差（闔閭之子）進讒，以復仇一事為例，言伍子胥為人強硬凶惡，沒有情義，猜忌狠毒，他的怨恨恐怕要釀成深重的災難。並誣陷伍子胥使齊是為將兒子託付給齊國的鮑氏，以便聯吳謀反，以報不受重用之仇。夫差聽此言，覺得言之有理，便賜死了伍子胥。伍子胥臨時之前，仰天長嘆說：「唉！奸臣作亂，吳國將不保。我為吳國立下汗馬功勞，本並不期望你來報答我，可沒想到你會如此對待我。」伍子胥死前囑咐門客在墳前種上樹木，以為吳王做棺材用，還要門客把他的眼掛在吳國都城的門樓上，要看著越國的軍隊是如何進入吳國的，於是便自刎而死。九年後，吳國果然為越所滅。

伍子胥父子都是死在聽信讒言的昏君手裡，而這兩位昏君也自食惡果。有人說：「讒言是小人的專利，忠言是正直者的墓碑。」雖明知「親賢臣，遠小人」則事業成，國家興。但實際上卻沒有幾個能做得到，為什麼呢？讒言順心，忠言逆耳。要防小人、近賢人，需頭腦清醒、心明眼亮，明辨是非，不輕信讒言，小人也就無法興風作浪。對小人也需敬而遠之，不然也會反遭其亂。孔子曰：「小人近之則不遜，遠之則怨。」

伍子胥之死

楚平王

楚平王為太子建聘秦女孟嬴為夫人，命費無忌到秦國去迎親。楚平王聽費無忌讒言強娶兒媳。自此，楚平王對費無忌就格外寵信了。

太子

楚平王即位後，命伍奢為太子太師，命寵臣費無忌為太子少師，太子建尊重奢而嫌惡費無忌，費無忌暗自銜恨。

費無忌

費無忌暗自銜恨太子。西元前523年，楚平王採納費無忌的建議，派太子建去鎮守城父。次年費無忌誣告太子建與伍奢密謀以齊、晉為外援發動叛亂。平王信以為真，召見伍奢，嚴加詰問。

伍奢規勸平王不要親佞臣而疏骨肉，但平王執迷不悟，殺死了太子建、伍奢及奢長子伍尚。只有伍奢的次子伍子胥帶太子建之子逃到了吳國。

伍奢

夫差聽信太宰伯嚭的讒言，也認為伍子胥有謀反的意圖，於是派人把屬鏤寶劍賜給伍子胥，讓他自殺。伍子胥仰望天空歎息說：「唉！讒言小人伯嚭要作亂，大王反來殺我。我使你父親稱霸，又令你登上太子之位。你立為太子後，還答應把吳國的一部分賜給我，我並不指望你來報答我，可現在你竟聽信諂媚小人的壞話來殺害長輩。」伍子胥自殺。

沉迷美色，誤國廢事

原文：

> 近色遠賢者，昏；女謁公行者，亂；私人以官者，浮。

注曰：「如太平公主，韋庶人之禍是也。淺浮者，不足以勝名器，如牛仙客為宰相之類是也。」

王氏曰：「重色輕賢，必有傷危之患；好奢縱欲，難免敗亡之亂。如紂王寵妲己，不重忠良，苦虐萬民。賢臣比干、箕子、微子，數次苦諫不肯；聽信怪恨諫說，比干剖腹、剜心，箕子入官為奴，微子佯狂於市。損害忠良，疏遠賢相，為事昏迷不改，致使國亡。后妃之親，不可加於權勢；內外相連，不行公正。如漢平帝，權勢歸於王莽，國事不委大臣。王莽乃平帝之皇丈，倚勢挾權，謀害忠良，殺君篡位，侵奪天下，此為女謁公行者，招禍亂之患。心裡愛喜之人，多賞則物不可任；於官位委用之時，誤國廢事，虛浮不重，事業難成。」

● **解讀**

原文所要表達的意思是，沉迷女色、疏遠賢臣的君主，必定是一個昏庸無能的君主。以錢謀官，任命缺德少才之人擔任官職，是十分危險的事。

「設想英雄垂暮日，溫柔不住住何鄉？」這句詩道盡了千古英雄之不幸，自古英雄難過美人關，因而英雄多毀在一個色字上。三國時的貂蟬以美色誘使呂布殺董卓，為漢朝除去了一大禍害。讒言舒心，美色賞心悅目，更何況那些君王未必是英雄，哪禁得起美色的誘惑，而不疏遠賢臣呢？昏君一旦沉迷酒色，便必然會引起眾人爭權，而妃子、宦官、外戚是離皇帝最近的人，最得力的當是后妃，枕邊風起，天下寒流矣！

商朝最後一個君主帝辛，也稱紂王，是歷史上著名的暴君。周人給商紂王定的六條罪狀之一，就是聽信婦言。據說商紂本人是個才思敏捷，具有非凡才能的帝王，但是在遇到妲己後，一切便變了，迷戀妲己竟到了「妲己之所譽貴之，妲己之所憎誅之」。鹿台、鹿園、「酒池」、「肉林」等，全是為妲己所建，紂王荒理朝政，日夜宴遊，不但如此，妲己喜歡聽人慘叫，紂王為了討好妲己，竟重制了「炮烙之刑」，令犯人走在炭火灼燒的銅柱上，並在跌落炭火中時，不時發出慘叫聲。比干進諫紂王說：「不修先王之典法，而用婦言，禍至無日。」然而，被妲己迷的頭昏腦脹的紂王竟把比干「剖心而觀之」，以印證「聖人之心有七竅」的說法。紂王的無道，激起人民的反抗。

因而在歷史上，妲己和褒姒之類的美女便成為了紅顏禍水的代名詞，幾乎在王朝更迭中佔據了重要的位置。中國歷史上的四大美人：西施、王昭君、貂

炮烙之刑

「設想英雄垂暮日，溫柔不住住何鄉？」這句古詩道盡了千古英雄之不幸，自古英雄難過美人關，因而英雄多毀在一個色字之上。

炮烙之刑是商紂王在位時，為了鎮壓反抗者所使用的一種殘酷的刑罰。《史記‧殷本紀》：「紂乃重刑辟，有炮烙之法。」炮烙也叫「炮格」。

一是說用炭火燒熱銅柱，令犯人爬行柱上，犯人墮入火中而死。

炮烙行刑過程

二是說鑄一銅格，格下燒炭，令犯人行走格上，犯人墮入火中致死。

炮烙不是商紂王發明的，據《史記‧殷本紀》載，商末，「百姓怨望而諸侯有畔者，於是紂乃重刑辟，有炮烙之法」。可見，刑具早在殷商時候已經被使用。

紅顏禍水

妲己，為中國商朝最後一位君主商紂王的寵妃，人稱：「一代妖姬」。傳說姓蘇，不過有關蘇的來源有不同說法：一種說法認為其父親乃是諸侯蘇護；另外一種說法是，妲己來自一個叫蘇的部落。

妲己是一個美若天仙、能歌善舞、國色天香的美人，在商紂王征伐蘇部落時被好酒貪色的紂王擄入宮中，尊為貴妃，極盡荒淫之能事「，酒池」、「肉林」等乃是紂王為博她歡顏而創，炮烙之刑也是為她重創的。

妲己是被斬首而死，美人妲己被反綁、砍了頭不算，還被掛在小白旗上，給天下人看，說要讓天下的女子都引以為戒。

蟬、楊玉環，幾乎都和國家命運聯繫在了一起。應該說，美女並不是國家衰亡的根本原因，歷朝歷代有那麼多的美女出現，在國家太平時，對國家沒有什麼重大影響，單單在國家衰亡時才把這責任歸在女人身上，這不公平，也沒有道理。國家的責任太重大，不是一個柔弱的女子所能承擔得起，最終的責任還要歸在那些擁有美女的帝王身上。是這些帝王沉迷酒色，不理朝政，使得奸臣當道，國事日衰，民不聊生，從而引得百姓怨聲載道，揭竿而起，使其丟了江山。

每一個王朝的覆滅都有它自身的歷史原因，把江山淪陷或事敗，歸咎於美女身上，以一句「紅顏禍水」開脫，實在有些說不過去。

在國家衰亡的原因當中，朝政腐敗也是原因之一。政治若清明，即使是上位者平庸一些也尚能維持，如果朝政混沌，再碰上一位昏庸之人，那這個國家必然不能維持下去。官員的任命也至關重要，官員是國之大寶，直接關係著國家的興衰成敗。人民就像是金字塔的底座，各級官員則是金字塔的中層。官員是民情上達的通道，把民間的信息逐層上傳，也是解決問題的中層機構。一旦這個管理階層出現問題，民情無法上達，在上位者不能準確地了解民情，並制訂出相應的政策，這個國家金字塔就相當於被攔腰截斷，國家便岌岌可危了。

俗話說：「當官不為民做主，不如回家賣紅薯」，一句話道破了官員的職能，官員是為民做主的，一旦為官不能為民做主，就會積下民怨，形成民憤，民憤一旦爆發，這個國家基本上就走上了盡頭；因而，官員的任命也是攸關國運之事。歷代也很重視官員的任命，像自隋唐開始的科舉制度便是選拔官員的一種方法，而若一個國家出現了以錢謀官的風氣，這個王朝也就開始走上了下坡路。庸碌之輩靠金錢交易當上官，多不具備當官的素質，因而民怨漸聚。國家的根基不穩，危機便蘊藏其中，這是歷代事浮政墮的原因之一。

國神比干

國神比干，子姓之後，商朝沫邑人（今河南省衛輝市北），中國古代著名忠臣，被譽為「亙古第一忠臣」。國神比干也是林氏的祖先。比干（西元前 1092 年－前 1029 年），為商代貴族商王太丁之子。

比干夫人媯氏甫孕三月，恐禍及，逃出朝歌，於長林石室之中而生男，名堅（林姓始祖）。比干為林氏之太始祖。周武王封比干壟，壟為國神，賜後代林姓；魏孝文帝拓跋宏為其立廟宇；唐太宗下詔封諡其「忠烈公」、「太師」；宋仁宗為《林氏家譜》題詩；元仁宗為比干立碑塑像；清高宗祭文題詩；清宣宗修復比干廟正殿。

比干幼年聰慧，勤奮好學，二十歲就以太師高位輔佐帝乙，又受托孤重輔帝辛。干從政四十多年，主張減輕賦稅徭役，鼓勵發展農牧業生產，提倡冶煉鑄造，富國強兵。

比干之死

妲己氣憤朝中流言，說自己空有美色，又聽聞比干有此「七竅玲瓏」之心，便哀求紂王為其取心增智。恰巧比干實在看不下去紂王為了博得妲己一笑，濫用重刑的行為，就向他進諫說：「不修先王之典法，而用婦言，禍至無日。」紂王感覺十分難堪，本不欲發作，但妲己在旁吹風點火，於是把比干「剖心而觀之」以印證「聖人之心有七竅」的說法。一代忠臣就這樣慘死在昏君手上！

恃強者侵，名虛者耗

原文：

凌下取勝者，侵；名不勝實者，耗。

9

注曰：「陸贄曰：『名近於虛，於教為重；利近於實，於義為輕。然則，實者所以致名，名者所以符實。名實相資，則不耗匱矣。』」

王氏曰：「恃己之勇，妄取強勝之名；輕欺於人，必受凶危之害。心量不寬，事業難成；功利自取，人心不伏。霸王不用賢能，倚自強能之勢，贏了漢王七十二陣，後中韓信埋伏之計，敗於九里山前，喪於烏江岸上。此是強勢相爭，凌下取勝，返受侵奪之患。心實奸狡，假仁義而取虛名；內務貪饕，外恭勤而惑於眾。朦朧上下，釣譽沽名；雖有名、祿，不能久遠；名不勝實，後必敗亡。」

● 解讀

原文所要表達的意思是，上位者守之以禮，臣屬者盡之以忠，才能上下同心。相反地，在上者如以勢壓人，以權欺人，必將離心離德，彼此傷害。欺凌弱小而獲勝的人也會得到因果報應，最終自食惡果，名不符實的人也必定會逐漸衰耗，最終被淘汰。

這是告誡上位者不要以強壓下，剛愎自用，需多聽取下屬的意見，博採眾長，這樣才能維持長久的統治。無論是在自然中，還是在社會中，權勢高低、地位職位之別都是必然的，身為上位者，應胸懷大度，不可以權壓人，仗勢欺人。如果氣勢凌人，擠壓下屬，必會遭到下屬的不滿、痛恨，這種怨氣會在某種時候趁勢爆發，對上位者恐怕將造成難以挽回的損失。這也是一種上位者用人的方式。

孟子曰：「君之視臣如手足，則臣視君如腹心；君之視臣如犬馬，則臣視君如國人；君之視臣如土芥，則臣視君如寇讎。」說的是君主把臣下看成自己的手足，臣下就會把君主當作腹心；君主把臣下看成牛馬，臣下就會把君主當成路上遇見的一般人；君主把臣下看成泥土或野草，臣下就會把君主看作仇敵。中國有句成語叫：「以其人之道，還治其人之身」，其原意就是說你如何對待別人的，別人也將如何回報你。英雄識英雄，君子惺惺相惜。上位者如不能珍惜下屬的忠誠，便會落到眾叛親離的下場。

歷史上威風八面的西楚霸王項羽為什麼以自刎於烏江的悲劇收場呢？這和他用人的方式有關，他出生貴族，恃才傲物，因而對待臣屬沒有應有的尊重，在遇到事情時乾綱獨斷、專橫獨行。在鴻門宴中，他臨時改變了定好的計策，才鑄成了放虎歸山的大錯。韓信、陳平都曾是項羽的謀士，但因在項羽處，他

恃強者侵

孟子曰：「君之視臣如手足，則臣視君如腹心；君之視臣如犬馬，則臣視君如國人；君之視臣如土芥，則臣視君如寇讎。」說的是君主把臣下看成自己的手足，臣下就會把君主當作腹心；君主把臣下看成牛馬，臣下就會把君主當成路上遇見的一般人；君主把臣下看成泥土或野草，臣下就會把君主看作仇敵。

項羽的悲哀

項羽作為一軍統帥，性格上孤傲自負，剛愎自用，自恃天下英雄第一，每每遇到突發事件，情緒暴躁，不能冷靜處理。乾綱獨斷，不能體恤下屬疾苦。

到最後，連一直不離不棄、追隨左右的亞父范增也棄之而去，就是由於他的盲目自大、一意孤行，一錯再錯而致。

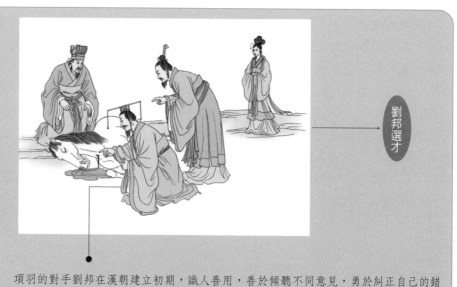

劉邦選才

項羽的對手劉邦在漢朝建立初期，識人善用，善於傾聽不同意見，勇於糾正自己的錯誤，又能容忍別人的過失，不拘一格降人才，如樊噲有勇，張良有謀，韓信會將兵，蕭何會治國。正是靠著這幫將士，劉邦才得以稱雄。

們未得到應有的尊重和發揮，最終一個個地離他而去，連忠心耿耿的范增最終也離他而去。可以說，兵敗垓下，自刎烏江的悲劇是項羽自己一手造成的。相反地，他的對手劉邦知人善任，善於傾聽不同意見，勇於糾正自己的錯誤，對臣屬的過失也很寬容，不拘一格降人才，因而其手下聚集了一批有志之士，如樊噲有勇、張良有謀，韓信會將兵、蕭何會治國。這些人為漢朝的建立出生入死，萬死而不辭，足見劉邦的魅力所在。

劉備當屬收服人心的另一高手，他在臨死之前，托孤給諸葛亮，明言如劉禪不適合做君主，諸葛亮便可取而代之，他明知諸葛亮的忠誠，但為了自己的兒子，還是有必要提醒一下諸葛亮為人臣的本分。無獨有偶，趙子龍獨闖千軍萬馬的曹營，身負重傷帶回了阿斗。劉備見自己的兒子平安無事歸來，能不高興？這是人之常情，但劉備卻立刻要摔死阿斗，責備一個嬰孩竟差點要了自己一員大將的性命。無論劉備是假意還是真心，這種舉動無不感動到在場的臣屬，此後更加忠心為其效力。

作為上位者，光做到體恤下屬是不夠的，還得有名副其實、讓下屬佩服的本事，才能服眾。唐德宗的宰相陸贄說：「官名只是一個頭銜而已，重要的是為老百姓辦實事。百姓有了真實可見的好處，官員才會贏得名聲，有了名聲，權力也隨之而來。名與實相互促進，各方面才會越來越好。」如果名不副實，即使得到了顯赫的頭銜，也會被這頂大帽子壓垮。《後漢書‧黃瓊傳》：「陽春之曲，和者必寡；盛名之下，其實難副。」要做到名副其實很難。

很多人在言行上，雖贏得了很好的聲名，但久而久之卻會因自信心膨脹到一定程度，最終為聲名所累，付出慘重的代價。戰國時期的趙括把兵書戰策背得滾瓜爛熟，說起來頭頭是道，但毫無實戰經驗，理論與實踐嚴重脫節。趙括在對戰況一無所知且對將士的駕馭能力還不穩定的情況下，就武斷地改換了老將廉頗的策略，最終導致了趙軍的慘敗，趙軍四十五萬戰士被白起「活埋」。三國時的馬謖也是這樣一個人，他在南蠻的問題上有很好的表現，因而贏得了諸葛亮的信任和重視，他的才學在蜀漢當中算是很高的，但實踐能力還不如其副將王平。諸葛亮了解他的個性，因而本不想派其守街亭，但抵不住他的軍令狀，這才鑄成了大錯。

名虛者耗

唐德宗的宰相陸贄說：官名只是一個頭銜而已，重要的是為老百姓辦實事。有了真實可見的好處，才會贏得名聲，有了名聲，權力也隨之而來。名與實相互促進，各方面才會越辦越好。如果名不副實，即使得到了顯赫的頭銜，也是會被這頂大帽子壓垮。《後漢書‧黃瓊傳》：「陽春之曲，和者必寡；盛名之下，其實難副。」要做到名副其實很難。

紙上談兵的趙括

戰國時期，戰國名將趙奢的兒子趙括飽讀兵書，對於用兵之道，在理論上連父親也難不倒他，因而，自認為是天下無敵。趙奢認為他是紙上談兵不知變通。趙奢死後，趙括頂替廉頗帶兵，藺相如等人極力反對，但趙王堅持，趙括在長平之戰損兵四十五萬。

街亭是漢中的咽喉地帶，蜀魏雙方軍隊集中於此。孔明要守住街亭，以保漢中的安全，確保蜀兵順利進攻長安，完成他出師北伐復興漢室的夙願。而司馬懿想佔領街亭，以斷絕蜀兵糧道，迫使蜀兵退回漢中。由此可見，街亭的得失關係到蜀魏兩國的命南遲，其重要性不言而喻。

馬謖也有著其致命的弱點，那就是他太年輕，缺少實戰經驗。

馬謖失街亭是因為沒有聽孔明的叮囑和王平的勸告，堅持屯兵於山上而被敵人斷了水。

街亭失守的原因

軍心渙散，被魏軍打敗。馬謖的失利其實是他立功心切所致。

馬謖剛愎自用，大意輕敵，一意孤行。不可否認，街亭的失守，馬謖負有不可推卸的責任。

君子責己，小人責人

原文：

略己而責人者，不治；自厚而薄人者，棄廢。

注曰：「聖人常善救人而無棄人；常善救物而無棄物。自厚者，自滿也。非仲尼所謂：『躬自厚』之厚也。自厚而薄人，則人才將棄廢矣。」

王氏曰：「功名自取，財利己用；疏慢賢能，不任忠良，事豈能行？如呂布受困於下邳，謀將陳宮諫曰：『外有大兵，內無糧草；黃河氾漲，倘若城陷，如之奈何？』呂布言曰：『吾馬力負千斤過水如過平地，與妻貂蟬同騎渡河有何憂哉？』側有守將侯成聽言之後，盜呂布馬投於關公軍士，皆散。呂布被曹操所擒，斬於白門。此是只顧自己，不顧眾人，不能成功，後有喪國、敗身之患。功歸自己，罪責他人；上無公正之明，下無信、懼之意。讚己不能為能，毀人之善為不善。功歸自己，眾不能治；罪責於人，事業難成。」

● 解讀

原文所要表達的意思是，寬於律己，卻對他人求全責備，這樣的人必然不能治理好天下；自以為了不起又看不起別人，這樣的人必定會被別人拋棄。也就是說對己寬容，而對人嚴厲；對自己的過失，千方百計找理由辯解，對別人的失誤卻嚴加苛責，一點不考慮對方的感受，這樣的上位者忘記了「寬則得眾」，過分苛刻便什麼事情也辦不好的道理。很多上位者也會犯一個毛病，有好處自己得，有責任大家擔，甚至是推卸責任，把自己的責任推得乾乾淨淨，這樣的上位者多會失人心，進而失權力，最終自食惡果。

從古至今，「嚴於律己，寬以待人」一直是中華民族的傳統美德，孟子曰：「敬人者，人恆敬之。」這是一個相互對待，相互回報的一種心理。俗話說：「你敬我一尺，我敬你一丈。」你尊重我，我回敬你尊重。你輕視我，我也不會理睬你。人在同別人的相處中，他的關心、尊敬，會同樣贏得別人的關心和尊重。相反地，別人也會以牙還牙，以眼還眼地回敬給你。

在日常生活與工作當中，當自己和他人發生利害關係時，要設身處地替他人著想，己所不欲勿施於人。在與他人相處時，要力求做到施恩莫望報，對別人施恩不要放在心上，甚至應當把它忘記。反過來說，凡是受到他人的恩惠，就應該滴水之恩當湧泉以報。

春秋時的齊國大夫晏嬰雖才華出眾、位高權重，生活卻極為儉樸，他婉拒了齊景公給他的華車豪宅，正是這種嚴於律己的態度贏得了賞識。他對齊景公說：「如果高官貴族都講究吃穿，生活奢靡，百姓就會效仿，整個社會風氣便

不計前嫌

「嚴於律己，寬以待人」是中華民族的傳統美德，孟子曰：「愛人者，人恒愛之；敬人者，人恒敬之。」這是一個相互對待，相互回報的一種心理。俗話說，你敬我一尺，我敬你一丈。《增廣賢文》中有這樣一句話：「以責人之心責己，以恕己之心恕人」說的也是以嚴格要求別人的態度要求自己，以寬容自己的態度寬容別人。

春秋時期，齊國發生了內亂，公子小白在鮑叔牙的護送下，返回齊國，當了國君，就是歷史上的齊桓公。齊桓公在回國途中，曾遭到管仲的暗殺。但暗殺失敗，公子糾和管仲只好躲到魯國去了。

管仲後來被押送回國，鮑叔牙親自到城門外迎接他，還把他推薦給齊桓公。齊桓公不計前嫌接受並重用管仲，管仲果然不負重托，助其成為春秋五霸之一的霸主。鮑叔牙反倒做了他的助手。齊桓公可謂是寬容之至。

孟嘗君被齊國驅逐之後，當他又回到齊國的時候，譚拾子問孟嘗君，是不是怨恨那些曾經跟他做對的人？孟嘗君回答說恨不得殺了他們才解恨。

譚拾子於是用集市人的聚散來向他講述，人在人情在，人走茶葉涼，這就是常理。正如市井買賣一樣，市場上要是有老百姓能買到的東西，他們自然就去了，要是沒有，自然也就散了。在您失勢的時候，一些人遠離你，您不覺著這是很正常的事情嗎？

聽了譚拾子這番話，孟嘗君取出寫有仇人姓名的五百支木劄一刀一刀地把它刮掉了，從此不再提起這事。

會變壞，國家便危急了。我這麼簡樸是為了給百姓做個表率，以防奢華浪費之風盛行，以保國家安定。」齊景公接受了晏嬰的意見。

以嚴於律己，寬以待人的態度處世，不但是做人的一種美德，也是做人的一種智慧。我們不可能僅憑自己的觀念或喜好去從事社會活動，龍生九子，九子各不同，人的品行不同，自然行事的方式便不同，矛盾摩擦是難免的。包容便成為人際情感交流的潤滑劑，更好地促進人們相處。

古人說：「君子責己，小人責人。」《增廣賢文》中有這樣一句話：「以責人之心責己，以恕己之心恕人」，說的也是以嚴格要求別人的態度要求自己，以寬容自己的態度寬容別人。從古至今，都把嚴於律己，當作一個人道德修養的標準。這種方式的核心是強調自律，以責人之心責己，減少自己的過失；以恕己之心恕人，維護良好的人際關係。常言道：「己所不欲勿施於人」，這種推己及人的恕道，是行事的一個重要原則。待人之所以要寬，是為了給他人自省的機會；待己所以要嚴，是為了糾正自己的錯誤。如「以聖人望人，以常人自待」的處事方式行事，便無法跟別人合作，也無法贏得別人的尊重和理解。

抱怨的產生也多是由這種「以聖人望人，以常人自待」的處事方式而來，這便需要我們從自身尋找原因。自己如能做得更好一點，事情是不是也會更好一點呢？其他人的行動和思想我們是無法掌控的，唯一能做的便是用自己的行動去影響他們。將心比心，對別人多點理解與寬容之心吧！

宋代陳亮《謝曾察院君》：「嚴於律己，出而見之事功；心乎愛民，動必關天治道。」但凡曾成就一番事業的人，對自己都有一定的要求。正人必先正己，正己而後正人。宋朝的包拯以青天之稱聞名，在民間就流傳有一則講包拯斬殺自己的侄子包勉的故事。包拯從小由嫂子撫養長大，而包勉是嫂子唯一的子嗣，包勉在其任上侵吞公款，逼死人命。包拯對求情的嫂子說：「我如果不斬殺包勉，以後何以要求別人秉公守法呢？」正是這種正人必先正己的態度才使其名垂青史。

寬以待人

宋代陳亮《謝曾察院君》：「嚴於律己，出而見之事功；心乎愛民，動必關天治道。」但凡曾成就一番事業的人，對自己都有一定的要求。正人必先正己，正己而後正人。

以責人之心責己，減少自己的過失；以恕己之心恕人，維護良好的人際關係。常言道，己所不欲勿施於人，這種推己及人的恕道，是行事的一個重要原則。待人之所以要寬，是為了給他人自省。待己所以要嚴，是為了糾正自己的錯誤。

我們要用自己的愛心去感化別人，用寬容的胸懷去感動別人。也就是說別人怨恨你的時候，不必在意他的怨恨，用自己沒有缺陷的美好德行來對待他人的怨恨。這樣怨恨就很容易化解。

小人責人

「君子責己，小人責人。」從古至今，都把嚴於律己，當作衡量一個人道德修養的標準。但小人往往會把責任全推給別人，而為自己找藉口辯護。

士季勸諫晉靈公要寬以待人，行使仁德的君道。

春秋時晉國的國君晉靈公是個暴君。

晉靈公用增加賦稅的方式聚斂錢財，以用來往牆上塗飾彩繪之用。從高台上用彈弓射人，觀看人們躲避彈弓並以此取樂。廚師燉熊掌因為不熟，被殺後，放於畚中，他命人用裝載著屍體的車從朝廷經過。趙盾、士季看到廚師的手，問明原因後擔心晉靈公無道殺人。大臣趙盾多次勸諫，晉靈公感到很反感，暗中派刺客鉏麑刺殺趙盾。西元前607年，趙盾率兩百名甲士攻靈公於桃園，晉靈公死於劍戟之下。

措置失宜，群情隔息

原文：

　　以過棄功者，損；群下外異者，淪；既用不任者，疏。行賞吝色者，沮；多許少與者，怨；既迎而拒者，乖。

　　注曰：「措置失宜，群情隔息；阿諛並進，私猾並行。人人異心，求不淪亡，不可得也。用賢不任，則失士心。此管仲所謂：『害霸也。』色有靳吝，有功者沮，項羽之刓印是也。失其本望。劉璋迎劉備而反拒之是也。」

　　王氏曰：「曾立功業，委之重權；勿以責於小過，恐有惟失；撫之以政，切莫棄於大功，以小棄大。否則，驗功怨過，則可求其小過而棄大功，人心不服，必損其身。君以名祿進其人，臣以忠正報其主。有才不加其官，能守誠者，不賜其祿；恩德愛於外權，怨結於內；群下心離，必然敗亂。用人輔國行政，必與賞罰、威權；有職無權，不能立功、行政。用而不任，難以掌法、施行；事不能行，言不能進，自然上下相疏。嘉言美色，撫感其勞；高名重爵，勸賞其功。賞人其間，口無知感之言，面有怪恨之怒，然加以厚爵，終無喜樂之心，必起怨離之志。心不誠實，人無敬信之意；言語虛詐，必招怪恨之怨。歡喜其間，多許人之財物，後悔慳吝；卻行少與，反招怪恨；再後言語，人不聽信。」

● 解讀

　　原文所要表達的意思是，抓住人家的過失而棄置人家的功勞，自己也必定會遭受損失。如果上下離心，內外異志，下情不能上達，那麼再好的對策也不能避免國家淪亡的命運。任用人卻不信任，最終將失去人心，使賢人疏遠自己。管仲所說的於霸業有害的策略，就是指此而言。在行事前，大肆許諾，但在論功行賞時，臉上卻顯露出吝惜爵賞的神色，那麼功臣宿將們就會寒心。或者是許諾的多、兌現的太少，這也是結怨的原因。招攬到了人才卻不用，就像請客而拒之門外一樣，只能招致怨恨，這是最蠢不過的舉動。

　　賞罰，是上位者的兩個統治手段，運用得好，則會得到臣下忠心的擁護和賣命效忠，但如果賞罰不公，會引起不滿，造成很大的損失。

　　春秋時期的甯戚想向齊桓公謀求官職，但因貧窮無法結交達官貴人，從而得到舉薦，甯戚便替商人送貨物到齊國，夜晚夜宿在齊國國都的城門外，恰好齊桓公路過城門。甯戚感覺即使距離齊桓公這麼近，自己也無法得到舉薦，便悲傷地拍擊著牛角唱起歌來，齊桓公聽到歌聲便認為甯戚與眾不同，便帶其回城。在隨後的兩次召見中，甯戚的治國理論征服了齊桓公，決定任用這他，但大臣們覺得為了慎重起見，還是查清甯戚的底細比較好。齊桓公卻認為，去查問，是覺得這個人會有些問題、毛病，如果因為這些問題而放棄這個人，那就

用賢不任

　　任用人卻不信任，最終將失去人心，引起賢人疏遠自己。赤章曼枝的諫言得不到國君的重視，痛心之餘投奔了齊國。

> 　　詭計多端的智瑤想出一條毒計，他鑄了一口大鐵鐘，謊稱要獻送給仇猶國的君王。仇猶國君得知這一消息後十分高興，於是便命令大臣調集人馬，劈山斬崖，連夜修路，準備迎接智瑤進獻的大鐘。

仇猶君

赤章曼枝

> 　　大國贈寶給小國，這是看得起我們，也是友好的象徵，我們怎能隨便懷疑人家呢？

> 　　智瑤是晉國赫赫有名的權臣，其為人向來言而無信；何況晉國疆土廣闊，富饒強大，為什麼要用大鐘這樣貴重的禮物來敬送給我們這樣僅有彈丸之地的小國呢？我看其中定然有詐。如果智瑤藉送鐘的名義帶兵來襲，我們的國家就可能要被滅亡了。

　　時隔不久，仇猶君眼看著隨大鐘而來的浩浩蕩蕩的晉軍，知已上當，但悔恨已晚，無奈，只好和妻子雙雙自盡，以表對國家的忠貞。仇猶國就此被滅。

太可惜了。金無赤金，人無完人，不能因為小毛病而棄用人才，這樣會因小失大，而很多人才也是這樣被放棄的。三國時的曹操手下人才濟濟，這與曹操「不拘一格降人才」的用人方式相關，也正是因為如此，曹魏才能在三國中脫穎而出。「不以小惡棄人之大美」，說的便是這個道理。

收攬了人才，就要發揮他的才能，而不是冷落不用，否則就會使這些人才棄你而去。在西元前 458 年，晉國為了進一步擴充自己的勢力，從而與趙、韓、魏抗爭，便派智瑤出兵中山國，順便消滅中山國的盟國仇猶國，但當時仇猶四面環山，易守難攻，不好用兵。智瑤於是藉口送一口大鐘給仇猶國，希望仇猶國修路。仇猶國國君大悅，連忙布置迎接大鐘的事宜。大臣赤章曼枝懷疑智瑤此舉有詐，勸諫國君不要輕信，但未被採納。赤章曼枝很痛心地說：「為人臣不忠貞，罪也：忠貞而不用，遠身可也！」，後「斷轂而驅」，投奔了齊國。時隔不久，果然如赤章曼枝所說，仇猶國被滅，仇猶國國君自殺。

辦事前，慷慨許諾，但到論功行賞時，卻一毛不拔，一概不兌現。這樣的人，永遠成就不了大事業。普通百姓尚須言而有信，更何況是一國之君呢？《史記·貨殖列傳》：「天下熙熙，皆為利來；天下攘攘，皆為利往。」利，是人追逐的動力，人為財死，鳥為食亡。沒有利益的事，人是不會拚命的。無利不起早，如果沒有某種實現的可能性，何必去浪費那些時間呢？項羽便是因為一直未放權，才導致很多人投奔了劉邦。在劉邦建國之初，很多人擔心劉邦過河拆橋，便蠢蠢欲動，因此在張良的建議下，劉邦先封了他最不喜歡的雍齒，以此證明他不會忘記其他有功的將領，從而安撫了不安的眾將，維持了平穩的局面。劉邦的部下之所以追隨劉邦，並以死效忠，多是抱著將來能有一官半職，共享榮華富貴，這是人之常情，如果不能兌現，那付出不是白費了嗎？

以小棄大

對下屬的功績忽略不記，偏好釘著微小的過失不放，這是上位者的一大忌。

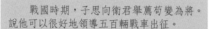

戰國時期，子思向衛君舉薦苟變為將。說他可以很好地領導五百輛戰車出征。

衛君也曉得苟變是個將才，但因為他在一次征賦時曾經吃過百姓的兩個雞蛋，所以衛君沒有任用他。

子思說用人應該用其所長，棄其所短，不能因為吃過別人的兩個雞蛋而放棄大將之才。

多許少與

辦事前，慷慨許諾，但到論功行賞時，卻一毛不拔，概不兌現。這樣的人，永遠成就不了大事業。普通百姓尚需言而有信，更何況是一國之君呢？《史記‧貨殖列傳》：「天下熙熙，皆為利來；天下攘攘，皆為利往。」利是人追逐的動力，鳥為食亡，人為財死。沒有利益的事，人是不會拚命的。這是人之常情，無可厚非。

薄施厚望，有失天理

原文：

> 薄施厚望者，不報；貴而忘賤者，不久。

12

> 注曰：「天地不仁，以萬物為芻狗；聖人不仁，以百姓為芻狗。覆之、載之、含之、育之，豈責其報也？道足於己者，貴賤不足以為榮辱；貴亦固有，賤亦固有。惟小人驟而處貴則忘其賤，此所以不久也。」
>
> 王氏曰：「恩未結於人心，財利不散於眾。雖有所賜，微少、輕薄，不能厚恩、深惠，人無報效之心。」

● 解讀

原文所要表達的意思是，薄施惠於人，卻希望別人加倍回報，時常提醒別人自己對別人的好，他人稍有不滿便惡語相向，必定會導致人們不思報答。人一旦富貴便翻臉不認人，忘記貧賤之交、糟糠之妻，這樣品行的人居高位一定不會長久。黃石公勸諫作為領導者的人對待下屬應該警醒兩件事：

其一是不要薄施厚望。老子說：「施恩時，不要心裡老想著讓人報答，接受了別人的恩惠，卻要時時記在心上，這樣才會少煩惱，少恩怨。」俗話說：「施恩無念，受恩莫忘。」許多人怨恨人情淡薄，好心不得好報，甚至做了好事反而成了冤家，原因就在於做了點好事，就天天盼望著人家報答，否則就怨恨不已，惡言惡語。他們不明白，施而不報是常情，薄施厚望則有失天理。

施恩莫望報，是一種純潔質樸的行為，只需要一顆平常心便可做到。產生怨恨也是因為不滿足，是心不靜。施恩是一種自願而快樂的行為，如想得到更多的回報，那不如不要施恩，反而給自己造成心理負擔。

施恩莫望報，因為並非每個受恩者都會感恩。有時施恩反而可能傷害到受恩者的尊嚴，「嗟來之食」的施捨不會被人接受。施恩莫望報，貴在其誠。施恩者和受恩者是平等的，施恩者並不能因為施恩於人而感覺高人一等，從而盛氣凌人；受恩者也不會因為你的恩惠而感覺低人一等，對你言聽計從。受恩者對施恩者心懷感激是自願的，即使不懷感激，施恩者也不應強求，這是一種心情。

你如何對待別人，別人就會如何對待你，要想得到別人的回報，就得付出相應的努力。戰國時，諸侯爭霸，戰爭不斷，再加上天災人禍，老百姓苦不堪言。有一年，鄒國與魯國交戰後戰敗，鄒穆公認為鄒國的老百姓不支持自己的國家，於是向孟子請教如何處罰這些百姓。

鄒穆公說：「在這次戰爭中，我的官吏死了很多人，百姓們眼看著他們被

薄施厚望

薄施惠於人，卻希望別人加倍回報的，時常提醒別人自己對別人的好，他人稍有不滿，自己便惡語相向，必定會導致人們不思報答。

孟子說：「在荒年裏，百姓餓殍滿地，無糧可食時，您在做什麼？您的糧庫裏糧食滿滿的，您卻不開倉賑濟災民。您的官員依然花天酒地，不顧百姓死活。您抱怨百姓見死不救，您的官吏當時救過他們嗎？」

鄒穆公

孟子

鄒穆公說：「在這次戰爭中，我的官吏死了很多，百姓們眼看著他們被殺卻坐視不救，實在可惡！我想全部殺掉他們，但是百姓那麼多；不殺吧，我惡氣難消，你說我該如何處置這些人？」

您怎樣對待別人，別人也就怎樣回報您。如果您當時好好對待他們，他們也會回報您的，現在這樣又怨得了誰呢？

鄒穆公聽了孟子的話，啞口無言，面帶愧色地退去了。

殺卻坐視不救，實在可惡！我想全部殺掉他們，但是百姓那麼多；不殺，我又惡氣難消，你說我該如何處置這些人？」孟子說：「在荒年裡，當百姓餓殍滿地，無糧可食時，您在做什麼？您的糧倉裡充滿了糧食，您卻不開倉賑濟災民。您的官員依然花天酒地，不顧百姓死活。您抱怨百姓見死不救，但您的官吏當時救過他們嗎？您怎樣對待別人，別人也就怎樣回報您。如果您當時好好對待他們，他們也會回報您的，現在這樣又怨得了誰呢？」鄒穆公啞口無言。

其二是不要貴而忘賤。有一種人一旦富貴了或掌權了，就翻臉不認人，這是一種典型的小人得志心態。貴賤榮辱，是時運機遇造成的，他們只是機遇好而已，並不是他們真比別人高明多少。倘若因此而目空一切，高高在上，一旦厄運當頭，榮華富貴即在轉眼間變成泡影，自己也失去了更多的東西。這時便將是眾人落井下石之機。子曰：「貧而無怨難，富而無驕易。」這是一種寵辱不驚的心態。古語說：「芝蘭生於幽林，不以無人而不芳；君子修道立德，不為窮困而改節。」富貴不忘本，才是智者所為。一旦無法控制那顆飄飄然的心，也就失去了最基本的判斷力，離失敗也不遠了。理智的人會記得自己曾經吃過的苦、學到的經驗、受過的恩，而不會斷然否定這一切。過去的一切是自己的積蓄，斷然否定了過去，也就否定了自己的價值。

晉朝的名將陶侃家境貧寒，歷經艱難才成為晉朝的大將。陶侃書房裡有一堆白磚，他總是每天早晨把白磚搬到書房的外面，傍晚又把它們搬回書房裡。對於這種怪異的行為，他解釋說是怕過分的悠閒安逸，會讓身體變虛弱而不能承擔大事，所以才使自己辛勞罷了。陶侃很重視農耕，有一次見到有人摘取未成熟的稻子玩，便大怒道：「你既不種田，又拿別人的稻子戲耍！」隨即鞭打了這個人一頓。在造船的時候，陶侃常命人把木屑和竹頭都收藏起來，人們都暗笑他出身貧寒，到現在還是那麼小氣。後來才發現木屑是用來鋪在有積雪的地面，而竹頭則是釘船的工具。陶侃身為大將還能保持這樣簡樸的作風，不忘本，實在難得。

貴而忘賤

子曰：「貧而無怨難，富而無驕易。」這是一種心態，榮辱不驚的心態。古語說：「芝蘭生於幽林，不以無人而不芳；君子修道立德，不為窮困而改節。」富貴不忘本，才是智者所為。

晉朝的名將陶侃家境貧寒，歷經艱難才成為晉朝的大將。但陶侃時刻不忘自己的本分，他很重視農耕，一次見到有人摘取未成熟的稻子玩，他大怒說：「你既不種田，又拿別人的稻子戲耍！」隨即鞭打了這個人一頓。另外在生活上，陶侃也很節儉。這並不是說陶侃吝嗇，而是他在貧窮的生活中養成的一種生活習慣。

　　貴賤榮辱，是時運機遇造成的。有人一旦富貴，便把自己舊有的東西全部拋棄，這也是否定了自己的過往。貴而忘賤，災自奢生；迷而不返，禍從惑起。災難也起自得意忘形，喪失了最起碼的約束，災禍自然會找上門來。

用人不當，岌岌可危

原文：

　　念舊怨而棄新功者，凶；用人不得正者，殆。

　　　注曰：「切齒於睚眥之怨，拳拳於一飯之恩者，匹夫之量。有志於天下者，雖仇必用，以其才也；雖怨必錄，以其功也。漢高祖侯雍齒，錄功也；唐太宗相魏鄭公（征），用才也。」

　　　王氏曰：「心生驕奢，忘於艱難，豈能長久，切齒於睚眥之怨，拳拳於一飯之恩者，匹夫之量。有志於天下者，雖仇必用，以其才也；雖怨必錄，以其功也。漢高祖侯雍齒，錄功也；唐太宗相魏鄭公（征），用才也。官選賢能之士，竭力治國安民；重委奸邪，不能奉公行政。中正者，無官其邦；昏亂、讒佞者當權，其國危亡。」

● 解讀

　　原文所要表達的意思是，對過去的怨恨念念不忘，並以此否定他人今日的功勞，這只是愚蠢小人的度量，而對有志於天下大事的人來說，即使是過去的仇人也加以重用，因為他有才幹；哪怕是怨恨很深也會棄置一邊，因為他有功勞。比如說，漢高祖封雍齒為侯，重用他是因他有功勞；唐太宗任魏徵為相，重用他是因為他有才幹。如果用人不當，那就危險了。

　　上面說的即是用人要不拘一格，不可因為與其有恩怨而棄之不用。祁黃羊不因解狐是自己的仇敵而舉薦他，公子小白不因管仲射殺自己而任其為相，漢高祖即使不喜歡雍齒也封其為侯，唐太宗不因魏徵曾是兄長的謀士而不任用他，可謂是不拘一格用人才。也正因如此，他們才取得了超越世人的成就。

　　用人不能光看能力，人品其實很重要，一個人能力越高，品行不好，危害就越大。若上位者不能辨別所用之人的品德，是一件很危險的事情。秦二世專寵品德惡劣的宦官趙高，趙高為了把持朝政，測試眾人對自己的效忠程度，竟然指鹿為馬，就算發生了這樣荒唐的事，秦二世竟仍未發現自己的錯誤，導致自己身死亡國，這是自作孽不可活，然而歷史上有眼無珠的皇帝不止秦二世一人。宋徽宗寵信奸佞，怠棄國政，玩物喪志，導致靖康之恥的發生，不得不令後人感慨啊！

　　官員是國之棟樑，不可不慎重。

唯才是舉

俗話說，宰相肚裏能撐船，說的就是容忍之量。為政者首先要具備這一點，沒有一點容人之量，怎麼能收服人心呢？睚眥必報，嫉賢妒能，這樣的統治者即使是佔據上位，也不能長久。

強用不仁

用人不能光看能力，人品其實很重要，一個人能力越高，品行不好，危害就越大。如上位者在用人的時候不能辨別所用之人的品德，是一件很危險的事情。

趙高指著鹿，故意說是馬。顛倒黑白，混淆是非，是為了要弄清朝中大臣有多少人能聽他擺布，有多少人反對他。經過指鹿為馬的測試後，趙高用各種手段把那些不順從自己的正直大臣紛紛治罪，甚至滿門抄斬。他又派人殺死了秦二世，霸佔整個朝廷。

趙高讓人牽來一隻鹿，對秦二世說：「陛下，我獻給您一匹好馬。」秦二世心想：這分明是一隻鹿嘛！便高聲說：「丞相錯了，這是一隻鹿，怎麼是馬呢？」趙高面不改色地說：「請陛下看清楚，這的確是一匹千里馬。」秦二世將信將疑，趙高一看時機到了，轉過身，用手指著眾大臣們，大聲說：「陛下如果不信我的話，可以問眾位大臣。」

人各有志，不可強求

原文：

> 強用人者，不畜。

14

> 注曰：「曹操強用關羽，而終歸劉備，此不畜也。」
> 王氏曰：「賢能不遇其時，豈就虛名？雖領其職位，不謀其政。如曹操愛關公之能，官封壽亭侯，賞以重祿；終心不服，後歸先主。」

● 解讀

原文所要表達的意思是，勉強任用人家的將帥，這個將帥恐怕是挽留不住的。人各有志，不可強求，即使用盡心機逼人就範，也會像關羽那樣，人在曹營心在漢。

漢·王粲《詠史詩》：「人生各有志，終不為此移，同知埋身劇，心亦有所施。」說的就是人各有志，不可勉強。三國時期的蜀將關羽為了保護劉備的夫人而被迫降曹。曹操對關羽關懷備至，不僅送美女、戰袍及寶馬，三日一小宴，五日一大宴，還封侯賜爵，但關羽都不為所動，最後掛印封金，不辭而別，曹操最終愛其才不忍射殺，放其離去。這就是「身在曹營心在漢」這句諺語的由來。曹操也深愛袁紹手下謀士沮授之才，勸其歸降，沮授不為所動，後詐降，盜馬逃歸時被發現而身亡。

從這兩個小故事中，可知道用人是一門學問，留住想用的人也是一門學問。如果大家的奮鬥目標不一致，就算勉強湊在一起，也無法合作。光靠優厚的待遇，是留不住人的。

古人說：「道不同，不相與謀。」曹操對關羽夠好了吧！可還是換不來關羽的心。物以類聚，人以群分，人總是與自己志向相近、品行相近、愛好相近的人相交往，而與其中目標相同、品行相同的人成為知心朋友。用人不能像曹操那樣，不為己用就殺之。

東漢的嚴光，字子陵，餘姚（今浙江餘姚）人，與劉秀是太學同窗。劉秀愛其才，稱帝后多次請其出山，還曾自己親自去請。嚴光一句「人各有志，何必勉強呢？」劉秀只好嘆息而去。范仲淹《嚴先生祠堂記》中讚其：「雲山蒼蒼，江水泱泱，先生之風，山高水長」。南陽郡的名士宗世林瞧不起曹操的人品，不屑與他來往。等曹操總攬朝政後，再次請求交往時，宗世林說：「我的志向像松柏一樣，永遠也不會改變的。」這些志士有自己的追求和志向，強求不得。如想得其相助，只能以誠心求助，別無他法。

身在曹營心在漢

要想留住人才，就得有留人的凝聚力，也就是有團隊的精神，有共同的志趣，共同的追求目標。

東漢末年，劉備被曹操打敗。關羽為了保護劉備的夫人被迫投降曹操。曹操對關羽關懷備至，關羽還是無動於衷，一心想打聽劉備的下落。張遼問他為什麼身在曹營心在漢，關羽說他與劉備有過生死誓言。

道不同，不相與謀

管寧和華歆一起在園中鋤菜，管寧看到地上有塊金子，管寧依舊揮鋤，把它看作瓦石一樣，華歆卻撿起來。但兩人還是坐在一張席上讀書。

有人乘華車經過門前，管寧照樣讀書，華歆卻丟下書出去觀望。於是管寧就把席子割開，和華歆分席而坐，並對華歆說：「你（已經）不是我的朋友了。」

有些人可以一起學習，一起經歷人生，一起長大，做十分要好的朋友；但卻沒有辦法和他同走一條道路，不能共同成就一番事業。兩人思想目的不同，便沒有辦法共同相謀。雖然並不一定反目成仇，但卻沒有辦法策劃一件事，只好各走各的路，正所謂「道不同，不相為謀。」道不同，連朋友都做不成，更談不上合作了。

私授權勢，擾亂綱紀

原文：

> 為人擇官者，亂；失其所強者，弱。

15

> 注曰：「有以德強者，有以人強者，有以勢強者，有以兵強者。堯舜有德而強，桀紂無德而弱；湯武得人而強，幽厲失人而弱。周得諸侯之勢而強，失諸侯之勢而弱；唐得府兵而強，失府兵而弱。其於人也，善為強，惡為弱；其於身也，性為強，情為弱。」
>
> 王氏曰：「能清廉立紀綱者，不在官之大小，處事必行公道。如光武之任董宣為洛縣令，湖陽公主家奴，殺人不顧性命，苦諫君主，好名至今傳說。若是不問賢愚，專擇官大小，何以治亂、安民！」

● 解讀

原文所要表達的意思是，當官職的編制已滿時，卻只因是自己的人，就巧立名目，授予權勢，從中牟利，這樣做，必將導致禍亂。任何事物失去支撐其強大的支柱後就會衰弱。

在國家中，帝王的人格力量是十分重要的，它直接決定著這個國家的命運。堯舜、湯武品格高尚，所以國家強盛；桀紂、幽厲不講道德、失去人心，所以國家就衰亡了。周朝得諸侯之助而強盛，失其助而衰弱。唐朝因府兵制而強盛，又因用府兵制不當而衰弱。個人也因善良與否而命運不同，可見事物都有其支柱，這種支柱失去了，這個事物的本質便會改變。

歷史上為人擇官的現象比比皆是，很多朝代禍亂於朋黨、宦官、外戚等的專權。

漢武帝非常寵幸李夫人，為了李夫人的一句遺言，就重用了她的哥哥李延年和弟弟李廣利。李延年由內廷音律侍奉升為協律都尉，但李廣利遊手好閒，沒有尺寸之功，漢武帝想加封也不能無故加封，於是趁大宛拒絕進貢之機，想藉機使其立功。後李廣利歷時四年，在動用了十幾萬大軍的情況下，卻以剩下不到兩萬人的慘痛代價僅僅換回幾匹汗血寶馬。武帝不僅不加苛責，反而封李廣利為海西侯。漢武帝的這種作法，遭到了朝中很多人的反對。無獨有偶，像歷史上這種為了一己之私，而任用私人，引起不好的影響，導致國家不穩的例子比比皆是，像明熹宗重用魏忠賢而終致朝政大亂；唐玄宗用安祿山，所用非人，而幾至亡國。

當政者應十分注意這一點，不可因私人感情而失去了任用人的理智，致使整個國家受到了損失，當引以為戒。

以己謀私

官職的編制已滿，只因是自己的人，就巧立名目，授予權勢，這樣做，必將導致禍亂。

歷史上為人擇官的現象比比皆是，很多朝代禍亂於朋黨、宦官、外戚等的專權。明熹宗重用魏忠賢，唐玄宗任用安祿山，都是所用非人，最終自食惡果。

任人唯親，這是用人的大忌。這樣做，使賢人不舉，還有可能使庸人掌事，甚至使心懷叵測的人掌事。其後果自然是「傷風亂政」。

一天，漢武帝在宮中置酒，平陽公主也在座，李延年侍宴。待到酒酣，李延年起舞，唱自作的一首新歌，其歌曰：「北方有佳人，遺世而獨立。一顧傾人城，再顧傾人國。寧不知傾城與傾國，佳人難再得。」漢武帝歎息道：「世間哪有你所唱的那種佳人？」李延年趁勢說：「陛下，歌中唱的，就是延年的小妹。」這也就是後來的李夫人。後來因李夫人的裙帶關係，李延年被封為協律都尉。

漢武帝非常寵幸李夫人，為了李夫人的一句遺言，重用她的哥哥李延年和弟弟李廣利。但李廣利遊手好閒，沒有尺寸之功，漢武帝想加封也不能無故加封。

漢武帝為了讓李夫人的弟弟封侯，不惜發動戰爭，不顧生靈塗炭。漢武帝的這種作法，遭到了朝中很多人的反對，也為他的晚節不保抹上了重重一筆。

官員的任命是有一定的尺度和標準的，萬不可隨心所欲。一旦介入了私人情感，很多時候便會為其所困，連累到其他人、事，甚至是損失國家的利益。

任用不仁，國將不國

原文：

> 決策於不仁者，險。

16

> 王注曰：「不仁之人，幸災樂禍。」
>
> 王氏曰：「不仁之人，智無遠見；高明若與共謀，必有危亡之險。如唐明皇不用張九齡為相，命楊國忠、李林甫當國。有賢良好人，不肯舉薦，恐壞了他權位；用奸讒歹人為心腹耳目，內外成黨，閉塞上下，以致祿山作亂，明皇失國，奔於西蜀，國忠死於馬嵬坡下。此是決策不仁者，必有凶險之禍。」

● 解讀

原文所表達的意思是，依靠殘忍無情的人運籌決策，就會有殺身滅族的危險。仁義的人一定會有惻隱之心，能施惠澤於萬物。天空包含著大海，大海容納著雨露，而雨露又滋潤萬物，因此仁者與天地同在，與日月同輝。不講仁德的人，是小人。親君子就一定遠離小人，和小人親近的人一定是君子所厭惡的。如果讓小人專權，政權就岌岌可危了。

司馬光《資治通鑑》曰：「凡取人之術，敬不得聖人、君子而與之，與其得小人，不若得愚人。」他認為：「愚者雖欲為不善，智不能周，力不能勝，譬如乳狗搏人，人得而制之。」這就是說，寧得愚人，不得小人。愚人還能掌控，小人則四處製造事端。一般說來，舉凡小人者，其才氣、胸襟和視野，難以與亂世奸雄相比肩，也比不上乘勢而起的草莽英雄，但他們投機取巧，且寡廉鮮恥，這種性格注定了他們會多生事端、禍亂國家朝堂。

歷史上因寵信小人而導致亡國亂政的例子不在少數。春秋五霸之一的齊桓公，因寵信易牙、豎刁等小人，國家大亂，自己也被活活餓死。楚平王聽信費無忌之言，強娶未過門的兒媳，還殺死了自己的兒子，致使內亂而國勢衰退。

唐朝奸相李林甫就只能劃歸在小人之列，李林甫不學無術，但城府很深，最擅長的就是阿諛奉承，排除異己。他利用宦官和妃嬪了解皇帝的一舉一動，以此揣測到皇帝的心思而去奏旨，因此深得唐玄宗的賞識。在武惠妃受寵時討好武惠妃，由此得以攀升為黃門侍郎。他藉機除去了為人耿直的張九齡，使得玄宗身邊敢於說真話的官員所剩無幾，而李林甫代之為相。為了蒙蔽皇帝，獨攬大權，李林甫還想方法把唐玄宗和大臣們隔絕開來，不許大臣們向皇帝上奏章，更嚴加控制進仕之人，稱「野無遺賢」，不許錄取民間的才子，以免威脅到他的地位。李林甫妒賢嫉能，為了保住宰相之職，他提出讓胡人擔任節度使，而不採用文人任節度使，進而任宰相的慣例。他對唐玄宗說：「陛下如此

口蜜腹劍

司馬光《資治通鑑》曰：「凡取人之術，敬不得聖人、君子而與之，與其得小人，不若得愚人。」他認為：「愚者雖欲為不善，智不能周，力不能勝，譬如乳狗搏人，人得而制之。」這就是說，寧得愚人，不得小人。

李林甫為宰相後，對於朝中百官凡是才能和功業在自己之上而受到玄宗寵信的，或是官位快要超過自己的人，一定要想辦法除去，尤其忌恨由文學才能而進官的士人。

李林甫表面上裝出友好的樣子，說些動聽的話，而暗中卻陰謀陷害。所以世人都稱李林甫「口有蜜，腹有劍」。

蒙蔽視聽

持續八年的「安史之亂」，使得人民流離失所。唐朝自此由盛轉衰，從此唐朝開始走向了下坡路。

楊國忠因楊貴妃得到寵幸而繼李林甫出任右相，只知搜刮民財，以致群小當道，國事日非，朝政腐敗，讓安祿山有機可乘，最終釀成安史之亂。

唐玄宗廣求賢才，但李林甫害怕各地士子在文中揭露他的奸惡，竟對唐玄宗說「野無遺賢」，可笑的是唐玄宗竟然相信這樣的說辭。

開元之治晚期，承平日久，國家無事，唐玄宗喪失了向上求治的精神。唐玄宗改元天寶後，政治愈加腐敗。唐玄宗更耽於享樂，寵幸楊貴妃，由提倡節儉變為揮金如土，曾將一年各地之貢物賜予李林甫。

唐朝國政先後被李林甫、楊國忠所把持。李林甫憑著玄宗的信任專權用事達十六年，杜絕言路，排斥忠良。

雄才，國家又那樣富強，為什麼邊患至今不滅呢？原因就在於儒臣當將軍，他們不可能身先士卒，冒著刀槍劍陣去戰鬥，所以，不如任用番將，他們的天性就是生得雄壯，善於騎射，勇於戰鬥。如果陛下感化他們，並加以重用，還用擔心邊患不滅嗎！」就是這種做法爆發了安史之亂，也加速了大唐的衰落。

李林甫專權用事，「口蜜腹劍」，大唐的臣子迫於其淫威，也多明哲保身。在李林甫專權的十幾年中，李唐王朝的政治日益黑暗，各種矛盾日益尖銳，政治十分腐敗。對此，唐玄宗必須負極大的責任，識人不清，用人不當，可能是被開元盛世的繁華沖昏了頭腦，而忘記了本分所在，把大權交到了李林甫、楊國忠小人之手。

無獨有偶，明朝的王振也是一位這樣的小人。身為宦官的王振從小侍奉明英宗長大，為明英宗所信任。英宗即位後，他便開始結黨營私，干涉朝政，總攬兵權，但他不懂軍事，為了證明自己的能力，他出兵麓川，花費近十年，半個國家的軍餉都用了進去，仍未能取勝，得不償失。同時，他遍收賄賂，又大肆貪汙，提攜自己人，形成黨派，使得國家朝政混沌一片。這給了虎視眈眈的瓦剌機會，瓦剌大肆進軍，氣勢咄咄逼人。為了一壯聲威，他極力攛掇明英宗親征，于謙等人苦勸不止，但英宗一意孤行，在土木堡之變中，英宗被俘，王振被亂軍殺死，明王朝也更換了新的主人。落到了這樣的下場，不知明英宗是否後悔過自己的錯誤。

小人趨炎附勢猶如蠅之逐臭，蟻之聚羶。他需要藉助別人的權勢，達到自己的目的，所以當權者必須要警醒，遇到這樣的人，便須有一個直言敢諫之人，在身旁提點，以避免造成不可挽回的損失。忠言逆耳，良藥苦口，唐太宗恐怕也不想日日聽到魏徵在旁進諫，可是他知道這是必需的，如果有錯不改，將會鑄成大錯。以史為鑑可以知興替，以人為鑑可以明得失。不但統治者需要認真聽取別人的意見，就是普通百姓，也可從別人身上學到東西。人無完人，尺有所短，寸有所長，從他人身上可以學到自己欠缺的東西。

宦官專權

小人趨炎附勢猶如蠅之逐臭，蟻之聚膻。他需要借助別人的權勢，達到自己的目的。

明朝的太監王振是從小侍奉英宗長大的，因而深得英宗的寵信。在英宗即位之後，王振便開始收受賄賂，大肆貪污，提攜自己人，結黨營私，朝政幾乎把持在他一個人的手中。

夫差親小遠賢

吳王夫差不是簡單人物。當年勾踐與吳王闔閭作戰，大敗闔閭，闔閭因此氣病而死。夫差繼位，每天必使人喊：「夫差，你忘了越國之仇了嗎？」夫差則涕泣說：「不敢忘！」這才有後來的勾踐成為他的奴隸。這是比勾踐還早的知恥而後勇！

吳王夫差勝利後便沉溺於酒色，又以霸主自居，東征西討，結怨於諸侯。加上殺賢臣，親小人，終於滅國亡身。用顏真卿《爭座位》裏的話來說，就是「可不傲懼乎！」

西元前495年，勾踐主動進攻吳大敗。之後，勾踐便臥薪嚐膽奮發圖強。他任用范蠡、文種等人，改革內政，休養生息。後來勾踐利用夫差北上爭霸、國內空虛之機，一舉攻入吳國，終於報了一前之仇。

之後勾踐不斷舉兵伐吳。勾踐二十四年，吳都被圍三年後城破，夫差自殺，吳亡。隨後，勾踐又乘船進軍北方，宋、鄭、魯、衛等國歸附，與齊、晉諸侯會盟，經周元王正式承認，成為霸主。

機若不密，其禍先發

原文：

　　陰計外洩者，敗。

17

　　王氏曰：「機若不密，其禍先發；謀事不成，後生凶患。機密之事，不可教一切人知；恐走漏消息，反受災殃，必有敗亡之患。」

● 解讀

　　原文所要表達的意思是，機密的決策如果向外界洩漏，事情就一定會失敗。所謂陰計，目的是要出其不意，攻其不備。既然祕密已經洩漏了，別人事先知道了你想要做什麼，由暗變明，強弱之勢顯而易見，怎麼可能不失敗呢？

　　明朝永曆皇帝和十八個臣子商議招李定國前來保駕卻失敗之事，其失敗的原因在於忽略了那個不經意的洩密者，他們的失敗是因為他們輕視了孫可望，輕視了對細節進行保密的重要性。歷史的硝煙早已遠去，我們只能想像他們臨終前是多麼懊悔自己的疏忽，又是多麼怨恨孫可望。對於這些我們已經不可得知，但他們依舊留下了足夠讓後人感慨的悲壯。

　　韓非子說事情因保密而成功，談話因洩密而失敗。不單單指說話的人本身洩漏了機密，也包括談話中觸及到君主心中隱匿的事，如果是這樣，也會身遭危險。君主表面上做這件事，心裡卻想藉此辦成別的事，說話的人不但知道君主所做的事，而且知道他要這樣做的意圖，這樣就會身遭險境。一個人幫助君主籌劃一件不尋常的事情，符合君主的心意，卻被其他人從外部跡象上猜測出來，使事情洩漏了，君主一定認為是這人洩漏的，如此就會身陷危險之中。對不仁德的君主，進諫人的主張得以實施並獲得成功，功德就會被君主忘記；主張實行不適當而遭到失敗，就會被君主懷疑，因此就會身處險境。

　　鄭國大夫關其思，就是因為過於聰明，看透了君王的意圖，而落得個身首異處的下場。從前鄭武公想討伐胡國，於是故意先把自己的女兒嫁給胡國君主來迷惑他，然後問群臣：「我想用兵，哪個國家可以討伐？」大夫關其思回答說：「胡國可以討伐。」武公因此發怒殺了他，說：「胡國是兄弟國家，你說討伐它，是何道理？」胡國君主聽說了，認為鄭國和自己友好，於是不再防備鄭國。而後，鄭國偷襲了胡國，攻佔了它。楊修幾次猜中曹操的心思，並將其宣揚於眾，曹操對其暗恨不已，這是其死的伏筆。

　　無獨有偶，宋國有個富人，下雨時雨把牆淋塌了，他兒子說：「不修的話，必將有盜賊來偷。」鄰居的老人也這麼說。到了晚上，果然有大量財物被竊。這家富人認為兒子很聰明，卻對鄰居老人起了疑心。

機若不密，其禍先發

　　韓非子說事情因保密而成功，談話因洩密而失敗。不單單指說話的人本身洩漏了機密，也包括談話中觸及君主心中隱匿的事，如果是這樣也會身遭危險。鄭國大夫關其思，就是因為過於聰明，看透了君王的意圖，而落得個身首異處的下場。

從前鄭武公想討伐胡國，故意先把自己的女兒嫁給胡國君主來迷惑他。

胡國君主聽說了，認為鄭國和自己友好，於是不再防備鄭國。鄭國偷襲了胡國，攻佔了它。

大夫關其思回答說：「胡國可以討伐。」

武公發怒而殺了他，說：「胡國是兄弟國家，你說討伐它，是何道理？」

　　關其思和這位老人的話都是正確的，而重則被殺，輕則被懷疑，這都是陰計外洩的禍患。有許多事情往往因為保密而獲得成功，又因洩密而失敗。然而有時並不一定是你有意洩密，而是因為談及有關事情時不小心在無意中透露了些微蛛絲馬跡，這樣你就會很危險。

　　權勢之人有錯時，你一味向他宣揚善行，以此來指責他的過失，這樣你也會很危險。

　　假若對方和你交情冷淡，而你與他說話時顯出相交極厚的言行態度，那麼即使你所說的能行並獲成功，對方也會厭惡你；如果你說的不能行且帶來了失敗，對方就會懷疑你。這樣你也就給自己帶來了極大的危險。

　　權貴之人有了好的計謀，並且想以此作為自己的功勞，而你知道了這一計謀，這樣你也會遭到厄運。如果對方表面上做一件事，而實際上做的卻是另一件事，而遊說者又知道這一真相，他也會很危險。

　　所以說若他對自己的計謀自以為得意，就不要用他的失誤來激怒他；若他自以為自己很有力量，就不要用他的弱點來阻止他；若他自以為是勇敢的決斷，就不要用他的敵方來激怒他。在規勸對方說某人在某事上與他有相同的想法，或稱譽對方與某人的得勝行為相仿時，要用好的言辭來誇耀，且莫要傷害打擊他。如有人犯了和他一樣的過失，就可以掩飾這種過失並歸咎於他人。

　　當至忠至誠之心絲毫不違逆對方，你的言辭也絲毫不受對方排斥和反感時，你才可以施展你的雄辯和機智。這就是使對方親近不疑的方法，也是遊說之道的訣竅。

　　等到時間久遠，對方與你交友甚深到不分彼此時，即使與之深謀遠計對方也不會懷疑你了，即使與他激烈爭論他也不會責怪你了，你就可以直接與他陳述利害以促成他的成功，直截了當地剖析是非來粉飾他的形象。像這樣互相扶持各有所得。

宋人修牆

宋國有個富人，下雨把牆淋塌了，他兒子說：「不修的話，肯定會有盜賊來偷。」鄰居的老人也這麼說。到了晚上，果然有大量財物被竊。這家富人認為兒子很聰明，但卻對鄰居老人起了疑心。

關其思和這位老人的話都恰當，而重則被殺，輕則被懷疑，這都是陰計外洩的禍患。有許多事情往往因為保密而獲得成功，又因洩密而失敗。然而並不一定是你有意洩密，而是因為談及有關事情時常常會無意洩密，這樣你就會很危險。

橫徵暴斂，民不聊生

原文：

> 厚斂薄施者，凋。

> 注曰：「凋，削也。文中子曰：『多斂之國，其財必削。』」
> 王氏曰：「秋租、夏稅，自有定例；廢用浩大，常是不足。多斂民財，重徵賦稅；必損於民。民為國之根本，本若堅固，其國安寧；百姓失其種養，必有凋殘之禍。」

● 解讀

原文所要表達的是，向人民從重徵收財物或賦稅，卻減少發放救濟災患的物資，必定會導致國力空虛的局面。厚斂則民窮，民窮則國凋。

有句話說：「藏富於民」，意思是說，國民富有了，則國家就會富強，反過來說，國家有錢而老百姓貧窮，國家就危險了。

隋煬帝的暴政很突出，有人拿商紂王、秦始皇等與他相比，並稱暴君。隋煬帝楊廣驕奢淫逸，荒淫無度，卻不理政事，即位後幾乎每年徵調重役為他營建東都洛陽、開發運河、修築長城，十餘年間徵調不下一千萬人次，造成天下死於役的慘劇。

隋煬帝還年年巡遊，每次出遊都大肆營造離宮，擾掠地方，浪擲人力、物力、財力。為了建立功勳、霸業，隋煬帝還經常對外征討，在征吐谷渾後，又三次進攻高句麗。當時，農民起義已遍及全國，隋王朝岌岌可危。隋煬帝楊廣的橫徵暴斂直接導致了隋王朝的滅亡。

隋煬帝失敗之處在於用民過重，急功近利。沉重的兵役和勞役，消耗了大量的人力、物力，導致不滿的士兵發動兵變，人民也為逃避沉重的負擔紛紛起義造反。隋煬帝的厚斂薄施最終讓他自食惡果。古人講：「注重禮制的人稱王，實行仁政的國家會強勝，橫徵暴斂的國家會滅亡。」

姜太公曰：「故利天下者，天下啟之；害天下者，天下閉之；生天下者，天下德之；殺天下者，天下賊之；徹天下者，天下通之；窮天下者，天下仇之；安天下者，天下恃之；危天下者，天下災之。天下者非一人之天下，惟有道者處之。」這句話是周文王與姜子牙探討如何治理天下的問題：窮天下者，天下仇之；安天下者，天下恃之。講的就是，把天下的財物耗盡的人，必然會受到懲罰，而那些能夠為國家帶來財富和安定的人，必然會受到人們的尊重和擁護。

藏富於民

窮天下者，天下仇之；安天下者，天下恃之。將天下的財物耗盡的人必然會受到懲罰，而那些能夠為國家帶來財富和安定的人，必然會受到百姓的尊重和擁護，這是自然發展的規律。有句話叫做藏富於民，意思是說，國民富有了，則國家就會富強，反過來國家有錢而老百姓貧窮，國家就危險了。

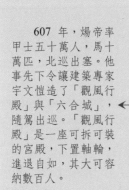

607 年，煬帝率甲士五十萬人，馬十萬匹，北巡出塞。他事先下令讓建築專家宇文愷造了「觀風行殿」與「六合城」，隨駕出巡。「觀風行殿」是一座可拆可裝的宮殿，下置軸輪，進退自如，其大可容納數百人。

這堪稱世界上最早的大型活動殿宇。「六合城」則是可拆可裝的一座城池，周長八里，高十仞，以板作骨，以布作飾，繪以丹青，上布旗旌，甲士可荷戟負戈在城上巡邏。這是中國古代最大的活動建築。

隋煬帝登位後，立即曝露了好大喜功、殘暴無度、淫色嬉戲的本性，將隋文帝精心建立起來的隋帝國推向了深淵，而自己也未落到好下場。

隋煬帝楊廣是文帝次子，聰明狡詐。他利用文帝因太子楊勇橫暴、斂財、好色等缺點而廢之的機會，在楊素等人的掩護下，裝扮出節儉、勤政的面貌，獲得文帝的讚賞，從而立為太子。在隋文帝病重時，楊廣派心腹殺死病中的隋文帝，在 604 年登基為帝。

說客當政，天下大亂

原文：

> 戰士貧、遊士富者，衰。

> 注曰：「遊士鼓其頰舌，惟幸煙塵之會；戰士奮其死力，專捍強場之虞。富彼貧此，兵勢衰矣！」
>
> 王氏曰：「遊說之士，以喉舌而進其身，官高祿重，必富於家；征戰之人，舍性命而立其功，名微俸薄，祿難贍其親。若不存恤戰士，重賞三軍，軍勢必衰，後無死戰勇敢之士。」

● 解讀

原文所要表達的意思是，衝鋒陷陣的人貧苦不堪，但是那些靠耍嘴皮子的人卻能過著安逸的生活，這必然是動亂的開始。遊士說客，憑著三寸不爛之舌到處遊說，只有在戰亂的時代，他們的作用才能顯現。這種人往往早晨的時候，還是一個窮酸的布衣書生，到了晚上就可以掛帥拜相也說不定，如蘇秦、張儀、毛遂等。

當時蘇秦在秦國不被重用，恰逢燕昭王廣招賢士，蘇秦入燕，深受燕昭王信任。蘇秦向燕昭王進諫，燕國若欲報強齊之仇，首先必須先向齊表示屈服順從，以放鬆對方的警惕心，為燕國贏得振興所需的時間。其次，要消耗齊國的實力，即要鼓動齊國不斷進攻其他國家，而無暇顧及燕國，這也是燕國的喘息之機。

為了燕國，蘇秦便開始了遊說的過程，這也就是歷史上所說的合縱。西元前285年，蘇秦挑撥齊趙兩國的關係，並取得齊湣王的信任，成為齊相，但他效忠的仍然是燕國。齊湣王不明真相，竟任命蘇秦率兵抗禦燕軍。此戰中，蘇秦有意使齊軍失敗，傷亡達五萬之眾，此戰也使得齊國群臣不和，百姓離心。此時齊國元氣大傷，為樂毅五國聯軍攻破齊國奠定了基礎。

之後，蘇秦又說服趙國以聯合韓、魏、齊、楚、燕攻打秦。此舉正和趙國國君的心意，於是趙國國君賞給蘇秦很多寶物，命蘇秦前去各國遊說，韓宣王、魏襄王、齊宣王、楚威王等都一一被他說服了。於是六國達成聯合的盟約，蘇秦擔任六國相，身佩六國相印，在蘇秦的帶領下，六國聯軍浩浩蕩蕩地進軍秦國。六國雖然是聯合進軍，但是各有各的打算，內部不同心協力，因而輕而易舉地就被秦國擊潰。

凡是做說客的，都是在亂世當中才能顯示才華，因而惟恐天下不亂。天下大亂，才有他們風光的機會，而作為要付出犧牲的戰士，他們出生入死，渴望的就是天下太平，闔家團圓。如果一旦出現戰士暴屍疆場，而遊說四方的游士卻身掛相印，那麼我們立刻可以肯定這是一個戰亂流離的時代。多數人不希望出生在這樣的年代。

蘇秦掛六國相印

國君

蘇秦

蘇秦最為輝煌的時候是勸說趙、韓、魏、齊、楚、燕六國國君聯合攻秦，堪稱辭令之精彩者。蘇秦身佩六國相印，進軍秦國，可是由於六國內部的問題，輕而易舉就被秦國擊潰。

戰國時期的說客文化

燭之武

春秋戰國時期隨著各國對人才的重視與需求，說客文化在這時就應運而生了。這一時期的說客大體上可以概括為遊說拜官，奉命遊說以及說服君王三種。

周忌

說客遊說拜官

說客遊說拜官的分為兩個方面，一是為了弘揚道義，二是為了功時而。以蘇秦、張儀為代表的縱橫家是為了一己私利。孔子遊說是為了實現「弘道」的理想信念。

奉命遊說

多是臨危受命，在某一國沒有足夠的力量抵抗外敵時。小國君主面臨敵人進攻時，往往選擇派遣說客說服辭國退兵。在這樣的背景下，說客就擔負起了國家存亡的重一。這樣的人有鄭國的燭之武、秦國的范雎和越國的文種。

說服君王

春秋戰國時期還有另一種說客，他們的職責是說服自己的主君，使其聽取自己的建議。戰國時期齊國的周忌與趙國的觸龍就是這類說客中最典型優秀的代表。

用而信之，立事成功

原文：

> 所任不可信，所信不可任者，濁。

注曰：「濁，溷也。」

王氏曰：「疑而見用懷其懼，而失其善；用而不信竭其力，而盡其誠。既疑休用，既用休疑；疑而重用，必懷憂懼，事不能行。用而不疑，秉公從政，立事成功。」

● 解讀

原文所要表達的意思是，如果對所任用的人不能信賴，而對所相信的人又不能任其擔當重任，這樣必然引起混亂。在世上，德才兼備的能人畢竟是少數，偏重一方的比較多。對有才的反而不能信賴他的人品；相反地，有的人可以完全信賴，但才力不足。這與用人不疑的原則似乎矛盾，其實這是不可將之混為一談的兩件事。

用人就應該信任人，切勿猜疑，只有這樣才能激發他們的積極性。先秦時期的荀況就認為「知莫大乎棄疑」，對下屬的高度信任，不但可以滿足下屬的精神需求，還是激勵其行為的有效方式。如果領導者高度信任下屬，能讓他們放開手腳大膽發揮，就能激勵下屬最大限度地發揮他的聰明才智，表現出極大的熱情。可以這樣說，信任度和回報是成正比的。

戰國時代，互相攻伐，相互之間的信任度極低，為了使眾人真正能遵守信約，國與國之間通常都將太子交給對方作為人質。魏國大臣龐蔥，因為陪魏太子到趙國去當人質，因此在臨行前向魏惠王講了三人成虎的故事，希望魏惠王可以信任他，但事與願違，龐蔥回國後，魏王就不再信任他了。

與其恰恰相反地是齊威王，齊威王用人不但能注重察舉選用，還能用人不疑。他充分信任章子擊敗秦兵就是一例。當時秦國的秦孝公向韓、魏兩國借道來攻打齊國，齊威王派章子率軍迎戰，齊、秦兩軍勢均力敵，誰也佔不到便宜，最後形成了僵持的局面。章子不願把戰事拖延下去，就向秦軍提出談判，秦軍表示同意，於是雙方互派使者進行了多次交涉。

其實章子有自己的打算。章子讓部下記住秦軍使者的服裝和秦國的旗幟，並加以仿製，然後發放給部分可靠的齊國士兵，讓他們扮成秦軍，準備趁秦軍不防備時發動突襲。齊威王為了了解戰況，經常派一些探子前去偵察齊、秦兩軍的戰況。據探子回報，章子在與秦軍談判，似乎是要投靠秦軍。第二次探子回報說：「章子的軍營中有很多秦軍的旗幟和服裝，估計此時他已率領部下投

三人成虎

用人就應該信任人，切勿猜疑，只有這樣才能調動他們的積極性。先秦時期的荀況就認為「知莫大乎棄疑」，對下屬的高度信任，不但可以滿足下屬的精神需要，這還是激勵其行為的有效方式。

戰國時代，互相攻伐，為了使大家真正能遵守信約，國與國之間通常都將太子交給對方作為人質。

魏國大臣龐蔥，將要陪魏太子到趙國去做人質，臨行前對魏王說：「現在有一個人來說街市上出現了老虎，大王相信嗎？」

魏王道：「我不相信。」龐蔥說：「如果有第二個人說街市上出現了老虎，大王相信嗎？」魏王道：「我有些將信將疑了。」

龐蔥又說「如果有第三個人說街市上出現了老虎，大王相信嗎？」魏王道：「我當然會相信。」龐蔥就說：「街市上不會有老虎，這是很明顯的事，可是經過三個人一說，好像真的有老虎了。現在趙國國都邯鄲離魏國國都大梁，比這裏的街市遠了許多，議論我的人又不止三個，希望大王明察才好。」

魏王道：「一切我自己知道。」龐蔥陪太子回國，魏王果然沒有再召見他了。

靠秦軍了。」就這樣，接二連三有探子報告章子有投降秦軍的跡象，齊威王都沒有理睬。底下的大臣沉不住氣，便問齊威王，這麼多人都說章子有通敵的跡象，為何不派人質問他呢？齊威王慨然回答說：「章子不背叛寡人的道理很明白，寡人為什麼要問罪他呢？」果然沒過幾天，探子回報，齊軍大勝，秦軍大敗。原來，章子乘秦軍沒有防備，派手下扮成秦軍的模樣，混入秦軍軍營，裏應外合，因此大破秦軍。

信任本身就是對人才的極大激勵與鼓舞，所以統治者要根據人才的特長來加以任用，此外博大的胸襟、容才的氣度都是必不可少的，這樣方能得到人才的真心擁護。

作為上位者首先要相信他們對事業的忠誠，放手讓他們自己創造性地開展工作。其次要相信他們的工作能力，既加以任用，就要授予實權，使他們明確自己的職責，忠於職守，甘於擔當。「信人者，人亦信之。」如果任而不用或者是用而疑之，這樣一定會挫傷人才的自尊心、自信心，束縛人才的手腳。

自古至今，因不知人或用錯人，而導致身敗名裂，或是國破人亡的事情屢見不鮮。項羽失韓信、棄范增，因而兵敗垓下，自刎烏江；而劉邦得韓信、用張良，得成千古霸業。用人絕非「不疑」這麼簡單。用人之道，重在尚德，唯才是舉。用人，如若多疑，則讒言易入，多生嫌隙，但是不疑，恐會放縱臣屬，大禍來臨時，恐措手不及。這樣的例子也不勝枚舉。齊桓公信管仲、劉備信諸葛亮，而且幾乎是言聽計從，終成其霸王之業，而後周幼主柴宗對趙匡胤、魏少帝對司馬懿父子，也是相當的信任，但是這種信任卻鑄成了大錯，疏於防範，大權被奪。唐太宗對侯君集、劉邦對韓信，用之卻時加提防，後者的陰謀未能得逞。項羽之於范增和趙孝成王之於廉頗，是雖用但卻疑之，敵人恰恰就是把握住了這一點，使用反間計而大獲全勝。這不得不令人仰天長歎，用人不疑既有成功，也有失敗，相對地，疑人不用，也是成功和失敗各有實例。那麼用人疑還是不疑呢？

魯定公問孔子：「君使臣、臣事君，如之何？」孔子言：「君使臣以禮，臣事君以忠。」這句話是說，用人的成敗決定在禮的運用上。以禮約束之，防止濫用職權。人性多變，是人無法掌握和控制的，因此用人之道，任賢舉能為上，以制度機制節制其行事亦不可或缺。萬事不是絕對的，因人而異，或增加某些約束，但不可過度，適合而止。過猶不及就是這個道理。

齊威王用人不疑

魯定公問孔子：「君使臣、臣事君，如之何？」孔子言：「君使臣以禮，臣事君以忠。」這句話是說，用人全在禮的運用上。以禮約束之，防止濫用職權。人性多變，是人無法掌握和控制的，因此用人之道，任賢舉能為上，以制度機制節制其行事亦不可或缺。

齊秦之間的戰事拖了很長時間，章子不願把戰事拖延下去，就向秦軍提出談判，秦軍表示同意，於是雙方互派使者進行了多次交涉。

章子讓部下記住秦軍使者的服裝和秦國的旗幟，加以仿製，然後發放給部分可靠的齊國士兵，讓他們扮成秦軍，以趁秦軍放鬆防備時發動突襲。

探子趕回齊都，向齊威王報告，說：「章子的軍營中有很多秦軍的旗幟和服裝，估計此時他已率領部下投靠了秦軍。」齊威王聽了，仍不加以理會。

齊威王慨然回答說：「章子不背叛寡人的道理很明白，寡人為什麼要問罪他呢？」

一位大臣覺得不可思議，向齊威王問道：「向大王揭露章子有叛逃秦軍意圖的雖都是不同的人，可是他們的言辭都是一樣的。大王為何不相信探子提供的情報，派兵去問罪章子哩？」

「信人者，人亦信之。」如果任而不用或者是用而疑之，這樣肯定會挫傷其人才的自尊心、自信心，束縛人才的手腳。

牧人以德，得民之心

原文：

> 牧人以德者，集；繩人以刑者，散。

> 注曰：「刑者，原於道德之意而恕在其中；是以先王以刑輔德，而非專用刑者也。故曰：『牧之以德則集，繩之以刑則散也。』」
>
> 王氏曰：「教以德義，能安於眾；齊以刑罰，必散其民。若將禮、義、廉、恥，化以孝、悌、忠、信，使民自然歸集。官無公正之心，吏行貪饕；僥倖戶役，頻繁聚斂百姓；不行仁道，專以嚴刑，必然逃散。」

● 解讀

　　原文所要表達的意思是，以德政治理百姓，就會得到百姓的擁護，人心就能聚在一起；用殘酷的刑罰治理百姓，則會驅散百姓，人心就會散亂。

　　刑罰，最初是來自於道德感化，有寬恕的意思，也是因為如此，雖然是強制性的手段，君王最初仍把它作為道德感化的輔助手段，而不單用刑罰治天下。因而在實行法制的時候，千萬記得寬恕的原則。聖明的君王只有是在萬不得已才會動用刑罰，是為了輔助禮制，並不單純是為了懲治。懲罰不是目的，教化才是正道。老子曰：「民不畏死，奈何以死懼之！」刑罰只是一種輔助工具，如果一味地以刑罰作為懲罰工具，恐怕民眾會心生反意，離心離德，這個國家便不長遠了，秦朝的滅亡可謂是個警示鐘。

　　在孔子的思想當中，不是很看重教化的力量。孔子說：「道之以政，齊之以刑，民免而無恥。道之以德，齊之以禮，有恥且格。」在這句話當中，看重的還是道德的力量，他認為只要在上者身正，民就會「不令而行」，從善如流，即「其身正，不令而行；其身不正，雖令不從。」居上位者用道德約束自身，並嚴格要求下屬，一旦犯了錯誤，就會自覺反省。如果全憑政治法令管理人，以刑罰威懾人，往往會促使人們專門找法律的漏洞，迴避懲罰，他們會為逃過刑罰而洋洋得意，內心毫無愧意。以德恕為歸宿的法制則會使全國上下日益團結；相反，只能上下離心，全民離德。荀子則曰：「故不教而誅，則刑繁而邪不勝；教而不誅，則奸民不懲；誅而不賞，則勤屬之民不勸；誅賞不類，則下疑俗儉而百姓不一。」說的是刑罰和道德二者缺一不可。當然孔子也未拒用刑罰，「刑罰不中，則民無所措手足」。

　　孔子所說的道，即指的是人內心崇高的道德標準，這種「內心崇高的道德標準」雖然個人理解不同，但是共通的一點是「樂善好施」的精神。

　　桓公問治民應當以何事為先？管仲曰：「（有時先事）有時先政，有時先

道德教化

在這個世界上惟獨有兩樣東西能使人的心靈受到震撼，一是人們頭頂上燦爛的星光，一是人們內心崇高的道德標準。

孔子說：「道之以政，齊之以刑，民免而無恥。道之以德，齊之以禮，有恥且格。」

其意是說，如果以強權手段的行政權力、政策法令來管理一個國家，使其子民隨順，以壓服的方式採用強硬的刑罰來約束，使之達到所謂的「安分守己」，只不過是讓人隱藏了一顆不知羞恥的心。暫時不表現出違規的現象，表面上一派平和。假如，以禮仁之德法來感化人民隨德存仁，以禮義之法度引導人們提起相應的禮仁之心，類齊比肩，那麼人人都會做到，勇於知恥，且能在日常生活中隨時格除自己的不良習慣和醜惡心理進而長期保持不變。」

刑罰輔助

荀子則曰：「故不教而誅，則刑繁而邪不勝；教而不誅，則奸民不懲；誅而不賞，則勤屬之民不勸；誅賞不類，則下疑俗儉而百姓不一。」說的是刑罰和道德二者缺一不可。孔子也曰「刑罰不中，則民無所措手足」。刑罰只是道德禮數的一個補充，不可不用，但也不可重用，刑是補充禮的。

管仲曰：「（有時先事）有時先政，有時先德（有時先恕）。」說的是刑、禮的施行標準視情況而定，不是一成不變的。

德（有時先恕）。狂風暴雨不為人害，涸旱不為民患，百川道，年穀熟，糴貸賤，禽獸與人聚，食民食，民不疾疫。當此時也，民富且驕。牧民者厚收善歲，以充倉廩，禁藪澤，（此謂）先之以事，隨之以刑，敬之以禮樂，以振其淫。此謂先之以政。飄風暴雨為民害，涸旱為民患，年穀不熟，歲饑，糴貸貴，民疾疫。當此時也，民貧且罷。牧民者發倉廩、山林、藪澤，以共其財，後之以事，先之以恕，以振其罷。此謂先之以德。其收之也，不奪民財；其施之也，不失有德。富上而足下，此聖王之至事也。」這段話說的是，有時先施以政，有時先施以德。在好的年景下，人民是富有而且驕傲的。治民者應該大量收購產品，以充實國家倉廩，禁止對藪澤的過度採伐捕獲，並兼用刑罰，來輔助勸誡人們以消除淫邪風氣，這個叫作先施之以「政」。在年景不好的情況下，治民者則應該開放倉廩、山林和藪澤，滿足人民需求，不先講政事，而先講寬厚，這個叫作先施之以「德」。豐年時收聚人民的產品，不奪民財；荒年時施予人民以財物，又不失有德；不僅富裕了君主還滿足了義，這是聖王所行的最好事情。

在這裡，刑罰和德政是相互配合的，並沒有限制一定以那個為主，視情況而定。不過在中國一直提倡的是以德政治世。在人與人之間也提倡以德服人，古語云：「遇欺詐之人，以誠心感動之；遇暴戾之人，以和氣薰蒸之；遇傾邪私曲之人，以名義氣節激勵之；天下無不入我陶冶矣。」這句話是在說要用赤誠之心感動那些狡猾欺詐、性情狂暴乖戾、自私自利之人。

世上的人千人千面，每個人都面臨適應人生、適應社會的問題。所謂處理各種人際關係，最重要的是以不變應萬變，面對大千世界，抱定以誠待人、以德服人的態度去面對不同的人。即使對冥頑不化的人，也要以赤誠感化他，所謂「精誠所至，金石為開」。以我之德化，來感其良知，歷史上這樣的例子很多。即使是真頑之人，朝聞道而夕死的事也不在少數，這也算是臨終而悟，而達到德化的目的。

據說在秦國末年，齊國的貴族田氏領導一部分人造反。這群起義軍的首領是田榮，田榮很暴虐，用嚴酷的刑罰統治這群起義軍，這群起義軍於是被迫殺死了田榮，接替田榮的是他的弟弟田橫。田橫寬以待人，每次爭戰總是身先士卒，深得部下的擁護。在劉邦稱帝後，田橫不想投靠劉邦，便逃到一座海島上，劉邦一直誠心相請，田橫無奈自殺，跟隨他的五百人也隨之自殺。這應該說是田橫的舉動感動了他們，使得他們能夠至死追隨。

現在提倡「吃苦在前，享樂在後」，表現的同樣是「德在人先，利居人後」的境界。苦盡才能甘來。

誠以化人

　　每個人都面臨適應人生，適應社會的問題。處理各種人際關係，最重要的是以不變應萬變，堅定以誠待人、以德服人的態度去面對不同的人。即使對冥頑不化的人，也要以赤誠感化他，所謂「精誠所至，金石為開」。以我之德化，來感其良知。

有一次，陳重一起住的人回家，誤將鄰舍人的褲子帶走了，褲子的主人懷疑是陳重拿的，陳重沒有分辯一聲就買了條新褲子送給那人。

後漢時期的義士陳重，是個非常大度且能自我犧牲的人。

他的一個朋友負債累累，有一天債主前來要債，陳重就不聲不響地幫他還清了，而且事後閉口不談此事。

陳重暫時犧牲了名譽，破了點錢財，消除了鄰居的怨氣，換來的是平安和永久的信任，因為誤會總有解除的時候。

賞罰不明，叛亂必生

原文：

小功不賞，則大功不立；小怨不赦，則大怨必生。賞不服人，罰不甘心者，叛。賞及無功、罰及無罪者，酷。

注曰：「人心不服則叛也。非所宜加者，酷也。」

王氏曰：「功量大小，賞分輕重；事明理順，人無不伏。蓋功德乃人臣之善惡；賞罰，是國家之紀綱。若小功不賜賞，無人肯立大功。志高量廣，以禮寬恕於人；德尊仁厚，仗義施恩於眾人。有小怨不能忍，舍專欲報恨，反招其禍。如張飛心急性躁，人有小過，必以重罰，後被帳下所刺，便是小怨不舍，則大怨必生之患。賞輕生恨，罰重不共。有功之人，升官不高，賞則輕微，人必生怨。罪輕之人，加以重刑，人必不服。賞罰不明，國之大病；人離必叛，後必滅亡。施恩以勸善人，設刑以禁惡黨。私賞無功，多人不忿；刑罰無罪，眾士離心。此乃不共之怨也。」

● 解讀

原文所要明確的是賞罰的原則和道理，違背了這些準則，叛亂必生。對小功不進行賞賜，那麼大功就沒有人去建立；不赦免小的怨仇，那麼大的怨仇就必定會產生。獎賞不能使人心悅誠服、懲罰罪過不能讓人心甘情願，必定會造成眾叛親離的局面。獎賞那些沒有立功的、懲罰那些沒有犯罪的，賞罰不明，這是殘暴苛刻的表現。

賞罰是一種統治的重要手段，賞罰不明，則百事不成；若賞罰分明，四方可行。賞罰分明，是透過一種褒揚貶抑的方式，向人們指示正確的行為方向，強化正義的方向，而弱化錯誤的選擇。常言道：「賞貴信，罰貴必」，賞罰應公平。

三國的諸葛亮，大家都知道他足智多謀，但在治軍用人上，諸葛亮算不上是一個賞罰分明的領導人。

首先是，罰不平。關羽在華容道私放曹操，因事先立下軍令狀，當依法處置，但因劉備求情，諸葛亮就饒了關羽，放縱了他，以致有了荊州之敗。據《三國志》記載，劉備發現由諸葛亮提拔的蔣琬，經常喝醉耽誤正事，本欲處置，卻被諸葛亮力保下來。另外在斬殺馬謖的問題上，似乎也有些太過。錯用馬謖，諸葛亮自己的責任不可推卸，另一方面，一員大將的培養是很困難的。晉人習鑿齒認為可惜，蔣琬也認為斬馬謖確有不妥，他曾對諸葛亮說：「當年主公想要殺我，你為我求情，天下未定就誅殺能幹之人，豈不是很可惜。」

賞罰不明

　　賞罰是一種統治的重要手段，賞罰不明，則百事不成，若賞罰分明，四方可行。賞罰分明，是透過一種褒揚貶抑，向人們指示正確的行為方向，強化正義的方向，而弱化錯誤的選擇。常言道，賞貴信，罰貴必，賞罰應公平。

　　關羽華容道放曹操，按軍令狀當罰，但因劉備求情，諸葛亮就饒了關羽，放縱了關羽，以致才有後來荊州之敗。

　●即使是人才，如果用錯了地方也是要誤大事的。睿智的諸葛亮也曾經犯過一個嚴重的錯誤，即重用馬謖，致使街亭失守，自己只得撫琴退兵，整個北伐計畫泡湯。

　●諸葛亮第一次北伐，趙雲與鄧芝為疑兵，因諸葛亮錯用馬謖，北伐失利。

　●趙雲、鄧芝在兵弱敵強的形勢下，失利於箕谷，然斂眾固守，退軍無損失，本是有功之臣，卻被貶。

其次，賞不信。諸葛亮因錯用馬謖，致使北伐功敗垂成。趙雲、鄧芝在失利的情況下仍固守箕谷，並力保全軍主力不失，在之後卻被諸葛亮貶為鎮國將軍，且諸葛亮在視察，發現實情，打算獎賞當時固守的官員時，也沒有將趙雲恢復原職。在這件事上，趙雲本是有功之臣，卻被貶，由此可見，諸葛亮賞罰不明。這或許是諸葛亮雖然鞠躬盡瘁、盡忠盡力，也沒有完成蜀國統一大業的重要原因，諸葛亮用人不如其謀略之術。

歷朝歷代的皇帝治國、統帥治軍、任用人才，都講究賞罰分明。政治清明，百姓圖新，軍兵奮勇，皆須賞罰分明。反之，則必然會政治敗壞，綱紀廢弛，人心渙散，勞而無功。

據說齊威王是個賞罰分明的君主，因而在他統治時期國勢大振。當時有官員不斷地說即墨大夫的壞話，也有官員不斷地說阿地大夫的好話。齊威王並沒有相信，而是經過自己的調查，他分別召見了即墨和阿地的大夫。他對即墨大夫說：「自從你到任，便不斷地有人說你的壞話，但是我發現你治理的地區，田土平整，百姓豐足，官府無事，十分安定。於是，我便知道這是你不善於巴結我的內臣，為自己謀求內援的緣故。」便大大封賞了即墨大夫。齊威王又對阿地大夫說：「自從你到阿地鎮守，很多人都稱讚，但是我卻發現你治理的地區田地荒蕪，百姓貧困饑餓，社會不安。當初趙國攻打鄄地，你不救；衛國奪取薛陵，你說你不知。那些給你說好話的，一定是你重金收買的！」於是下令烹死阿地大夫及替他說好話的左右近臣以儆效尤，這令臣僚們毛骨悚然，做事再也不敢弄虛作假，皆盡力做事，以求功績，齊國因此大治，成為當時強盛的國家之一。

戰國初期卓越的軍事家吳起曾說過：「若法令不明，賞罰不信，金之不止，鼓之不進，雖有百萬，何益於用？」這說的便是賞罰分明。如果沒有統一的號令，各行其是，即使是擁軍百萬，恐怕也不能抵抗得住數量少但軍紀嚴明的軍隊的進攻。這一條不僅適用在軍事上，在其他的方面也適用，言必信，行必果，只有鐵的紀律才能振奮軍心、民心，使人積極進取。一旦賞罰不均，勢必會引起不滿，若人人皆不遵守紀律，從而引起管理混亂，導致人心渙散，可能會一發不可收拾。

賞罰分明

統軍治兵，治理國家，都講究賞罰嚴明。賞罰得當，可政治清明，百姓圖新，軍兵奮勇。反之，則必然會政治昏庸，綱紀廢弛，人心渙散，勞而無功。

齊威王對即墨大夫說：「自從你到即墨任官，每天都有指責你的話傳來。然而我派人去即墨查看，卻是田土開闢整治，百姓豐足，官府無事，東方因而十分安定。於是我知道這是你不巴結我的左右內臣謀求內援的緣故。」

即墨大夫：「大王明察秋毫，謝大王恩典。」

齊威王對阿地大夫說：「自從你到阿地鎮守，很多人都稱讚。但是我發現你治理的地區田地荒蕪，百姓貧困饑餓，社會不安。當初趙國攻打鄄地，你不救；衛國奪取薛陵，你說你不知。那些替你說好話的，一定是你重金收買的！」

臣僚們毛骨悚然，不敢再弄虛假，都盡力做實事，齊國因此大治，成為天下最強盛的國家。

阿地大夫「大王饒命。」

齊威王明辨是非曲直，為臣民們營造了一個講實話、講真話良好寬鬆環境。可見掌權者明察秋毫，官員、百姓也會效仿，整個社會風氣也為之清明。反之，社會風氣污濁不堪，國將不國。

喜讒仇諫，亡之不遠

原文：

聽讒而美，聞諫而仇者，亡。

注曰：「有吾之有，則心逸而身安。」

王氏曰：「君子忠而不佞，小人佞而不忠。聽讒言如美味，怒忠正如仇仇，不亡國者，鮮矣！若能謹守，必無疏失之患；巧計狂徒，後有敗壞之殃。」

● 解讀

原文所要表達的意思是，聽到阿諛誣陷的語言就覺得順耳舒服，而聽到直言規勸的忠告就表現得憤怒而覺得難受，無法接受，這樣的君主必定走向滅亡。如果能做到不貪求他人的東西，就能安適無憂。如果貪求別人的東西，就必然走向毀滅。自己有或沒有，都不羨慕他人，這樣就能身心安逸而無憂患。

人最容易犯的過失有三：一是好諛，二是好貨，三是好色。英明的人可以抗拒珍寶美色的誘惑，但卻難以抵抗阿諛奉承。最初有警覺，但日久天長，慢慢就習慣了，導致聽不到便不高興，最後發展到對那些歌功頌德者加以重用，而對犯顏直諫者仇恨的地步，如果還沒覺醒的話，這恐怕就要亡國了。

夏桀是中國歷史上記載的第一個昏君，據說商部落的首領湯曾將一個德才兼備的賢人伊尹引薦給桀。伊尹以堯、舜的仁政來勸說桀，希望桀能體諒百姓的疾苦，用心治理天下。桀覺得聽著刺耳，不理伊尹，伊尹只得放棄。桀命人造了一個大池，稱為夜宮，他帶著一大群男女雜處在池內，竟一月不上朝。太史令終古哭著進諫，桀卻斥責終古多管閒事，終古知桀已無可救藥，就投奔了商湯。一個叫關龍逢的臣子，向桀進諫說：「天子謙恭而講究信義，節儉又愛護賢才，天下才能安定，王朝才能穩固。現今陛下奢侈無度，嗜殺成性，使百姓都盼望您早些滅亡。陛下已經失去了民心，只有趕快改正過錯，才能挽回人心。」桀怒罵關龍逢，並殺死了他。

夏桀狂妄地認為他的統治永遠不會滅亡。他說：「天上有太陽，正像我有百姓一樣，太陽會滅亡嗎？太陽滅亡，我才會滅亡。」但桀失去人心，眾叛親離，最終被商湯滅國。

縱觀歷史，沒有那個朝代可以流傳千古，萬世不滅的。統治者不善於納諫便會把國家帶上一條不歸路。逆耳的諫言是救世的良藥，諂媚好聽的佞言則是國家滅亡的催化劑，裹在糖衣下的是鋒利的尖刀。

桀不納諫

　　聽到阿諛誣陷的語言就覺得順耳舒服，而聽到直言規勸的忠告就表現得憤怒，覺得難受，這樣的君主必定走向滅亡。

　　夏桀對犯顏直諫者很惱怒，他甚至處死了進諫的關龍逢。直到此時，夏桀還沒覺察到自己的錯誤，這說明夏朝離亡國不遠了。

　　夏桀以天命自居，把自己比作太陽，說：「我有天下，好比天上有太陽，太陽會滅亡嗎？」拒不聽從太史令終古對其的勸誡，以致廣大人民憤怒地高呼：「是日何時喪？予與汝皆亡。」

伊尹

　　成湯喜歡聽人提意見，他鼓勵大家說：「用水可以照人的影子，聽了人民的反應，才知道治得得是好還是壞。」

商湯

　　桀即位後的第三十七年，東方商部落的首領湯將一個德才兼備的賢人伊尹引見給桀。伊尹以堯、舜的仁政來勸說桀，希望桀體諒百姓的疾苦，用心治理天下。桀聽不進去，伊尹只得離去，後輔佐商湯。

　　商湯是商朝（約公元前 1562 －前 1066 年）的創立者，又稱武王、武湯、成湯、天乙。商湯是契的十四代孫，商部落首領。他在伊尹等人的輔助下滅夏，建號為商，確立奴隸制國家，生產得到迅速發展，已能用多種穀類製酒，手工業能製造精美的青銅器和燒製白陶，交換逐漸擴大，出現了早期的、規模較大的城市，成為當時世界上的文明大國。

伍

遵義章

遵而行之者，義也

陸

安禮章

言安而履之，之謂禮

　　原安者，定也。禮者，人之大體也。此章之內，所明承
上接下，以顯尊卑之道理。

　　釋評：順天而行也罷，招攬英雄也罷，都必須要有個良
好的社會環境。「春秋無義戰」、「禮崩樂壞」、弒君殺父
八十八起……此無他，皆因社會環境之動盪不安，於是君臣
之大義、政策法規之完善，就成了一切的關鍵。

本章圖說目錄

福在積善，禍在積惡

原文：

> 怨在不舍小過，患在不豫定謀；福在積善，禍在積惡。

注曰：「善積則致於福，惡積則致於禍；無善無惡，則亦無禍無福矣。」

王氏曰：「君不念舊惡。人有小怨，不能忘舍，常懷恨心；人生疑懼，豈有報效之心？事不從寬，必招怪怨之過。人無遠見之明，必有近憂之事。凡事必先計較、謀算必勝，然後可行。若不料量，臨時無備，倉卒難成。不見利害，事不先謀，反招禍患。人行善政，增長福德；若為惡事，必招禍患。」

● **解讀**

　　原文所要表達的意思是，惹人怨恨是在於不肯放過人家的小過失，蒙受禍患是因為不能預先採取防範措施。享受幸福的生活在於累積善行，受到災難的折磨在於累積惡行。

　　人非聖賢，孰能無過？如果當政者，對別人的小過失百般挑剔，斤斤計較，吹毛求疵，還擺出一副自己永遠正確的架勢，臣屬多會覺得不公平，心生怨恨。因而當政者應有一定的器度和心胸，設身處地地為臣屬著想，原諒他人的無心之失，也會讓人覺得你通情達理，從而能心存感激，凝聚力也就因此而產生了。

　　禍患之所以會出現，是在於沒有防患於未然，在災禍剛有跡象時，沒有發現並採取相應的措施。如果能在災禍剛剛露出苗頭的時候就採取相應的措施並加以疏導，使其消融在雛形時期，從而達到「我無為而民自安」的祥和境界。老子所說的無為而治，並不是無所為，而是在順其自然中而有所為。恕小過，防未患，這是無為而治天下必須掌握的一個重要原則。

　　《易》云：「積善之家，必有餘慶。積不善之家，必有餘殃。」諺語曰：「刻薄成家，理無久享。」孔子亦云：「君子之澤，三世而斬。」這些都是講善惡到頭終有報，善惡的累積，會在現實之中反映出來。

　　當然，不管行善還是作惡，其業報也非立即顯現。災禍或福壽都是由一件件一樁樁的惡行或善舉逐漸累積而成的。俗話說，善惡到頭終有報，不是不報，時候未到。周朝之所以能維持八百年，是由於文王的先人和子孫累世積德；短短十五年的秦朝則是因為秦始皇以霸道這種強硬的方法搶到天下的，短命的元朝也是這樣。像國家社稷這樣的還需要長時間的累積，更何況是個人、家庭了，所以講謀術先要看其動機是為善還是為惡，方可成大事，且事業長久。

福在積善

《易》云：「積善之家，必有餘慶。積不善之家，必有餘殃。」諺語曰：「刻薄成家，理無久享。」孔子亦云：「君子之澤，三世而斬。」人的災禍或福壽都是由一件件一樁樁的惡行或善舉逐漸積累而成的。

享受幸福的生活在於累積善行，勿以善小而不為，從點滴做起，一切都是從量變到質變的過程，即使沒有什麼大成就，也不要忘耕耘行善，還是可以有自己的小成功。

周朝由於文王的先人和子孫累世積德，才會有八百多年的江山。

禍在積惡

受到災難的折磨是因為之前累積的惡因。禍在積惡，勿以惡小而為之。秦始皇以霸道得天下，因而政權只維持了十五年。

安在得人，危在失士

原文：

> 饑在賤農，寒在惰織。安在得人，危在失士。富在迎來，貧在棄時。

注曰：「唐堯之節儉，李悝（克）之盡地利，越王勾踐之十年生聚，漢之平準，皆所以迎來之術也。」

王氏曰：「懶惰耕種之家，必受其饑；不勤養織之人，必有其寒。種田、養蠶，皆在於春；春不種養，秋無所收，必有饑寒之患。國有善人，則安；朝失賢士，則危。韓信、英布、彭越三人，皆有智謀，霸王不用，皆歸漢王；拜韓信為將，英布、彭越為王；運智施謀，滅強秦，而誅暴楚；討逆招降，以安天下。漢得人，成大功；楚失賢，而喪國。富起於勤儉，時未至，而可預辦。謹身節用，營運生財之道，其家必富，不失其所。貧生於怠惰，好奢縱欲，不務其本，家道必貧，失其時也。」

● 解讀

　　原文所要表達的意思是，百姓沒有飯吃，是因為政府不重視農耕；百姓沒有衣穿，在於官吏懈怠引導編織生產。國家長期安定，那是由於獲得人心；國家發生危機，在於當政者處事出現失誤。國家富有，在於增產節約、生聚有方；國家貧困，在於放棄農業生產、違背農時。如果在春天，不播種莊稼，不養蠶，那麼到了秋天就沒有收穫，人們自然就缺衣少穿。

　　一個國家，擁有賢能的人才，又能任命得當，那麼這個國家一定可以治理的很好，百姓豐衣足食，國家政治清明，但如果一個國家的統治者，不善用人，而且放任人才流失，那麼這個國家一定會遭殃。

　　中國歷來以農業為立國之本，「以農立國」的這種國情令農業狀況的好壞，直接關係到社會國家的鞏固與否。一旦廣大民眾缺衣少食，食不果腹，這個國家往往即將走向沒落，因為當政者輕視農業生產，不關心農民的疾苦所造成的後果，就是以農業為本的國家而不重視農業，民以食為天，想一想便知道，連最基本的需求都無法滿足，怎能不生二心呢？這樣的政權當然無法穩固。

　　國富民強，是由於各種人才都得到了合理任命和使用，假如這個國家出現危機，則多是人才流失所造成的。如想維持繁榮富強，在內，全國應形成勤儉節約的良好風尚；在外，尋求良好而暢通的溝通管道。

　　如想增強國力，一國之君臣皆需付出努力。堯舜以身作則，李悝改革，越王十年休養，十年生息，漢文帝用晁錯發展農業，所有這一切，都為百姓求得實惠，激發了民眾的積極性，因而上下一心，國富民強。相反地，喪失良機，鋪張浪費，捨本逐末，就要出現國弱民窮的可悲局面。

安在得人

一個國家的方針政策，如果真能做到人盡其才，物盡其用，必然會出現政通人和，國泰民安的興旺景象；但如果一個國家的統治者不善於任用賢能之人，致使人才流失嚴重，那麼這個國家一定會遭殃。

唐太宗認為「致安之本，惟在得人」，因而他堅持「任人唯賢」和「取其所長」的原則。即位後，唐太宗所選拔的人才多為有志、有才之人，諸如魏徵、房玄齡等人。為了改善吏治，爭取各地主鄉紳的支持，他也選拔任用了各階層的許多有才能的人擔任中央要職，對政治穩定產生了十分重要的作用。

危在失士

韓信、英布、彭越三人，都是智勇雙全的人，西楚霸王項羽不任用他們，於是他們都投奔了漢王劉邦；劉邦拜韓信為將，英布、彭越為王。劉邦在他們的幫助下，先滅了秦王朝，而後又滅了西楚霸王項羽。而多疑的項羽連一直忠心耿耿的范增也不放過，最後落得自刎烏江也可以說是咎由自取。

輕上生罪，侮下無親

上無常躁，下無疑心；輕上生罪，侮下無親。

> 注曰：「躁靜無常，喜怒不節；群情猜疑，莫能自安。輕上無禮，侮下無恩。」
>
> 王氏曰：「喜怒不常，言無誠信；心不忠正，賞罰不明。所行無定準之法，語言無忠信之誠。人生疑怨，事業難成。『承應君王，當志誠恭敬；若生輕慢，必受其責。安撫士民，可施深恩、厚惠；侵慢於人，必招其怨。輕蔑於上，自得其罪；欺罔於人，必不相親。」

● 解讀

原文所要表達的意思是，君主如果不是經常表現的急躁不安、反覆無常，也不會給臣子造成壓力，從而使得臣子相互猜疑不安。下位者如果輕視在位上司，一定會被治罪；如若上位者欺侮下位者，必定會沒有人敢親近上位者。

權力具有很大的魔力，誰擁有了它，誰便可變得相對地隨心所欲，主觀意志立即變成具體而有效的行動不是沒有可能。因而很多人在權力之爭中迷失自我。

作為掌握權力的君主，如若喜怒無常，昏亂荒唐，進退舉止沒有一個君主應有的樣子；或者急功近利，目光短淺，隨心所欲地制訂出各種政策，但又任意地不去執行，言而無信，那麼，各級官吏就會無所適從，疑慮重重。一個國家的混亂往往由此而生。

君待臣以禮，臣事君以忠，這是君臣之常道。作為臣子，食君之祿，忠君之事，為君主效力是臣子的本分，如果為臣的對國君居功輕慢，即是軟弱無能的君主也不會容忍這樣僭越的事情發生，因而驕橫的臣子多輕則削職，重則亡身。而作為一國之君者，如果喜怒無常，欺凌侮辱下臣，折辱臣子的自尊，臣子也不會對其忠心，君主便變成了真正的「孤家寡人」，政策法令無法上下暢通，這樣的君主統治沒有長久的。歷史上許多弒君犯上事件，多數因此而發生。

自古以來，功高震主者沒有幾人能善始善終，而居功自傲，目空一切的臣子也多是被無法容忍的君主除去。為人切勿恃才傲物，居功而不自傲方能長久保命。楚漢戰爭期間，韓信明修棧道，暗度陳倉，出奇致勝攻下了關中，可謂是對大漢居功至偉。但韓信不知收斂，雖明知被猜忌，仍一意孤行，最後慘遭呂后殺戮。前車之轍，後車之鑒。為人謙和低調，不居功自傲，是一種安身立命的精神境界。

輕上生罪

韓信被殺，禍起於自請封王。平定三齊之後，劉邦正被楚軍圍困在滎陽的危急關頭，韓信竟上書劉邦，自請封齊王。後韓信仍對劉邦沒有主動封其為王而深表不滿，在固陵一戰中借故不肯發兵，致使劉邦大敗。對此，劉邦極為惱火，只是迫於當時形勢，不便誅之。以後隨著局勢的穩定，韓信便成了刀下之鬼。

秦漢之際，君臣關係非常脆弱。這一特徵在劉邦與其功臣之間的關係中表現得非常突出。君臣的態度也鑄就了結局。韓信居功自傲，遭到了同文種一樣的下場。陳平在處理君臣關係時更為老練，虛與君主周旋，以保全自己。張良歸隱得善終，謙恭自守的蕭何自污免禍。

侮下無親

一國之君，如果喜怒無常，欺凌侮辱他的臣子，臣子就不會親近他，皇帝也就成了真正的「孤家寡人」。明朝的崇禎皇帝，他不相信任何人，只憑自己的主觀臆斷妄加猜測。所以到最後，一些重臣如洪承疇、吳三桂等都投降了清朝。

洪承疇（1593—1665 年），字彥演，號亨九。先仕明，於松山之敗後降清，是明末叛臣之一，但同時也是清朝定鼎中原的重臣。乾隆因洪承疇為叛明降清的人，列於貳臣甲等列入《清史·貳臣傳》。

近臣不重，遠臣輕之

原文：

　　近臣不重，遠臣輕之。

　　注曰：「淮南王言：『去平津侯如發蒙耳』。」

　　王氏曰：「君不聖明，禮衰、法亂；臣不匡政，其國危亡。君王不能修德行政，大臣無謹懼之心；公卿失尊敬之禮，邊起輕慢之心。近不奉王命，遠不尊朝廷；君上者，需要知之。」

● 解讀

　　原文所要表達的意思是，如果君主不聖明，不修德行，身邊的臣子便對君主無畏懼之心，對待君王不尊重，這種情形被地方的官員知曉了，地方上的臣子對君王和政令就會輕慢。出現這種狀況是很正常的，下屬尊重和真心臣服的只有是那些手握實權之人，而對徒有虛名的君主，只有表面上的尊重，因而對傀儡君主的政令只是陽奉陰違。

　　《淮南子》認為君主的自身修養不僅關係到民心向背，而且對於臣下的作為及整個社會的治亂影響很大。「是以上多故則下多詐，上多事則下多態，上煩擾則下不安，上多求則下交爭」（《主術訓》）、「驕溢之君無忠臣」（《繆稱訓》），說的都是君主的榜樣作用，言教不如身教，君主自身的道德修養，直接影響著臣子、民眾的行為準則和價值取向乃至整個社會風氣的好壞。如果君主多欲，臣下就斂財，會導致國危民亂。君主多欲，最後是不得其欲。

　　清代的大貪官和珅精明能幹，敏捷異常，善於臨機應變，在政務方面能力還可以，不過在文治、武功方面都沒有突出建樹，但他卻能在清朝權傾朝野達數十年之久，這是為什麼呢？原來和珅特別善於揣摩乾隆的心意，因而所作所為極合乾隆的心意，得到了乾隆的賞識和信任，從而為和珅玩弄權術提供了便利的機會。乾隆極度信任和珅的原因之一便是和珅能為他聚斂銀錢，以供支付各種不便公開動支國庫的費用，諸如皇太后過壽，乾隆既想辦的漂漂亮亮地，但又不想被臣下指責鋪張浪費。和珅便巧編名目，令那些貪官主動出錢，這樣既不用花費國庫的費用，還贏得了孝名，乾隆當然滿意了。上行下效，清朝的貪汙之風盛行，官員賄賂成性。清朝的這種社會風氣的形成，與乾隆個人的志得意滿、好大喜功、自詡明君的心態有很大關係。

　　君德、臣忠，君賞、臣功，相對地，君逆、臣叛，君欲、臣貪。君主只有提高自身的素養，才可做到「內聖外王」。

近臣不重，遠臣輕之

　　中國古代的政治家們一直就有一種「內聖外王」的濟世情懷，修身、齊家、治國、平天下就是對他們人生理想最為恰當的表述。君主自身的道德修養，直接影響著臣子、民眾的行為準則和價值取向乃至整個社會風氣的好壞。

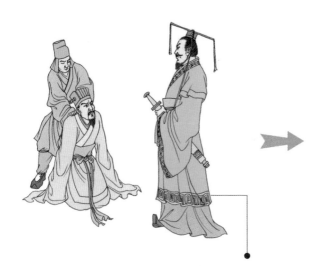

只有懂得大舉賢德之人而充分使用和發揮眾智的君主，才是擁有大智慧的人。的確，在歷史上商紂王、隋煬帝那樣雖然不乏小聰明但最終不免身敗國滅的無道昏君我們見的太多了。

　　「是以上多故則下多詐，上多事則下多態，上煩擾則下不安，上多求則下交爭」（《主術訓》）「驕溢之君無忠臣。」（《繆稱訓》）

上行下效

　　如果當權者喜好或傾向於某種活動，下面的人為討好當權者，便會效仿，而且愈演愈烈。

乾隆即位之初，是以拒絕進貢而聞名的。但是到了晚年卻大肆接納貢品，甚至還巧設名目增加進貢的次數。

　　和珅曾經發明了「議罪銀」。議罪銀是懲罰方式「罰俸」的演變體，和珅利用罰俸過程中的漏洞，奏請乾隆把此定制為一種制度，這樣有罪的臣子繳納部分錢財便可減罪，而乾隆也可創收，雙方都是有利可圖。這本是懲罰制度，但卻成為了犯罪的保護傘、「免死牌」，社會風氣焉能不壞啊。

人以群分，物以類聚

原文：

　　枉士無正友，曲上無直下。

　　注曰：「暗也。明也。李逢吉之友，則『八關』、『十六子』之徒是也。元帝之臣則弘恭、石顯是也。」

　　王氏曰：「諂曲、奸邪之人，必無志誠之友。不仁無道之君，下無直諫之士。士無良友，不能立身；君無賢相，必遭危亡。」

● 解讀

　　原文所要表達的意思是，行為不合正道而又違法用事的人，他不會有正派的友人；歪曲事實而又枉法定案的上級，也不會有剛直的下級。

　　《易·繫辭上》：「方以類聚，物以群分，吉凶生矣。」人們結交朋友都是按興趣、口味、品行、志向等來結交的。正直的人身邊聚集的多是正直的人，而那些人品、行為不端正的人，所結交的朋友大多也是不三不四之輩。

　　這是朋友相交，而在上下級之間，便會出現「上有所好，下有所效。」居高位者品德不端，那麼他身邊也會聚集著一幫子臭味相同、投其所好的奸佞小人、怪誕之徒。如楚王好細腰，宮中多餓死；而庸弱的漢元帝寵信奸宦弘恭、石顯，而使得宦官專權誤國；風流皇帝宋徽宗對善踢球的高俅委以重任，致使北宋亡國，高俅的責任不可推卸。最誇張的當屬是唐敬宗的宰相李逢吉，據說其死黨有八人，附庸八人。凡想結交他的必先透過這十六人，故被稱為「八關」、「十六子」。上述的例子全是臭味相投的例子，但他們的愛好相同，所以說同類的東西常聚在一起，志同道合的人相聚成群，反之則分。

　　戰國時齊國淳于髡，博學多才，能言善辯，被任命為齊國的大夫。齊宣王喜歡招賢納士，於是讓淳于髡舉薦人才。淳于髡一天之內接連向齊宣王推薦了七位賢能之士。

　　齊宣王很驚訝，就問淳于髡說：「寡人聽說，人才是很難得的，如果千里之內能找到一位賢人，那賢人就多得像肩並肩站著一樣；如果一百年能出現一個聖人，那聖人就像腳跟挨著腳跟來到一樣。你一天之內就推薦了七個賢士，有這麼多的賢士嗎？」淳于髡曰：「不然。夫鳥同翼者而聚居，獸同足者而俱行。今求柴胡、桔梗於沮澤，則累世不得一焉。及之睪黍、梁父之陰，則郤車而載耳。夫物各有疇，今髡賢者之疇也。王求士於髡，譬若挹水於河，而取火於燧也。髡將復見之，豈特七士也？」其意是說，同類的鳥、獸才聚在一起活動。人們要尋找柴胡、桔梗這類藥材，需要到它們的生長地梁文山的背面去

人以群分

　　夫鳥同翼者而聚居，獸同足者而俱行。今求柴胡、桔梗於沮澤，則累世才得一焉。及之睪黍、梁父之陰，則郤車而載耳。夫物各有疇，今髡賢者之疇也。王求士於髡，譬若挹水於河，而取火於燧也。髡將復見之，豈特七士也？

陸

安禮章

言安而履之，之謂禮

　　常言道：「人以群分，物以類聚。」人品、行為不端正的人，所結交的朋友大多也是不三不四之輩。

　　「上有所好，下有所效。」居高位者品德不規，邪癖放浪，身邊總要聚集一幫子投其所好的奸佞小人或臭味相同的怪誕之徒。楚王好細腰，宮中多餓死；而庸弱的漢元帝寵信弘恭、石顯，而使得宦官專權誤國；風流皇帝宋徽宗對善踢球的高俅委以重任，致使北宋亡國。

　　淳于髡以博學多才、善於辯論著稱，是稷下學宮中最具有影響的學者之一。他長期活躍在齊國的政治和學術領域，上說下教，不治而議論，曾對齊國新興封建制度的鞏固和發展，對齊國的振興與強盛，對威、宣之際稷下之學的發展，做出了重要的貢獻。

　　同類的東西常聚在一起，志同道合的人相聚成群，反之則分離。很多要好的朋友最終分道揚鑣，就是因為話不投機，志向不同而致。

找，如果在水澤窪地去找，恐怕永遠也找不到。這是因為天下同類的事物，才總會聚在一起的。我淳于髡也算是個賢士，我身邊的朋友多是賢士，因而我舉薦人才就如同在黃河裡取水，在燧石中取火一樣容易。道理很簡單，淳于髡是一個博學多才的人，所以與他相交往的人亦是如此。否則無法交往，沒有共同愛好的人，是無法成為朋友的。

孔子說：「益友者三，損友者三」。正直、誠實、廣見博識的朋友對我們的一生有益；相反不誠實、優柔寡斷、夸夸其談的朋友則會引導我們走上盲點。《三字經》中講道：人之初，性本善。性相近，習相遠。苟不教，性乃遷。教之道，貴以專。人在剛出生時，本性都是一樣善良的，只因各自後來的成長環境不同，各自的經歷不同，所以各人的性格都變得不一樣。而朋友是十分重要的一種外在影響。所謂近朱者赤，近墨者黑。你所處的環境甚至能改變你的成長軌跡，決定你的人生成敗。和什麼樣的人在一起，就會有什麼樣的人生。和勤奮的人在一起，你不會懶惰；和積極的人在一起，你會樂觀。

在擇友方面，孔子也有很多言論，如「無友不如己者」，與在某方面有特長而己不足的方面的人相交，提升自己。「聽其言，觀其行」是孔子了解人的方法，同時也是他擇友的方法，要全面觀察其言行從而了解他的動機、思想、品格，選擇真正可交之人。孔子曰：「視其所以，觀其所由，察其所安，人焉廋哉，人焉廋哉！」真正認識了解一個人，評價要客觀，而不可人云亦云，「眾惡之，必察焉；眾好之，必察焉」便說的是這個意思。同時孔子鄙視那些追求物質利益的人，「士志於道，而恥惡衣食者，未足與議也」。與朋友相交，最重要的是志同道合，所謂道不同則不相為謀，志向不同，言行舉止自然也隨之不同，那麼人生軌跡也會越走越遠，這樣的朋友最後可能只是點頭之交。因而只有志同道合的才算得上是朋友，酒肉之交永遠不能長久。

了解一個人，不用從他本身了解，只要看他周圍有什麼樣的朋友就可以了。經常和品行高尚的人在一起，就像沐浴在種植芝蘭而充滿香氣的屋子裡一樣，時間長了雖然聞不到香味，但其本身也沾染了香氣。和品行低劣的人相處，猶如長時間待在賣鮑魚的地方，久之而不聞其臭，但自己身上也不知不覺浸染了那種味道。收藏丹朱的地方時間長了，也會侵染成紅色，而藏漆則會變黑，這也是環境影響使然啊！因而，君子必須謹慎地選擇自己所處的環境，特別是朋友。

得一摯友，終生有益。得一損友，會後患無窮。君子處世，不得不謹慎。

齊宣王喜歡招賢納士，於是讓淳于髡舉薦人才。淳于髡一天之內接連向齊宣王推薦了七位賢能之士。

寡人聽說：「人才是很難得的，如果千里之內能找到一位賢人，那賢人就多得像肩並肩站著一樣；如果一百年能出現一個聖人，那聖人就像腳跟挨著腳跟來到一樣。你一天之內就推薦了七個賢士，有這麼多的賢士嗎？」

此話不盡然。同類的鳥、獸才聚在一起活動。人們要尋找柴胡、桔梗這類藥材，需要到它們的生長地梁文山的背面去找，如果在水澤窪地去找，恐怕永遠也找不到。這是因為天下同類的事物，才總會聚在一起的。我淳于髡也算個賢士，我身邊的朋友多是賢士，因而要我舉薦人才就如同在黃河裏取水，在燧石中取火一樣容易。如果我要舉薦的話，何止七個呢！

得道多助，失道寡助

原文：

　　危國無賢人，亂政無善人。君子深者求賢急，樂得賢者養人厚。國將霸者士皆歸，邦將亡者賢先避。

　　注曰：「非無賢人、善人，不能用故也。人不能自愛，待賢而愛之；人不能自養，待賢而養之。趙殺鳴犢，故夫子臨河而返。若微子去商，仲尼去魯是也。」

　　王氏曰：「讒人當權，恃奸邪欺害忠良，其國必危。君子在野，無名位，不能行政；若得賢明之士，輔君行政，豈有危亡之患？縱仁善之人，不在其位，難以匡政、直言。君不聖明，其政必亂。若要治國安民，必得賢臣良相。如周公攝正輔佐成王，或梳頭、吃飯其間，聞有賓客至，三遍握髮，三番吐哺，以待迎之。欲要成就國家大事，如周公憂國、愛賢，好名至今傳說。聚人必須恩義，養賢必以重祿；恩義聚人，遇危難捨命相報。重祿養賢，輒國事必行中正。如孟嘗君養三千客，內有雞鳴狗盜者，皆恭養、敬重。於他後遇患難，豬盜秦國孤裘，雞鳴函谷關下，身得免難，還於本國。孟嘗君能養賢，至今傳說。」

● 解讀

　　原文所要表達的意思是，在國家危殆的時候，並不是沒有賢人，而是德才兼備的人得不到重用；政治紊亂的出現，並不是沒有善人，而是能力很強的人得不到使用。只有深切愛惜人才的人，才會急切地尋求賢人；只有求賢若渴的人，才會給人才以優厚的待遇。一個國家，如果顯示出即將稱雄四海的景象，那麼有識之士多會趨之如鶩，前往效力；相反，凡是有點見識的人往往會逃離一個即將要滅亡的國家。

　　在一個朝綱混亂，民心浮動，朝野豺狼當道，邪惡橫行的國家，是看不到德才兼備的賢人的，不是沒有賢人，而是賢人在此不被當權者賞識，不重用罷了。在這種社會風氣下，好人受氣，善人含冤，善良正直之人無法生存。大家知道魏晉南北朝時，很多才識之士或遁入空門，或隱逸山林，自甘清貧，瀟灑度日。這些隱逸之士，生不逢時，其才學不被承認，不但如此，他們還隨時處在危險之中，諸葛亮所說的「苟全性命於亂世，不求聞達於諸侯」充分表達了亂世時賢德之士的心態。

　　真正有志於天下、誠心愛才的當權者，求賢若渴，且對治世之才，不惜重金相聘。人才是事業的第一要務，這是眾所周知的事實。而人才也會趨利避害，選擇對自己最有力最能施展才華的地方落腳。一介草民，才德超群，也只能在明君那裡實現自己濟世救民的心願，一旦不能如願，便只好「擇木而棲」。當年孔子想去晉國實現他的政治理想，他和弟子們已經走到了晉國邊境，但聽到趙簡子殺了輔佐他的賢大夫鳴犢，於是孔子便取消了投靠趙簡子的計畫。

　　所以，從人才的流向，就可以看出一個國家的興亡。

得道多助

唐太宗有一個優點，就是知錯必改。有一次，他得到了一隻精美絕倫的鷂鷹。那段時間他一直沉迷於這隻鷂鷹，魏徵知道後便故意在唐太宗正在玩耍這隻鷂鷹時進諫。

唐太宗一時情急，趕忙把鷂鷹藏在袖裏。其實，魏徵早已把一切看在眼裏，卻故作不知。走上前去，特意講起古代帝王追求逸樂之事，旁敲側擊帝王不可玩物喪志。唐太宗擔心時間長了，鷂鷹悶死。但是，魏徵說得沒完沒了，唐太宗自知理虧，不敢打斷。結果，鷂鷹還是悶死在袖中。就是唐太宗的這種態度，使得他得到眾人的擁護，而他在位期間，也是唐朝最鼎盛的時期。

失道寡助

①後唐莊宗（李存勗）在中牟打獵，他和隨從們乘坐的馬踐踏農田，損壞了莊稼。中牟縣的縣令攔住莊宗的馬向他勸諫。

②莊宗大怒，命令把他拉走殺了。這時一個伶人（演戲的人）責備縣令說：「你身為縣令，難道沒聽說天子喜歡打獵嗎？你為什麼要放縱百姓，讓他們去耕種田地來繳納國家的賦稅呢？你何不讓你的百姓餓著肚子，空出這片田野來讓天子馳騁追逐呢？你真是罪該處死！」

③唐莊宗為伶人的機智征服，便放過了中牟縣令。這只是一件小事，類似的事件還有很多，無道致使其亡國。歐陽修這樣評價莊宗：「方其盛也，舉天下之豪傑，莫能與之爭；及其衰也，數十伶人困之，而身死國滅，為天下笑。」

擇木而棲，擇主而事

原文：

> 地薄者大物不產，水淺者大魚不游，樹禿者大禽不棲，林疏者大獸不居。

注曰：「此四者，以明人之淺則無道德；國之淺則無忠賢也。」

王氏曰：「地不肥厚，不能生長萬物；溝渠淺窄，難以游於鯨鼇。君王量窄，不容正直忠良；不遇明主，豈肯盡心於朝。高鳥相林而棲，避害求安；賢臣擇主而佐，立事成名。樹無枝葉，大鳥難巢；林若稀疏，虎狼不居。君王心志不寬，仁義不廣，智謀之人，必不相助。」

• 解讀

　　原文所要表達的意思是，土地貧瘠的地方，不會生長出大的作物，因為營養不夠；清淺的河中，不會有較大的魚游動，因為易被捕捉；光禿的樹上，大的飛禽不會來此棲息，因為易被獵殺；稀疏的林中，大的猛獸不會潛居在這裡，因為不易潛藏。

　　自然界的生存環境尚且如此，那人類的處世環境更是如此了。這裡用客觀的自然現象來說明，一個國家上自朝廷下至地方有權勢的人當中沒有一個具備振興國家的品德和謀術，那麼這個國家就更沒希望了，就必然不會吸引、凝聚大批人才。這就像是貧瘠的土地不能生長出豐美的作物，淺水養不住大魚，禿木招不來鳳凰，猛獸不住疏木一樣。尊奉天道的聖賢，自然不會流連於危亂之邦，而淺薄無知的小人，當然不會對國家有什麼幫助一樣。

　　古人云：「良禽擇木而棲，良將擇主而事。」鳥飛累了，得找棵安全的樹歇息，才不會被獵手捕殺；能征善戰的猛將一定要找個知人善用的君主，只有這樣才能有大顯身手的機會。

　　所謂的「識時務者為俊傑」和「良禽擇木而棲，賢臣擇主而事」，講的都是人對事物現在和未來發展趨勢的一種準確判斷。劉備一會兒投曹操，一會兒依袁紹，一會兒又隨劉表，他之所以這樣，是因為他了解到三個人的特點及當時的環境，這是對當時發展趨勢的一種把握。

　　良禽擇木而棲，棲就要棲更好的。在大的選擇上是不能馬虎的，選擇什麼樣的環境，什麼樣的長官和同事，在很大程度上影響著個人的發展。即使一個人能力再強，沒有一個更好的平台，單憑自己的實力硬闖，是絕對不行的，即使會成功，花費的精力和時間將是翻倍甚至是幾十倍。如果在一個好的平台上，同時配合時勢與機運，耐心沉著，等待出擊的最佳時刻，成功必然會向你招手。在生活中，有實力且能乘勢抓住機會的人，才會成為生活中的佼佼者。

良禽擇木而棲

地薄者大物不產，水淺者大魚不游，樹禿者大禽不棲，林疏者大獸不居。

鳥飛累了得找棵安全的樹歇息才能睡得安穩，不被獵手捕殺；能征善戰的驍將要尋個知人善用的好主，只有這樣才能大顯身手。

賢臣擇主而事

假如上自朝廷下至地方有權勢的人，不具備振興國家的品德和謀術，就必然不會吸引、凝聚大批人才，法天象地的聖賢，自然不會流連於危亂之邦，淺薄無知的小人，只能加速國家的滅亡。

《三國演義》裏的劉備，一會兒投靠曹操，一會兒依附袁紹，一會兒又追隨劉表，是對當時發展趨勢的一種觀察。

謙虛受益，自滿招損

原文：

> 山峭者崩，澤滿者溢。

> 注曰：「此二者，明過高、過滿之戒也。」
>
> 王氏曰：「山峰高峻，根不堅固，必然崩倒。君王身居高位，掌立天下，不能修仁行政，無賢相助，後有敗國、亡身之患。池塘淺小，必無江海之量；溝渠窄狹，不能容於眾流。君王治國心量不寬，恩德不廣，難以成立大事。」

● 解讀

原文所要表達的意思是，陡坡上的岩體、深澗邊的峭壁，在重力超過一定程度時，必定會引起崩裂；聚水的窪地、池塘河流等地，當其儲存量超過了承受的限度時，必定會導致外溢。

山峭崩，澤滿溢，是一種自然現象。做人也需收斂，不可得意忘形、鋒芒畢露，否則會槍打出頭鳥，到手了的權勢、財富、功名轉眼成空。人在危難困苦之時，多會奮發圖強、勵精圖治，但是一旦如願，便會忘記當時的堅持，或者是為了彌補自己所遭受的苦難，便放逸驕橫。因此，古今英雄，善始者多，善終者少；創業者眾，守成者鮮。世人多難逃這個現象，或許是人性使然。故而古人曰：「聰明廣智，守以愚；多聞博辯，守以儉；武力多勇，守以畏；富貴廣大，守以狹；德施天下，守以讓。」以愚、儉、畏、狹、讓這幾種相對謙遜的態度來對待自己的成功。

天外有天，人外有人。老子曾說「揣而銳之，不可長保」，說的是刀片本來就很鋒利，為求更鋒利，更薄的刀片恐怕是一碰就斷，連原來的鋒利也隨之逝去。滿招損，謙受益。過分的張揚，必然會遭遇迎頭痛擊。狂妄地拿自己的那一點微不足道的長處去與別人做比較，孰料這與更加強大的人相比自己的那種得意顯得那麼渺小，那打擊幾乎將是毀滅性的。

《禮記‧曲禮》中曰：「傲不可長，欲不可縱，樂不可極，志不可滿。」讓自己的欲望暢達，雖是人之常情，但賢者能自制、自戒、自警，從而不過度。人在得意時便需早回頭，順勢而收，否則弓滿則折，月滿則缺。山谷周圍是高高的群峰，但其內部卻悠遠空闊，因而才容納了大小河流，沉積了肥厚的泥土，森森萬木，茫茫菽麥，都孕育期間。人也應該虛懷若谷。人有謙虛的品格，才會發現自己的不足，看到別人的長處，激起自己強烈的上進心，取長補短，更完善自己。劉備「三顧茅廬」與「馬謖拒諫失街亭」恰好證明了謙勝驕敗的道理。謙虛處己待人以敬，是我國古代思想家推崇的重要倫理道德思想，並為有志者所踐履，給後人帶來無窮的力量。

過猶不及

志不可滿，樂不可極。雖是人之常情，但賢者能自制，自戒而不過度。得意時需早回頭，否則弓滿則折，月滿則缺。西楚霸王項羽就虧在一個自滿之上了。

由於項羽的恃才傲物和盲目自大的個人英雄主義作風，從一開始的盟誓舉兵忽視對手，到後來的鴻門宴放虎歸山輕視對手，導致敗在了普通百姓劉邦的手下。

虛懷若谷

山谷的周圍是高高的群峰，而懷抱中卻無比的深沉空闊，因而才容納了高山溪流的大小流水，沉積下肥厚的沙石泥土，孕育出森森萬木，茫茫菽麥，大自然的萬千氣象盡在其中，這就是虛谷的妙處，謙虛的人胸懷像是虛谷，胸中可容天地。

因小失大，得不償失

原文：

　　棄玉取石者，盲；羊質虎皮者，柔。衣不舉領者，倒；走不視地者，顛。柱弱者屋壞，輔弱者國傾。

　　注曰：「有目與無目同。有表無裡與無表同。當上而下。當下而上。才不勝任謂之弱。」

　　王氏曰：「雖有重寶之心，不能分揀玉石；然有用人之志，無智別辨賢愚。商人探寶，棄美玉而取頑石，空廢其力，不富於家。君王求士，遠賢良而用讒佞；枉費其祿，不利於國。賢愚不辨，玉石不分；雖然有眼，則如盲暗。羊披大蟲之皮，假做虎的威勢，遇草卻食；然似虎之形，不改羊之性。人倚官府之勢，施威於民；見利卻貪，雖妝君子模樣，不改小人非為。羊食其草，忘披虎皮之威。人貪其利，廢亂官府之法，識破所行譎詐，返受其殃，必招損己、辱身之禍。衣無領袖，舉不能齊；國無紀綱，法不能正。衣服不提領袖，倒亂難穿；君王不任大臣，紀綱不立，法度不行，何以治國安民？舉步先觀其地，為事先詳其理。行走之時，不看地勢高低，必然難行；處事不料理上順與不順，事之合與不合；逞自恃之性而為，必有差錯之過。屋無堅柱，房宇歪斜；朝無賢相，其國危亡。樑柱朽爛，房屋崩倒；賢臣疏遠，家國傾亂。」

● 解讀

　　原文所要表達的意思是，拋棄美玉、拾取岩石的人，必是有眼無珠；像羊一樣怯懦，但卻偏偏披上虎皮來矇騙嚇人，這樣的人一定是在裝腔作勢。穿衣時，不提著領子那一定會穿倒衣服；走路時，眼睛不看路，那他一定會跌倒。柱子不能承受壓力時，房屋必定會毀壞；輔臣軟弱無能時，國家必定會傾覆。

　　拋棄美玉，懷抱頑石的，一定是有眼無珠之人，是非不分；羊披上一張虎皮便自以為是猛虎，但人們很快就會發現這是偽裝。在歷史上和生活中這種類型的人比比皆是。戰國時的楚懷王放逐屈原，任用靳尚；宋高宗罷免李綱，任用秦檜；袁紹企圖用陳琳而給自己貼金；徐敬業借駱賓王的文章，召天下討伐武則天等，都是諸如此類的現象。

　　其實棄玉取石這種有眼無珠的傻事，我們也經常做。比如我們經常為了身外之物而大打出手，爭奪不休，但到最後才發現我們得到的比失去的多，我們失去了太多太多很重要的東西。這些東西在當時看來雖不重要，但我們最後會發現，失去的是最重要的。捶胸頓足，追悔莫及。

　　因而在處理事情的問題上，要提綱挈領，挖出事情的本質，分析清楚什麼才是重要的。然後腳踏實地，任用合適的人選，在合理正確的思想的引導下開拓進取。

倒行逆施，國之將亡

　　拋棄美玉，懷抱頑石的，實在是有眼無珠。戰國時的楚懷王放逐屈原，任用靳尚；宋高宗罷免李綱，殘害岳飛，重用秦檜，他們都屬於有眼無珠之人，所以都沒有得到什麼好結果。

以靳尚為代表的貴族階級主張在秦國的庇護下苟且偷安，他們對外親秦，對內則破壞屈原的革新，拚命維護他們的特權和利益。楚懷王對屈原很信任，新法逐步推行所取得的成效，令他們視屈原為眼中釘，急欲除之而後快。

懷王十六年，楚懷王授權屈原造《憲令》，更令靳尚深感不安，靳尚佯裝關心國家大事，欲奪取並毀掉新《憲令》，結果奪取不成，便在懷王面前大進讒言，致使屈原被逐。

　　屈原流亡江南期間，秦國加緊了對六國的攻伐。西元前 280 年，秦司馬錯由蜀攻取楚國的黔中郡，黔中是楚國的西南門戶，楚懷王為它丟掉了性命，可見它對楚國的重要性，屈原大概也是因此才歷經艱辛到達那裏，原因大概也在於此。

宋高宗，歷史上有名的昏君，因不思收復北方故土，寵信奸臣秦檜，因下令處死岳飛父子而背負惡名，為人詬病。

秦檜一直被視為漢奸或賣國賊。1141年，宋高宗在秦檜的幫助下解除了岳飛和韓世忠等人的軍權，以「莫須有」的謀反罪狀殺害岳飛父子。之後，南宋與金廷簽訂了極有爭議的「紹興和議」。

民生凋敝，國家衰亡

原文：

足寒傷心，人怨傷國。山將崩者，下先隳；國將衰者，民先弊。根枯枝朽，民困國殘。

注曰：「夫沖和之氣，生於足，而流於四肢，而心為之君，氣和則天君樂，氣乖則天君傷矣。自古及今，生齒富庶，人民康樂；而國衰者，未之有也。山將崩倒，根不堅固；國將衰敗，民必先弊，國隨以亡。長城之役興，而秦國殘矣！汴渠之役興，而隋國殘矣！」

王氏曰：「寒食之災皆起於下。若人足冷，必傷於心；心傷於寒，後有喪身之患。民為邦本，本固邦寧；百姓安樂，各居本業，國無危困之難。差役頻繁，民失其所；人生怨離之心，必傷其國。樹榮枝茂，其根必深。民安家業，其國必正。土淺根爛，枝葉必枯。民役頻繁，百姓生怨。種養失時，經營失利，不問收與不收，威勢相逼徵；要似如此行，必損百姓，定有雕殘之患。」

● 解讀

原文所要表達的意思是，腳下受寒，會使心肺受損；人心懷恨，會傷害到國家。山將崩塌，山上的土會先鬆動；國家將要衰亡，人民已先受到了損害。樹根乾枯，枝條也會隨之腐朽；人民如果生活清貧，國家也會衰亡。

足為人之根，民為國之本。可惜人們往往只顧頭面，而卻輕慢其手足，手足的作用要比臉面重要多了，這是典型的本末倒置。昏君也只是重權勢，卻輕慢作為國家的臣民。鑒於此，才有「得人心者得天下」的古訓。

在這裏，黃石公是以用山嶺崩塌，根基毀壞為主因，來進一步來說明國家衰亡的道理。根枯樹死，民困國疲。廣大民眾困苦不堪，食不果腹，朝不保夕，國家也必將衰亡。中國歷史上秦、隋王朝之所以被推翻就是因為他們竭澤而漁，由修築長城，開挖運河榨盡了全國的民力、財力而致使民不聊生。因而可鑑古知今，百姓安居樂業，國家自然也會繁榮富強。

國家安康的另外一點是民心的向背。桀和紂失去了天下，是因為失去了百姓，失去了民心。得天下的辦法是得到百姓、贏得民心，而得民心的辦法是滿足他們的大多需求，特別是溫飽需求。人民歸心於仁政，如同水往低處流、野獸奔向曠野一樣。如果君主有愛好仁德的，諸侯、百姓便會蜂擁而來。哪怕他不想稱王於天下，也不可能了。因而常言道得民心者得天下，民心向背是國家穩固和發展的基礎。

民困國殘

　　足為人之根，民為國之本。可惜人們往往愛護頭面，卻怠慢其手足，就像昏君尊貴其權勢，卻輕視其臣民一樣。他們恰恰忘了民才是國家的基礎。

如果當官的魚肉百姓，就會失去民心，失去民心，就會失去天下，國家就會滅亡，國家衰亡了，受苦的還是百姓。

　　桀和紂失去了天下，是因為失去了人民，失去了民心。得天下的辦法是得到人民；得人民的辦法是贏得民心；得民心的辦法是讓他們生活得更加幸福。

　　廣大民眾如若困苦不堪，朝不保夕，國家也必將衰亡。人民生活富裕，康樂安居，國家自然繁榮富強。

前事不忘，後事之師

原文：

> 與覆車同軌者，傾；與亡國同事者，滅。

注曰：「漢武欲為秦皇之事，幾至於傾；而能有終者，末年哀痛自悔也。桀紂以女色而亡，而幽王之褒姒同之。漢以閹宦亡，而唐之中尉同之。」

王氏曰：「前車傾倒，後車改轍；若不擇路而行，亦有傾覆之患。如吳王夫差寵西施、子胥諫不聽，自刎於姑蘇台下。子胥死後，越王興兵破了，越國自平吳之後，迷於聲色，不治國事；范蠡歸湖，文種見殺。越國無賢，卻被齊國所滅。與覆車同往，與亡國同事，必有傾覆之患。」

● **解讀**

原文所要表達的意思是，走和前面翻倒的車子一樣的路，那後面的車子也必然會翻倒；效仿前代，並與前代滅亡的君主做同樣事情的君主，也一定會同樣遭到滅亡。後人總結經驗教訓就是為了避免重蹈覆轍，再次失敗。正所謂前事不忘，後事之師。

據《戰國策·趙策》記載，春秋末年，晉國被智、趙、魏、韓四卿瓜分，晉定公毫無實權。晉定公曾遣使求齊、魯兩國出兵討伐四卿。但被四卿發現，被迫逃亡。晉哀公即位後，智卿智伯獨攬了朝政大權，成為晉國最大的卿。其他三卿都受其欺壓，魏、韓都被迫割讓土地，唯有趙卿不買帳。智卿發兵討伐，趙卿所在的晉陽被困三年，民不聊生，軍心動搖。張孟談遊說三卿聯合抗智，因而晉國成了趙、魏、韓三家鼎立的局面。身為功臣的張孟談告訴趙襄子：「歷史上，從來沒有君臣權勢相同，而永遠和好相處的。四卿瓜分晉國，置晉定公不顧。哪一天說不定我也會反對你，前事不忘，後事之師，所以請你讓我走吧，還能保留起碼的情誼。」

歷史上有很多驚人雷同的事件，比如戰國時期的吳越兩國。吳王夫差寵信西施，不聽伍子胥勸諫，並聽信讒言賜死伍子胥，九年之後，吳被越滅。越滅吳之後，一改進取思想，沉迷酒色，文種為讒言所害，時隔不久，越為齊所滅。越滅吳，當吸取吳亡之教訓，但歷史重演，沉迷酒色、斬殺功臣，因無賢而亡國。此中教訓，今人當引以為戒。

重蹈覆轍

漢武帝晚年寵信方士，信奉巫術，又兼剛愎自用，暴戾恣睢。究其根源，漢武帝一生開拓進取，才建立了大汗王朝，到晚年，被政治鬥爭搞得身心疲憊的他，希望能有更長的時間為這個國家培養出一個接班人，可惜事與願違。可見，貪欲是引起禍亂的根源。

武帝年輕時就相信長生不老之術，晚年就更加迷戀。在太始和征和年間，他數次東巡，效仿秦始皇派徐福去東海求仙，企圖得遇神仙。但國家都連年水澇旱災不斷，五穀不收。

漢武帝不吸取秦始皇因求仙而死於途中的教訓，幾乎使國家遭殃，幸虧他在晚年有所悔悟。

肉袒出降

南唐後主李煜，不以前人滅國為鑑，依歸性驕奢，好聲色，又不恤政事，猜忌多疑，忠臣良將相繼被殺，最終落得個國破家亡，肉袒出降的地步。

李煜是五代十國時南唐國君，字重光，初名從嘉，號鍾隱、蓮峰居士。南唐元宗李璟第六子，於宋建隆二年（961年）繼位，史稱李後主。李煜雖不通政治，但其藝術才華卻非凡。李煜精書法，善繪畫，通音律，詩和文均有造詣，尤以詞的成就最高。

他嗣位的時候，南唐已奉宋正朔，多次入宋朝進貢，苟安於江南一隅。宋開寶七年（974年），金陵城破，李煜肉袒出降，被俘到汴京，封違命侯。太宗即位，進封隴西郡公。據宋人王至《默記》記載，李煜為宋太宗賜牽機藥毒斃，其死後追封吳王，葬洛陽邙山。

防微杜漸，以防不測

原文：

> 見已生者，慎將生；惡其跡者，需避之。

> 注曰：「已生者，見而去之也；將生者，慎而消之也。惡其跡者，急履而惡鐳，不若廢履而無行。妄動而惡知，不若紲動而無為。」
>
> 王氏曰：「聖德明君，賢能之相，治國有道，天下安寧。昏亂之主，不修王道，便可尋思平日所行之事，善惡誠恐敗了家國，速即宜先慎避。」

● 解讀

原文所要表的的意思是，對待已經生成的事變，要謹慎地對待，如果已生長或出現的物或事是不善的，那麼就趕快去除掉，把它消除在生長或出現之前的萌芽狀態。怕踩上那些汙水腳印，那就必須盡量地避免重蹈覆轍。

我們讀歷史，常常在想，如果怎麼樣，就會怎麼樣。如果唐王朝能夠防微杜漸，便不必等到「安史之亂」之後才去挽救搖搖欲墜的大唐。如果清政府堅持將鴉片拒之國門，那也就不會有東亞病夫的稱號了。然而歷史不能假設，我們能做的便是從歷史中總結經驗，避免悲劇再次上演。無論是任何人，做事時都須學習前人的成功經驗，總結前人失敗的教訓。這樣才能防微杜漸，以防不測。

知道或經歷過慘痛的事件，在發現類似情況有重演的可能性時，便需慎重，一旦發現事實如此，便需務求將之消滅在萌芽狀態。厭惡或痛恨前人犯的錯，我們所能做的是盡力避免重蹈覆轍。既想按老方法做，卻不想犯前人的過失，這幾乎是不可能的，一勞永逸的方法是乾脆不這麼做或不做這件事。

東漢和帝即位後，竇太后專權。竇家的兄弟都在朝為官，其中竇憲官居大將軍，國家的軍政大權都在竇家手中。大臣們都擔心外戚干政，其中大臣丁鴻對經書極有研究，不滿竇太后的專權。他藉天上日食之際，上書皇帝，指出這個不祥的徵兆是上天的警示，竇家權勢危害到了國家，要迅速改變這種現象。漢和帝本來早已有這種打算，於是便順水推舟，迅速撤了竇憲的官，清除了竇家的勢力。丁鴻在給漢和帝的上書中，說皇帝如果親手整頓政治，便應在事故萌芽狀態下予以清除，既省時省力，也免於不必要的損失。這樣才可以消除隱患，使得國家能夠長治久安。

防微杜漸

　　無論是任何人，在做事的時候都應該學習前人的成功經驗，總結前人失敗的教訓。這樣才能防微杜漸，以防不測。唐朝如能清醒認識到潛在的威脅，安史之亂的慘劇就不會上演了。

安祿山表面裝得呆頭呆腦，內心則狡黠異常。他讓部將劉駱谷常駐京師，以窺測朝廷內情，故他對朝廷的情況瞭若指掌。他每年除獻俘以外，還進獻雜畜、奇禽、異獸等珍玩之物以討皇室歡心，安祿山因此博得玄宗的恩寵。

安祿山從一方節帥到身兼三鎮，榮耀君寵達到頂峰。天寶十四年狡黠奸詐，驍勇善戰的他擁有重兵，以清君側為由發動叛亂，使強大的大唐帝國開始走下坡路。其叛亂後稱帝，做了兩年瞎眼皇帝，被其子謀殺。

竇憲兄弟

漢和帝

丁鴻

大將軍丁鴻在竇家權勢沒有大到危及國家政權之時，就提醒漢和帝，漢和帝本來早已有這種感覺和打算，於是迅速撤了竇憲的官，竇憲和他的兄弟們因此而自殺，使得國家免遭外戚篡權之禍。

居安思危，樂不忘憂

原文：

> 畏危者安，畏亡者存。

注曰：「夫人之所行，有道則吉，無道則凶。吉者百福所歸，凶者百禍所攻。非其神聖，自然所鍾。有道者，非己求福，而福自歸之；無道者，畏禍愈甚，而禍愈攻之。豈其有神聖為之主宰，乃自然之理也。」

王氏曰：「得寵思辱，必無傷身之患；居安慮危，豈有累己之災。恐家國危亡，重用忠良之士；疏遠邪惡之徒，正法治亂，其國必存。」

● 解讀

原文所要表達的意思是，害怕發生危機而採取防危應變措施的君主，必然獲得國家的安全；害怕遭到滅亡而採取勵精圖治措施的君主，必然獲得國家的生存。

有危機感，時時警策自己的人，就平安無事；畏懼國破家亡的，就會積善除惡，福壽常存。憂患意識是一種清醒的預見意識和防範意識，是一種危機感、緊迫感。從機遇中看到挑戰，從有利中看到不利，從平靜中看到危機，才能做到未雨綢繆，防患於未然。做事應該未雨綢繆，居安思危，這樣在危險突然降臨時，才不至於手忙腳亂。

有一次，宋、齊、晉、衛等十二國聯合圍攻鄭國。鄭國忙向晉國求和，晉國表示同意，其餘十一國因為懼怕晉國，也就停止了進攻。

鄭國為了答謝晉國，贈送給晉國許多兵車、樂器、樂師和歌女。晉悼公十分高興，於是把一半的歌女分贈給他的功臣魏絳，並對他說：「你這幾年中為我出謀劃策，事情辦得很順利，真是太好了，現在讓咱們一同來享受享受吧！」然而，魏絳卻不肯接受，勸晉悼公說：「現在您能團結和統率許多國家，這是您的才能，也是大臣齊心合力的結果，我並沒有什麼功勞，怎能無功受祿呢？不過，我很願意您在享受快樂的時候，能夠想到國家以後的許多事情。能夠這樣做事才會先有準備，有準備才可避免失敗和災禍的到來。」

「生於憂患，死於安樂」「安危相易，禍福相生」，這是自然界和歷史發展的辯證法。有一種說法，叫作「青蛙效應」，是指先將青蛙置於常溫水中，而後一點一點注入熱水，青蛙就會在渾然不覺中，舒舒服服地被燙死。這個事例表明生物在安逸舒適的環境下都容易麻痺大意。這也警示人們，居安思危則存，貪圖安逸則亡。自然發展規律如此，人類歷史發展規律同樣如此。在中外的歷史上不乏一些居安思危具有憂患意識的事件。但也有一些統治者貪圖享

有備無患

憂患意識是一種清醒地預見未來的防範意識，是一種危機感、緊迫感。從機遇中看到挑戰，從有利中看到不利，從平靜中看到危機，才能做到未雨綢繆，防患於未然。從而有備無患，在危機爆發之時，不至於措手不及。

鄭國為了答謝晉國解救之恩，便贈送給晉國許多兵車、樂器、樂師和歌女。晉悼公十分高興，於是便要把這些分賜給功臣魏絳一部分，說：「你這幾年中為我出謀劃策，事情辦得很好，也很順利，現在讓咱們一同來享受吧！」

無功不受祿，但我很願意您在享受快樂的時候，能夠想到國家以後的許多事情。能夠這樣做事才會先有準備，有準備才可避免失敗和災禍的到來。

青蛙效應

著名的「青蛙效應」很好地說明了「生於憂患，死於安樂」的道理。青蛙就是在渾然不覺中，舒舒服服地被燙死的。人如果做不到居安思危，也會是青蛙一樣的下場。

樂，不思進取導致亡國的事例，比如說安史之亂，比如說清朝的中後期，統治者因循守舊，最後使中國陷入了半殖民地半封建的國家。歷史已經證明居安思危是實現一個國家長治久安的一個條件。

在直接面對危險的時候，人會用自己全部的力量去戰勝危險。當安全的時候，卻不知道安全是不會永遠存在的。沒有做出迎接危險的準備，這樣人就會受到傷害，居安思危的人才是笑到最後的人。

如果我們能夠做到多一點未雨綢繆，少一點亡羊補牢，那我們就可以少歷經一些離鄉背井後的悲歡離合，少看到一些民生凋敝後的撥亂反正；如果我們能夠做到多一點未雨綢繆，少一點亡羊補牢，那我們就可以少看到一些戰天鬥地後的退耕還林，少看到一些潰堤後的洪水氾濫；如果我們能夠做到多一點「曲突徙薪」，少一點亡羊補牢，那我們就可以少看到一些火災後的搶險救災，少看到一些濫墾濫伐後的水土流失；如果我們能夠做到多一點防微杜漸，少一點事後諸葛，就可以少看到一些鋃鐺入獄後的痛心疾首，少看到一些東窗事發後的後悔莫及。一個個鮮活的事例已向我們證實了事後挽救，事中制止，事前預防的孰優孰劣。

增強憂患意識，居安思危，自古以來就是我國一條重要的政治經驗。早在先秦時期，《左傳》便提出了為政要「居安思危」，「思則有備，有備無患」；孔子主張「安而不忘危，存而不亡，治而不忘亂」；孟子也說：「生於憂患，死於安樂」。先哲們告訴我們社會政治中的「安危」、「存亡」、「憂患」、「安樂」之理，是從當時社會實踐中總結的經驗之談。如果沒有憂患意識，是成就不了偉大業績的。比如，清朝末年，慈禧夜郎自大，沒有居安思危，以「天朝大國」自居，閉關自守，因循守舊，最終使中國陷入了被列強瓜分、衰弱疲弊的深淵中。歷史證明，增強憂患意識，做到居安思危，未雨綢繆，是國家安定，社會進步的一個重要的條件。

「居安思危，思則有備，有備無患」，是一種超前的憂患意識。古人云：「生於憂患，死於安樂」，說的就是這種憂患意識。居安思危者，則昌、則盛；反之則衰、則敗、則亡。翻開歷史長卷，這樣的例子不勝枚舉：夫差之於勾踐、項羽之於劉邦……國家如此，企業何嘗不是這樣？唐朝有位才華出眾的宰相魏徵，他為輔佐唐太宗李世民治理國家做出了卓越的貢獻。魏徵政治管理的核心就是「居安思危，善始克終」。他常常以隋朝滅亡作為教訓，規勸太宗要「居安思危，善始克終」。他認為自古失國之主、亡國之君，皆為居安忘危，處治忘亂，所以不能長久。唐太宗接受魏徵「居安思危，戒奢以儉」的建議，勵精圖治，從而為「貞觀之治」奠定了基礎。

樂不思蜀

以這種只顧貪圖享樂、一點也沒雄心大志和羞恥之心的人作為君主，蜀漢的滅亡是遲早的事。

三國時期，劉備死後，劉禪繼位，又稱劉阿斗。劉禪昏庸無能，在歷史上被稱為是扶不起的阿斗。

他在諸葛亮等大臣的幫助下勉強維持，在這些大臣死後，這個國家很快就被魏所滅。劉禪被封為一個食俸祿無實權的「安樂公」，並將他軟禁在許昌居住。

在一次宴會上，權臣司馬昭故意安排蜀地的歌舞給劉禪看，以試探其心。劉禪的隨從人員觸景生情，想到故國都非常難過，司馬昭問：「頗思蜀否？」禪曰「此間樂，不思蜀。」

居安思危

居安思危是一種超前的憂患意識。居安思危者，則昌、則盛；反之則衰、則敗、則亡。

翻開歷史長卷，這樣的例子不勝枚舉：夫差之於勾踐、項羽之於劉邦均是如此。

有道則吉，無道則凶

原文：

夫人之所行，有道則吉，無道則凶。吉者百福所歸，凶者百禍所攻。非其神聖，自然所鍾。

注曰：「有道者，非己求福，而福自歸之；無道者，畏禍愈甚，而禍愈攻之。豈有神聖為之主宰？乃自然之理也。」

王氏曰：「行善者，無行於己；為惡者，必傷其身。正心修身，誠信養德，謂之有道，萬事吉昌。心無善政，身行其惡；不近忠良，親讒喜佞，謂之無道，必有凶危之患。為善從政，自然吉慶；為非行惡，必有危亡。禍福無門，人自所召；非為神聖所降，皆在人之善惡。」

● 解讀

原文所說的意思是，所作所為，如果符合事物的規律，那就一定會吉祥喜慶，有利於自己。但如果所做的事情不符合事物的規律，那就必然凶險莫測。所謂吉利，就是各種幸福不求自來；所謂多凶，就是各種災禍突然降臨。這裡並沒有什麼神的主宰，而是自然規律所致。

這裡所謂的符合事情的規律，是指的對規律等的敬畏。敬畏不是怕，而是尊敬和自我約束。他們有很深的危機感，時時警策自己，從而減少、避免錯誤而平安無事；那些畏懼國破家亡的，就會在平時積善除惡，施仁政，以求國家長治久安。

所以說，謀事在人，安危在道。禍福無門，唯人自招。人只要心存善念，做事遠離惡源，「勿以善小而不為，勿以惡小而為之」，累積善緣，才能趨利避害、逢凶化吉、萬事皆順。

西漢時，劉向寫信告誡兒子劉歆：「你沒有異乎尋常的德行，但卻蒙受皇帝的厚恩，你想過嗎？又該怎麼做呢？」董仲舒也說「賀者在門，吊者在閭」，都是告誡人要心懷憂慮、小心從事，才能吉祥如意。「賀者在門，吊者在閭」是說，人得意之時易驕奢，而驕奢便會招致災禍，因此眾人才會對他表示悲哀。只有小心翼翼、心懷畏懼地做事，才能避免大禍臨頭的厄運。

縱觀中國的歷史，無論是皇室還是富貴之家，都會經歷三個階段：開拓進取，守成，敗家，幾乎都脫離不了這個模式。第一代吃苦耐勞，踏實肯做，才小有功業。第二代言傳身教，知道創業不易，但進取的銳勁被磨平，因而只能保有父輩的家業。第三代出生富貴，不知家業不易，肆意揮霍，隨之敗家。第一、二代還懷有對上天的畏懼，時刻不忘天道，第三代多無所畏懼，甚至僭越天道，才致家敗，這符合「有道則吉，無道則凶」的自然規律。

行遠惡源

　　謀事在人，安危在道，禍福無門，唯人自招。只有心存善念，行遠惡源，便見大道如砥，無往而不適。

　　如果所做的事情不符合事物的規律，那定然凶險莫測。所謂吉利，就是各種幸福不求自來；所謂多凶，就是各種災禍突然降臨。這裏並沒有什麼神的主宰，而是自然界的規律所導致的。

　　所作所為，如果符合天道的規律，那麼結果多會吉祥喜慶，有利於自己。有道德的人，並不是自己去祈求幸福，而是幸福自然降臨。正所謂「無心求福，福報自來」。

吉者自福

　　由孔子創立的儒家基本上堅持「親親」、「尊尊」的立法原則，維護「禮治」，提倡「德治」，重視「人治」。儒家思想對封建社會的影響很大，被封建統治者長期奉為正統思想。

　　因為孔子的主張符合「有道則吉，無道則凶」的自然規律。所以歷朝歷代的君主都對孔子的思想寵愛有加。

人無遠慮，必有近憂

原文：

> 務善策者，無惡事；無遠慮者，有近憂。

王氏曰：「行善從政，必無惡事所侵；遠慮深謀，豈有憂心之患。為善之人，肯行公正，不遭凶險之患。凡百事務思慮、遠行，無惡親近於身。心意鍥合，然與共謀；志氣相同，方能成名立事。如劉先主與關羽、張飛；心契相同，拒吳、敵魏，有定天下之心；漢滅三分，後為蜀川之主。」

● 解讀

原文所要表達的意思是，專心致力於善策謀劃，做好事的人，不會有災禍降臨；沒有長遠打算的人，眼前必定出現憂患。

人生在世，立身為本，處世為用。立身要以仁德為根基，而處事要以權謀為手段。「我欲仁，斯仁至矣」、「苟志於仁矣，無惡也」說的是仁是自己決定的，只要堅持仁便不會作惡。知榮辱，便很難去做不道德的事情，內心的道德準繩不允許人那麼做。以仁德為出發點，在善用權謀的基礎上，又有了機遇，大事可成；如若時運不至，至少可保不殃及自家性命，因而不至於有什麼險惡的事發生。這也就是所謂的趨當榮之榮、避當辱之辱。

人如想成大事，萬不可被眼前小利而蒙住了眼睛。只圖眼前利益，沒有長遠謀慮的人，就連眼前的憂患也無法避免。《論語正義》引解：「慮之不遠，其憂即至，故曰近憂。」《荀子‧大略》云：「先事慮事，先患慮患。先事慮事謂之接，接則事猶成。」說的也正是這個意思。人們之所以有近憂，原因之一就是沒有處理好長遠的目標，以前沒有深思熟慮，致使近期出現問題。但人們須未雨綢繆，不要被近期的事物擋住了視線。

反過來說，也可以這樣講：「人無近憂，必有遠慮。」如果連眼前的事情都沒有辦法處理好，糊裡糊塗，得過且過，那生活終將是一團亂。長久以往也不會有什麼成就的。因此，現在和未來是必需要相互聯繫，彼此促進，才能有好的人生歷程。人在深謀遠慮的同時，須時時提醒自己不能過於自負，反而要戒慎恐懼，隨時具有危機感。在積極但審慎的心態下，就能達到犯最少的錯誤，累積最大成就的境界。謀事應謀劃全局，不然將一事無成。

未雨綢繆

《論語正義》引解：「慮之不遠，其憂即至，故曰近憂。」《荀子‧大略》云：「先事慮事，先患慮患。先事慮事謂之接，接則事猶成。」

人們看事做事要未雨綢繆，只圖眼前利益，沒有長遠謀慮的人，就連眼前的憂患也無法避免。就像這棵樹，如果在樹還沒有生蟲子的時候，就打藥，樹就不會被蟲子咬空而死了。

陸

安禮章

言安而履之，之謂禮

驕兵必敗

在深謀遠慮的同時，需時時提醒自己不能過於自負，反而要戒慎恐懼，隨時具有危機感。劉備就是因為過於自負，所以招致禍患。

在吳蜀的這場戰爭中，蜀軍有七十萬，而孫權給陸遜的兵力才區區幾萬，劉備卻失敗了。其原因有三，酷暑天行軍、進駐茂林之處、用人不當（讓智勇雙全的趙雲負責糧草），天時、地利、人和，一樣也不具備。劉備不聽諸葛亮、馬良等人的勸告，一意孤行，失敗是注定的，如能勝，那只能說是上天的眷顧了。可惜上天並未大發慈悲。

志趣相投，情投意合

原文：

> 同事相得。同仁相憂。同惡相黨。同愛相求。

注曰：「舜有八元、八凱。湯則伊尹，孔子則顏回是也。文王之閎、散，微子之父師、少師，周旦之召公，管仲之鮑叔也。商紂之臣億萬，盜蹠之徒九千是也。愛利，則聚斂之臣求之；愛武，則談兵之士求之。愛勇，則樂傷之士求之；愛仙，則方術之士求之；愛符瑞，則矯誣之士求之。凡有愛者，皆情之偏、性之蔽也。」

王氏曰：「君子未進賢相懷憂，讒佞當權，忠臣死諫。如衛靈公失政，其國昏亂，不納蘧伯玉苦諫，聽信彌子瑕讒言，伯玉退隱閒居。子瑕得寵於朝上大夫，史魚見子瑕讒佞而不能退，知伯玉忠良而不能進。君不從其諫，事不行其政，氣病歸家，遺子有言：『吾死之後，可將屍於偏舍，靈公若至，必問其故，你可拜奏其言。』靈公果至，問何故停屍於此？其子奏曰：『先人遺言：見賢而不能進，如讒而不能退，何為人臣？生不能正其君，死不成其喪禮！』靈公聞言悔省，退子瑕，而用伯玉。此是同仁相憂，舉善薦賢，匡君正國之道。」如漢獻帝昏懦，十常侍弄權，閉塞上下，以奸邪為心腹，用凶惡為朋黨。不用賢臣，謀害良相；天下凶荒，英雄並起。曹操奸雄董卓謀亂，後終敗亡。此是同惡為黨，昏亂家國，喪亡天下。如燕王好賢，築黃金台，招聚英豪，用樂毅保全其國；隋煬帝愛色，建摘星樓寵蕭妃，而喪其身。上有所好，下必從之；信用忠良，國必有治；親近讒佞，敗國亡身。此是同愛相求，行善為惡，成敗必然之道。」

● 解讀

原文所要表達的意思是，理想、志向相同的人，必定會互相促進並有所裨益。因志趣相同而又共事的人，都是仁善情懷、俠義心腸之人，必定能患難與共，肝膽相照。共同作惡的人，必定是在政治上結成朋黨的人。愛好相同的人，必定是互相尋求、能成為朋友的人。

理想、志趣相同的人，因觀點相近，一談話交流便有共同的語言，自然會覺得情投意合，備感親切。擁有一顆俠義心腸的人，相互之間必定能患難與共，肝膽相照。

歷史上有很多志趣相投、肝膽相照，從而成就偉業的美談。在傳說中虞舜的臣屬高辛氏與高陽氏是「八元」「八凱」之臣，他們品行忠厚、聰明睿智，盡忠輔佐虞舜，社會清明，因而後人認為天下明德是自虞舜開始的。商湯時的伊尹用烹調的滋味來比喻為政的方法，勸說商湯實行王道。在伊尹的輔佐下，商湯滅夏桀，從而四海昇平。顏回安貧樂道，雖居陋室吃簞食，不以其為苦，

志趣相投

商湯

伊尹

任用

商朝首領商湯，是一個非常英明的首領。他欣賞有能力的人，不會因為自己地位高，而瞧不起人。只要是人才，他都特別對待，甚至還會親自駕車，去邀請百姓共商國事。商湯聽說奴隸出身的伊尹很有本事，於是親自駕車，到伊尹家去拜訪。後來他任用伊尹為相，伊尹幫助他滅了夏桀。

顏回是孔子最喜歡的學生，他在生活和經歷上和孔子很相似，出身貧寒卻安貧樂道，淡泊名利，長於思考。並且嚴於律己，敏於事而慎於言。

孔子認為顏回具備君子四德，強於行義，弱於受諫，怵於待祿，慎於治身。

顏回貧居陋室，簞食瓢飲而不改其樂。孔子稱讚他的德行，並說他不向別人發洩怒氣，不重犯同樣的過失，孔子把他當作生平最得意的門生。

而能堅守志向不改，為孔子所欣賞，二人亦師亦友。周文王時的閎夭和散宜生在文王被商紂囚禁時，他們四處奔波，尋求莘氏之女、驪戎的紋馬等獻給紂王，以求換得文王的自由，西周的建立他們功不可沒。而相對的，商紂王的微子見紂王無道，知道國之將滅亡時，箕子和比干堅持與國共存亡，微子無奈而離去；而在周公和召公的同心協力地治理下，才使周王朝得以延續了八百年；齊國的管仲、鮑叔牙是一對赤膽忠心的摯友，他們不計較個人得失，一心為公，所以才成就了齊桓公的霸業等，所有的這些都是「同事相得，同仁相憂」的最好寫照。

身為上位者如想得到臣屬的赤膽忠心，首先自己要表示自己的信任。東漢的光武帝便是這樣一位智者。當時在西漢末年，王莽篡政，天下大亂。劉秀追隨劉玄打天下，在戰爭中，有很多各地的降兵，他們雖然投降了劉秀，但是心有惴惴，害怕劉秀會出其不意攻其無備，全部斬殺。劉秀為表示自己的誠意，令降者各歸其本部還統領其原來的兵馬，而劉秀本人則輕騎巡行各部，力顯自己用人不疑疑人不用的心態。因而，《後漢書・光武皇帝本紀》中記有：「蕭王推赤心置人腹中，安得不報死乎！」也就是說劉秀對降兵推心置腹，安撫了軍心，心懷感激的降兵還能不為他打天下、出力嗎？心往一處想，力往一處使，無大事不可成。

明君有忠臣的忠心，相對的，昏君的臣屬也多是奸佞之人。小人多以投機取巧而謀私利，從而上有所好，下必投其所好。商紂淫亂，暴虐無道，不聽諫言，這都是因為後面有奸佞、嬖臣的支持。齊桓公晚年昏庸，未聽管仲之言，錯用衛姬、豎刁、易牙、開方等，以致使奸佞勾結，自己活活餓死在宮中。晉惠帝愛財，則在身邊聚集了一些巧取豪奪只知斂財的貪官汙吏。秦武王好武而不喜文，因而任鄙、孟賁這樣的大力士才個個加官晉爵等。喜愛財物會歡迎聚斂錢財的人；喜愛武力的，用兵之人會和他志趣相投。夢想成仙之人，方術之士便會得到重用。大凡有所癡愛的人，都會比較偏激怪誕，往往會被物欲牽制，智為欲迷。

管鮑之交

鮑叔牙與管仲志同道合，惺惺相惜，可以說是知音。

鮑叔牙與管仲相處，從不較個人得失，他推薦管仲以後，已甘願做他的下屬。所以天下人讚美管仲的才幹，也更讚美叔牙能包容人。

管仲、鮑叔牙都是大仁大義的君子，所以才成就了齊桓公的霸業。

不飲盜泉

春秋戰國之際起義的領袖，被誣稱為「盜跖」（盜跖原名柳下跖，因為是盜賊的祖先，所以又叫盜跖），說他率領九千人橫行天下，侵暴諸侯，所以君子輕視他們。

孔子和弟子們在山東遊歷，一次，在口乾舌燥之際，恰逢一眼清泉。孔子在喝水前問泉水的名稱，學生告訴他泉名叫盜泉。聞聽此言，孔子一下子就把碗中的水潑了出去，生氣地說：「渴死不飲盜泉水！」即是說渴死也不喝偷來的水，和不食嗟來之食，不收不義之財是一樣的。

同美相妒，同貴相害

原文：

同美相妒，同智相謀，同貴相害，同利相忌。

注曰：「女則武后、韋庶人、蕭良娣是也。男則趙高、李斯是也。劉備、曹操、翟讓、李密是也。勢相軋也。害相刑也。」
王氏曰：「同居官位，其掌朝綱，心志不和，遞相謀害。」

● 解讀

　　原文所要表達的意思是，同為傾城傾國之貌的佳麗，因為身處同一個地方，為爭名奪利，彼此之間爭風吃醋，互相嫉妒。才智同樣卓絕的人，一定會因才學而一比高下，進而互相殘殺。女的如武則天、韋庶人、蕭良娣，男的如趙高、李斯等都是這樣。

　　唐高宗以王氏為皇后。時王皇后無子，蕭淑妃母以子貴，得高宗寵愛，因而遭王皇后嫉恨。高宗在當太子時候喜歡上了父親的才人武氏。在太宗死後，武氏削髮為尼。王皇后為打擊蕭氏，力勸高宗納武氏入後宮。但王皇后萬萬沒料到，武氏威脅更大，她只能聯合蕭氏轉而對付武氏，但高宗祖護武氏，且武氏又收買了王皇后、蕭淑妃身邊的人，將王皇后和蕭淑妃的舉動報告給高宗。武氏誣陷王皇后殺死小公主，用咒法加害自己。西元 655 年，高宗下詔廢王皇后、蕭淑妃為庶人，立武氏為皇后。靠著這份謀略和膽識，武則天不僅成為大唐的皇后，她還成為中國第一位女皇。

　　歷代不乏宮廷鬥爭，特別是後宮之爭。大家所熟知的劉邦的皇后呂氏在劉邦死後，把戚夫人做成人彘，毒殺趙王如意；唐中宗的皇后韋氏和安陽公主謀亂，還有上官婉兒、太平公主都曾捲進宮廷鬥爭之中，其兇殘程度不亞於男人。歷朝歷代，粉陣廝殺，彼此火拼的悲劇不勝枚舉。

　　具有同等權勢地位的人，互相排擠，彼此傾軋，甚至不擇手段地以死相拚。具有某種特長技能的人，也往往容不得此行業中高於自己的人存在。以技能一較高下，但卻以打壓為目的。故有言曰，文人相輕，武人相譏。人往往在艱難困苦的時候，還可相安無事，扶持合作，但是一旦發了財、得了勢，就開始相互中傷誹謗，雙方變成了冤家對頭。

　　權力、財富好比人性的腐蝕劑，很多人都是可以共患難，但卻不可以共享富貴。

粉陣廝殺

歷朝歷代，粉陣廝殺，宮廷權鬥的悲劇實在是太多了。具有同等地位的人，相互排擠，彼此傾軋，甚至不擇手段地以死相拼。

武則天收買王皇后、蕭淑妃身邊的人，將王皇后和蕭淑妃的舉動報告給高宗。汙陷小公主之死與王皇后有關，武則天還誣陷王皇后用咒法加害自己，然後讓自己的同黨上言請廢王皇后，立自己為皇后。

655 年，高宗下詔廢王皇后、蕭淑妃為庶人，立武則天為皇后。武則天害死王皇后、蕭淑妃後，改王氏姓為蟒氏，蕭氏姓為梟氏，自己移住洛陽，終生不歸長安，以避王、蕭為祟。

器度之爭

有人將桓溫與王敦相提並論，桓溫很不高興，因為王敦是個大老粗。他最願意與西晉的將領劉琨比較。一次，他恰巧碰上個機智的老婢女，一問，是劉琨家從前的歌伎。於是，他便問，他像劉琨嗎？

劉琨，有「俊朗」之美譽，以雄豪聞名，曾與祖逖聞雞起舞；後北上征討，奪回西晉土地。而且有風度有雄才，成為一時風雲人物。

聽後昏然而睡，好幾天悶悶不樂。

面甚似，恨薄；眼甚似，恨小；鬚甚似，恨赤；形甚似，恨短；聲甚似，恨雌。你什麼地方都像劉琨，但是你什麼地方都比劉琨差一截。

同聲相應，相互扶持

原文：

同聲相應，同氣相感。同類相依，同義相親。同難相濟，同道相成。

注曰：「五行、五氣、五聲散於萬物，自然相感應。」六國合縱而拒秦，諸葛通吳以敵魏。非有仁義存焉，特同難耳。漢承秦後，海內凋敝，蕭何以清靜涵養之。何將亡，念諸將俱喜功好動，不足以知治道。時，曹參在齊，嘗治蓋公、黃老之術，不務生事，故引參以代相。」

王氏曰：「聖德明君，必用賢能良相；無道之主，親近諂佞讒臣；楚平王無道，信聽費無忌，家國危亂。唐太宗聖明，喜聞魏徵直諫，國治民安，君臣相和，其國無危，上下同心，其邦必正。強秦恃其威勇，而吞六國；六國合兵，以拒強秦；暴魏仗其奸雄，而並吳蜀，吳蜀同謀，以敵暴魏。此是同難相濟，遞互相應之道。君臣一志行王道以安天下，上下同心施仁政以保其國。蕭何相漢鎮國，家給饋餉，使糧道不絕，漢之傑也。臥病將亡，漢帝親至病所，問卿亡之後誰可為相？蕭何曰：「諸將喜功好勳俱不可，惟曹參一人而可。」蕭何死後，惠皇拜曹參為相，大治天下。此是同道相成，輔君行政之道。

● 解讀

原文所要表達的意思是，有共同語言的人相互之間易於溝通，他們願意彼此應和。這就相當於，因為具備了共同的頻率，而相互感應，他們之間容易發生共鳴。正如金、木、水、火、土五種自然元素和宮、商、角、徵、羽五種韻律一樣，有與之相同屬性的則相互感應。人情世故，國家政務，當然也背離不了這些規律。如果是同一類屬的人，他們相互之間更容易相吸而聚合；道義類似，觀點相同的人更容易互相親近；而如果面臨同一困難時，他們也會更容易互相幫助，彼此扶持，共度危難。

東周洛陽人蘇秦，起初投靠秦惠文王沒有得到重用，便周遊到燕國。燕文侯非常看重他，給他車馬和金銀布帛，讓他去遊說各個諸侯，以求聯合韓、魏、齊、楚一起抵抗秦國。在蘇秦的遊說下，韓宣王、魏襄王、齊宣王、楚威王，終於與燕、趙定下合縱盟約。蘇秦被任命為六國相，佩六國相印。六國擊秦雖然失敗了，但也使得秦國不敢窺視函谷關達十五年之久。處在困難中的人們，因為面對同一困難，為求解決問題，只能同舟共濟，互相援救，以期能儘快度過難關。各國之間或同僚之間，因為體制或政見相似往往會結為同盟，以抗強敵。六國聯合抗秦，是因為秦國的實力太強大了，六國中的任何一個只要單打獨鬥，恐怕每一個都不是它的對手，為求生存，只能聯合。

同理，三國時的諸葛亮「聯吳抗曹」的聯盟，也正是因為這一點。諸葛亮

同舟共濟

　　同處於困難條件下的人和國家，一定會互相幫助共度難關。治理國家的思想與方法相同的人，也一定能相互幫助，彼此扶持，共同成就一番大事業。

> 　　處在困難中的人們，很容易和舟共濟，互相援救，以期共度難關。國與國之間或同僚之間如果體制相同或政見一致就會互相成全，結為同盟。六國聯合起來抗秦，是因為都感覺到了同一敵人的威脅。

> 　　東周洛陽人蘇秦，起初投靠秦惠文王沒有得到重用。後得到燕文侯的重用，之後蘇秦奉命去遊說韓宣王、魏襄王、齊宣王、楚威王，終於與燕、趙定下合縱盟約，他被任命為縱約長，佩六國相印。

> 　　燕國當時處在現在的河北、北京、遼東一帶，地理上離秦國很遠，離戰禍紛爭也比較，地緣上非常有優勢。蘇秦的合縱戰略正好發揮了燕國的地理優勢。聯六國抗秦正符合燕國坐收漁翁之利的思想。

吳蜀抗曹

> 　　三國時期，蜀國四次聯吳抗魏，才使得魏、蜀、吳三國鼎立之勢一直持續到西元 264 年。

> 　　當年劉備兵敗，逃往江夏，諸葛亮遊說孫權聯合抗曹，這是聯吳抗曹的第一次。離開荊州，入蜀前諸葛亮「北拒曹操，東和孫權」，是第二次。劉備死後，諸葛亮又派鄧芝去吳修好，是第三次。諸葛亮死後使宗預訪吳修好，是第四次。

在《隆中對》中就曾談到，孫權據江東，已歷三世，國家地勢險要且百姓民心歸向，可謂是國泰而民安，因而只可用為援助以求聯合而不能圖謀它。

當年劉備在兵敗，後有曹操追兵的情況下，逃往江夏。在此生死存亡之際，諸葛亮自願前往東吳，遊說孫權聯合劉備抗擊曹操南下。其實，聯吳抗曹是諸葛亮早就定下的計策，只不過在此時才實施而已。曹操野心勃勃，志在天下，東吳雖然偏安一地，但也是曹操的一大勁敵，曹操要除去東吳是遲早的事情。東吳恐怕獨木難支，為了生存也只能和劉備聯合，諸葛亮正是認清了這種形勢，才一直堅持聯吳抗曹。

諸葛亮在離開荊州，入蜀前曾向關羽交代：「北拒曹操，東和孫權」。赤壁之戰正是聯吳抗曹政策的成功實施。雖然劉備因關羽之死，一度與東吳決裂，但諸葛亮從未放棄他的政策。在夷陵之戰後，劉備去世，諸葛亮又派鄧芝去與吳修好，聯合抗魏，正是這樣的聯合合作，才保持了魏、蜀、吳三國鼎立之勢，直至西元 264 年。

劉備和孫權聯手抗曹，並不是吳、蜀兩國彼此間真的那麼友好。如果真的那麼友好，孫權就不會殺關羽，而劉備也就不會因為關羽之死，而在夷陵與孫權決一死戰。是因為同樣的利害和命運迫使他們不得不這樣做，這中間有關仁義的部分恐怕所剩無幾吧？類型相同才會互相依存，多方面利益相同的團體，關係也更宜加親密。

在一個國家當中，如果君臣的治國思想相似，且合乎時宜，這個國家必定會強大。西漢初年，全國各地疲弊不堪，民傷國窮，蕭何於是主張用清靜無為的政策養民富國。在蕭何晚年，他考察各將領，認為曹參對蓋公傳授的治道、貴在清靜無為的黃老之術深有研究，如果他能繼任相位，定會採取與民休息的政策，不至於大興各種事功，所以蕭何推薦曹參代替自己為相。屈從危難的局勢結成的聯盟不會長久，但基於志同道合的真誠團結則必定成功。上面的蕭何薦相一事，即可生動地證明這一道理。

志同道合

蕭規曹隨

曹參是西漢開國功臣、名將，跟隨劉邦在沛縣起兵反秦，身經百戰，屢建戰功，他是繼蕭何後的漢代第二位相國。史載曹參「身被七十創，攻城掠地，功最多，宜第一」。

蕭何推薦曹參代替自己的相位，多年的磨礪，令蕭何明白，大漢需要什麼樣的丞相。果然曹參不負蕭何所望。

桃園三結義

張飛乃燕趙豪傑之士，相較關羽真英雄也！鞭打督郵大為解氣，燕人張翼德喝斷當陽橋，不亞於長阪坡前，常山趙子龍的七進七出！取西川，張飛旱路進軍，與水路諸葛孔明分兵，智勇兼備，取得入川第一功！

劉備善於利用自身優勢，以皇家一脈作旗號，依託桃園結義組織自己的核心力量，借趙雲，求賢而三顧茅廬，赴吳地迎娶孫尚香，歷數大小戰事，火燒新野完成戰略轉移、赤壁之戰借荊州、入川取劉璋屬地，最終稱帝。

關羽喜與下屬溝通，看不上讀書人的酸腐，在多次重大軍事行動中，看不上諸葛亮的軍事部署，最終敗走麥城喪命。另外，關羽剛愎自用、自視甚高，單刀赴會傳為英雄壯舉，水淹七軍更是關羽軍事歷史上最輝煌的經歷。

劉關張的結義是因為他們志趣相投，有著共同的目標。因而一拍即合，歷經考驗也不悔，終建成蜀漢。

陸

安禮章

言安而履之，之謂禮

同藝相窺，同巧相勝

原文：

同藝相窺，同巧相勝。

> 注曰：「李醯之賊扁鵲，逢蒙之惡后羿是也。規者，非之也。公輸子九攻，墨子九拒是也。」
>
> 王氏曰：「同於藝業者，相觀其好歹；共於巧工者，以爭其高低。巧業相同，彼我不伏，以相爭勝。齊家治國之理，綱常禮樂之道，可於賢明之前請問其禮；聽問之後，常記於心，思慮而行。」

● 解讀

原文所要表達的意思是，才能技藝相同的人，會窺伺對手的才能與技藝，以使自己立於不敗之地。擁有巧奪天工技藝的人，為了更勝一籌，相互之間爭鬥不休，甚至會殘殺對方。這其實是一種攀比的虛榮心理，總想自己拔得頭籌，因而才會上演為名利廝殺的一幕。后羿擅長射箭，他把技藝全部傳授給了逢蒙。逢蒙自認為技藝無人能敵，但卻掩蓋在后羿的光環下，嫉妒心使他射死了后羿。秦國的太醫令李醯嫉妒扁鵲高超的醫術和名聲，他認為扁鵲不死，自己終無出頭之日，於是在扁鵲為秦武王診病時，派人暗殺了扁鵲。龐涓和孫臏的故事也是如此，同門的龐涓深妒孫臏的才華，於是設計借魏惠王之手削了孫臏的膝蓋骨，但最終技不如人，在馬陵之戰中死在了孫臏之手。自古文人相輕，武夫相譏，是因為他們的才能和技藝都在伯仲之間，很難分出勝負，在這種情況下，人也最易產生攀比心理，互不相讓。個個心高氣傲，不肯服輸，不肯輕易讓人一籌，因而水火不容，甚至殘殺不止。

自古長江後浪推前浪，一代新人換舊人。這是歷史發展的必然規律，無法逆轉。俗話說：「同行是冤家」，雖然有的是因形勢所逼，有的是因天性如此，但聰慧的人應該以平和、謙遜的心態來面對這些外在的衝擊。人一旦身居高位或取得了較高的成就，這種「會當凌絕頂，一覽眾山小」的狀態，往往會使他飄飄然，忘乎所以，把曾經約束、激勵自己前進的事物全拋在了腦後，殊不知一山更比一山高。魯班雖然巧製雲梯，但仍敵不過墨子靈活多變的守禦戰術。

「人無千日好，花無百日紅。」技不如人，人所能做的只能是提高自己的技能，而非嫉妒他人。即使技高一籌，也須保持平和的心態，方可使自己的優勢保持地長久一些。一旦放肆妄為，失敗之日必將不遠。

同藝相窺

才能技藝相同的人，專門窺伺對方的才能與技藝，以求百尺竿頭更進一步，壓住對方的氣勢，他們相互反對，甚至互相殘殺。那些都擁有巧奪天工技藝的人，一定會想方設法壓制住對手，使自己成為天下第一。

秦國的太醫令李醯是個愛嫉妒又兇殘的人，他非常嫉妒扁鵲高明的醫道，深知自己的醫術不如扁鵲，在扁鵲巡診到秦國為秦武王診病時，他派人暗殺了扁鵲。自古文人相輕，武夫相譏，這都是因為他們的才能和技藝伯仲之間，卻彼此容不下對方。

同巧相勝

魯班，姓公輸，名般。魯班在機械、土木、手工工藝等方面有所發明。西元前450年前後，他從魯國來到楚國，幫助楚國製造兵器。

墨子，墨家學派創始人。墨子精通手工技藝，可與當時的巧匠魯班相比。墨子一生的活動主要在兩方面，一是廣收弟子，積極宣傳自己的學說，二是不遺餘力地反對兼併戰爭。

魯班曾創製雲梯，準備攻宋國，但被墨子制止。墨子主張製造實用的生產工具，反對為戰爭製造武器。魯班接受了這種思想。

以身作則，取信於人

原文：

> 此乃數之所得，不可與理違。釋己而教人者，逆；正己而化人者，順。

注曰：「自『同事』下皆所行，所可預知。智者，知其如此，順理則行之，逆理則違之。教者以言，化者以道。老子曰：『法令滋彰，盜賊多有。』教之逆者也。『我無為，而民自化；我無欲，而民自樸。』化之順者也。」

王氏曰：「齊家治國之理，綱常禮樂之道，可於賢明之前請問其禮；聽問之後，常記於心，思慮而行。離道者非聖，違理者不賢。心量不寬，見責人之小過；身不能修，不知己之非為，自己不能修政，教人行政，人心不伏，誠心養道，正己修德，然後可以教人為善，自然理順事明，必能成名立事。」

● 解讀

原文所要表達的意思是，上述種種，是事物發展變化的客觀規律所致，都不以人的主觀意願改變。違背自然之理的，必然會阻礙事物的運動變化；順著自然之理的，將有助於推動事物的運動變化。放縱自己，卻嚴格要求別人，別人當然不服氣，且不會接受他的建議；但如果嚴格要求自己，進而去感化別人，別人就會順服。

所謂嚴於律己，寬以待人，以身作則，率先垂範說的便是這個道理。無職無權的賢明之士，立身行事還須嚴以律己，寬以待人，那掌握最高權力的國家統治者又應該怎樣做呢？權力和財富往往會使人喪失理智，大善大惡之舉往往在他們的一念之間。位高權重之人，其舉動關乎國家命運，如果想要造福蒼生，便需注意自己的舉動，嚴己以寬人，正己以化人。勾踐臥薪嘗膽十年，與百姓同患難，共甘苦，方才能十年生聚，十年教訓，最終戰勝吳國，成為一方霸主。唐太宗李世民，在多年征戰中，一直是身先士卒，我們今天看到的《昭陵六駿圖》是金代畫家趙霖所作，所刻畫的是唐昭陵中颯露紫、什伐赤、白蹄烏、青騅、特勒驃、拳毛騧六匹駿馬，牠們陪伴著唐太宗度過了戰爭年代，都戰死在沙場上。這六匹駿馬都是中箭身亡的，很多箭都是從正面射來，可知當時唐太宗一定是一馬當先，率領全軍進攻的。唐太宗完全可以指揮別人進攻，但是這樣的話，將士的進攻態勢、精神等方面都會大打折扣。身為一軍、一國之統帥，需身先士卒，率先垂範，還必須能取信於人。優秀的國君、將領之所以能聚集很多不可多得的人才，是因為他們具備很多優良的品德，而以身作則、取信於人是必不可少的。說得出做得到，才可得到眾人的信任。百姓、下屬的信任是成大事的根本。

斷髮示懲

位高權重的人，如果想要造福蒼生，流芳千古，就應該嚴己以寬人，正己以化人。當權者自身做得好，事事以身作則，要求別人的，自己首先做好，下面人自會照著做。

三國的曹操雖然生性多疑，但作為一代梟雄他治軍卻十分嚴格。

麥熟時節，曹操率軍去打仗，沿途的百姓因為害怕軍士，都躲到外面去了，沒人敢回家收割麥子。曹操得知此事後，立即發布公告，士兵如果有踐踏麥田的，立即斬首示眾，絕不容情。曹操在視察軍隊時，一隻飛鳥驚嚇了曹操的馬，馬一下子踏入麥田，踏壞了一大片麥子。

曹操傳令三軍並向全城百姓發布公告說：「丞相踏壞了麥田，本該斬首示眾。但因肩負統軍重任，所以割掉自己的頭髮以謝罪。」曹操斷髮以正軍紀的故事一時傳為美談。

在歷史上備受爭議的曹操雖然生性多疑，野心很大，但他治軍卻很有一套，言出必行，而這也促使他在麾下聚集了一大批各種類型的人才，才霸業得成。據說有一年麥熟時節，曹操率軍去打仗，沿途的百姓因為害怕戰亂，躲在外面不敢回家收割麥子。曹操就發布公告，表示如有踐踏麥田者，立即斬首示眾，絕不容情。果然見效，士兵不但不敢破壞麥田，還協助維護，百姓都稱讚曹操治軍有方。有一次曹操在視察軍隊時，因飛鳥驚嚇了他的馬，使驚馬踏入了麥田，踏壞了一大片麥子，曹操便要求依法懲治自己踐踏麥田的罪行，下面的官員不敢，曹操就言道：「我自己下的命令自己都不遵守，以後還有誰會遵守我的命令呢？不守信的人，又怎能服眾？」隨即拔劍要自刎，被下屬官員勸阻，但為了以儆效尤，曹操斷髮以正軍紀。

曹操這種作法不但給士兵做了榜樣，而且也得到了當地百姓的信任。百姓的擁戴，軍士的信賴，皆因曹操言出必行而致。

當權者事事以身作則，要求臣屬的，自己率先垂範，以己正人，下面人自會照著做。當權者自己不做或做不好，反而要求臣屬去做，效果當然不好，即使用暴力恐怕也未必有效。以人德教化百姓，以德服人，百姓多會順從；但如果當權者濫用暴力壓迫百姓，往往會官逼民反。一國之君放縱自己，卻苛虐臣民，終將亡國喪身，遺臭萬年，歷史上這樣的例子不勝枚舉，夏桀商紂不都是因此而亡國的嗎？

振臂一呼，應者雲集的領袖魅力，不是一個職位的虛銜便能賦予的。沒有忠心的追隨者，威懾的空殼不能取得民心，大事終敗。如想擁有非凡的人格魅力，成大事者，便需以身作則，追隨者才能以其為榜樣。

歷代的文人先聖也是這樣要求自己的。孔子是我國古代一位十分重視道德教育和具有高尚品格的偉大的教育家。他總是以身作則，以此樹立圭臬，取信於人，至誠無欺，希望能借自己的行動，以感化、整飭當時社會，挽救禮崩樂壞的社會。正因為這樣，孔子的德育思想便成為他思想的核心，也是整個儒家思想的核心。他認為，這個核心是由「誠」和「信」組成的。「誠」、「信」就像「車輗」和「車軏」一樣，離開它們車子就寸步難行。

正如《孔子家語》中所說的「言必誠信，行必中正」，這是人最基本的思想美德，誠、信也是整個中華民族文明的基石。

以身作則

宋璟是唐玄宗時著名的宰相。史稱「唐世賢相,前稱房杜,後稱姚宋,他人莫比」之譽。

唐玄宗開元年間,宋璟繼姚崇為相,他注意抑制權貴、輕徭薄賦和推舉賢才,並勇於犯顏直諫,曾力勸唐玄宗放棄提拔平庸的妻舅王仁琛。

　　一人得道,雞犬升天,是常有的事。但宋璟仍堅持任人唯才,以身作則。宋璟的堂叔父宋元超試圖利用宋璟的關係謀求高官。宋璟在給吏部的公文中寫道:「宋元超確是我的長輩,但國家任用官吏,絕不能徇私情。如若宋元超不提起與我的關係,理應公事公辦,依例授職。但他現在竟枉顧國法,公然謀私,為以儆效尤,現免去其官職。」

曾子殺豬

　　曾子深深懂得,誠實守信,說話算話是做人的基本準則,若食言不殺豬,那麼家中的豬保住了,但孩子也會認為不守信是理所當然的事。

真的要殺豬嗎?我剛才不過是跟孩子說著玩的。

和孩子是不可說著玩的。小孩子不懂事,凡事跟著父母學,聽父母的教導。現在你哄騙他,就是教孩子騙人啊。

因勢利導，順水推舟

原文：

> 逆者難從，順者易行；難從則亂，易行則理。如此，理身、理家、理國可也。

注曰：「天地之道，簡易而已；聖人之道，簡易而已。順日月，而晝夜之；順陰陽，而生殺之；順山川，而高下之；此天地之簡易也。順夷狄而外之，順中國而內之；順君子而爵之，順小人而役之；順善惡而賞罰之。順九土之宜，而賦斂之；順人倫，而序之；此聖人之簡易也。夫烏獲非不力也，執牛之尾而使之卻行，則終日不能步尋丈；及以環桑之枝貫其鼻，三尺之繩繫其頸，童子服之，風於大澤，無所不至者，蓋其勢順也。小大不同，其理則一。」

王氏曰：「治國安民，理順則易行；掌法從權，事逆則難就。理事順便，處事易行；法度相逆，不能成就。詳明時務得失，當隱則隱；體察事理逆順，可行則行；理明得失，必知去就之道。數審成敗，能識進退之機；從理為政，身無禍患。體學賢明，保終吉矣。」

● 解讀

原文所要表達的意思是，違背事物原理的作為，必然會導致天下大亂；那些符合事物原理的作為，會使天下大治。君主的作為不符合常理，部屬就很難聽從命令；而合乎常理的舉動，會得到快速地執行。部屬不順從，就易產生動亂，相反，則天下大治。依據這些原則，修養身心、管理家國，皆可行。

天地運行的規則並不繁難，只是順其自然而已；而聖人治理天下的規則，就是無所作為而已。日夜、四季、地勢高低等皆是天地運行的「簡易」規則。夷狄、華夏之分、尊卑之別、善惡標準、人與人之間的關係、等級、層次等，是聖人治理天下的「簡易」規則。這是張商英依據《易經》的原理，對本章的中心思想所做的歸納總結，倡導的是因勢利導，順勢而為。

老子曰：「法令滋彰，盜賊多有。」說的是一個國家的法令愈是苛暴繁雜，強盜奸賊也越多。棄德化而用暴力，才致使天下大亂。老子言「我無為，而民自化；我無欲，而民自樸。」人主清靜無為，百姓也會自然而然按規律行事。人主清心寡欲，百姓當然也會馴順安分。凡事順勢而為，則簡單易成；逆勢行事，大事難成。順天道，以德化人，天下大治，反之，則天下大亂。

孫子曰：「兵無常勢，水無常形，能因敵變化取勝者，謂之神。」相機因時，才可游刃有餘。順時應勢，日月得光，草木繁茂，風平浪靜，利運亨通。大凡成功者，都是一些因勢利導，見機行事之人。

因勢利導

　　古人云「兵無常勢，水無常形」，無論是時間上的時勢，還是空間上的位勢，只有相機因時才能游刃有餘。大凡成功者，都是一些因勢利導，見機行事之人。

　　戰國時秦國的大力士烏獲，假如讓他拉住牛的尾巴而讓牠行走，就算是把牛的尾巴拉斷了，那麼牛一天也走不了十尺八尺。

　　用桑木做的圓環拴住牛的鼻子，用三寸長的繩子繫住牛的脖子，即使這頭牛被只有五尺高的孩童驅趕著奔跑，也沒有不能到達的地方。

　　烏獲不是沒有力氣，那為什麼會這樣呢？原因很簡單，順也。也就是順應著拉牛的道理。

《素書》

秦漢　黃石公著

★ 原始章第一

夫道、德、仁、義、禮，五者，一體也。

道者，人之所蹈，使萬物不知其所由。德者，人之所得，使萬物各得其所欲。仁者，人之所親，有慈惠惻隱之心，以遂其生成。義者，人之所宜，賞善罰惡，以立功立事。禮者，人之所履，夙興夜寐，以成人倫之序。

夫欲為人之本，不可無一焉。

賢人君子，明於盛衰之道，通乎成敗之數；審乎治亂之勢，達乎去就之理。故潛居抱道以待其時。若時至而行，則能極人臣之位；得機而動，則能成絕代之功。

如其不遇，沒身而已。是以其道足高，而名重於後代。

★ 正道章第二

德足以懷遠，信足以一異，義足以得眾，才足以鑒古，明足以照下，此人之俊也。

行足以為儀表，智足以決嫌疑，信可以使守約，廉可以使分財，此人之豪也。

守職而不廢，處義而不回，見嫌而不苟免，見利而不苟得，此人之傑也。

★ 求人之志章第三

絕嗜禁欲，所以除累；抑非損惡，所以攘過。貶酒闕色，所以無汙；避嫌遠疑，所以不誤。博學切問，所以廣知；高行微言，所以修身。恭儉謙約，所以自守；深計遠慮，所以不窮。親仁友直，所以扶顛；近恕篤行，所以接人；任材使能，所以濟物；癉惡斥讒，所以止亂；推古驗今，所以不惑；先揆後度，所以應卒。設變致權，所以解結；括囊順會，所以無咎。概概梗梗，所以立功；孜孜淑淑，所以保終。

★ 本德宗道章第四

夫志心篤行之術，長莫長於博謀，安莫安於忍辱；先莫先於修德，樂莫樂於好善，神莫神於至誠，明莫明於體物，吉莫吉於知足，苦莫苦於多願，悲莫悲於精散，病莫病於無常，短莫短於苟得，幽莫幽於貪鄙，孤莫孤於自恃，危莫危於任疑，敗莫敗於多私。

★ 遵義章第五

以明示下者，暗；有過不知者，蔽。迷而不返者，惑，以言取怨者，禍。令與心乖者，廢；後令謬前者，毀。怒而無威者，犯；好直辱人者，殃。戮辱所任者，危；慢其所敬者，凶。

貌合心離者，孤；親讒遠忠者，亡。近色遠賢者，昏；女謁公行者，亂；私人以官者，浮。凌下取勝者，侵；名不勝實者，耗。

略己而責人者不治，自厚而薄人者棄廢。以過棄功者，損；群下外異者，淪；既用不任者，疏。行賞吝色者，沮；多許少與者，怨；既迎而拒者，乖。

薄恩厚望者不報，貴而忘賤者不久，念舊惡而棄新功者凶。用人不得正者，殆；強用人者，不畜；為人擇官者，亂；失其所強者，弱。決策於不仁者，險；陰計外泄者，敗；厚斂薄施者，凋。戰士貧游士富者，衰；貨賂公行者，昧。

聞善忽略，記過不忘者暴。所任不可信，所信不可任者濁。牧人以德者集，繩人以刑者散。小功不賞，則大功不立；小怨不赦，則大怨必生。賞不服人，罰不甘心者，叛。賞及無功，罰及無罪者，酷。聽讒而美，聞諫而仇者，亡。能有其有者，安；貪人之有者，殘。

★ 安禮章第六

怨在不舍小過，患在不豫定謀。福在積善，禍在積惡。饑在賤農，寒在惰織。安在得人，危在失士。富在迎來，貧在棄時。

上無常躁，下多疑心。輕上生罪，侮下無親。近臣不重，遠人輕之。自疑不信人，自信不疑人；枉士無正友，曲上無直下。危國無賢人，亂政無善人。

妻子深求賢急，樂得賢者養人厚；國將霸者士皆歸，邦將亡者賢先避。地薄者大物不產，水淺者大魚不游；樹禿者大禽不棲，林疏者大獸不居。山峭者崩，澤滿者溢。

棄玉抱石者盲，羊質虎皮者柔。衣不舉領者倒，走不視地者顛。柱弱者屋壞，輔弱者國傾。足寒傷心，人怨傷國。山將崩者，下先隳；國將衰者，民先弊。根枯枝朽，民困國殘。與覆車同軌者，傾；與亡國同事者，滅。見已生者，慎將生；惡其跡者，須避之。

畏危者安，畏亡者存。夫人之所行：有道則吉，無道則凶。吉者百福所

歸，凶者百禍所攻；非其神聖，自然所鐘。

務善策者，無惡事；無遠慮者，有近憂。同事相得，同仁相憂，同惡相黨，同愛相求，同美相妒，同智相謀，同貴相害，同利相忌，同聲相應，同氣相感，同類相依，同義相親，同難相濟，同道相成，同藝相規，同巧相勝，此乃數之所得，不可與理違。

釋己而教人者，逆；正己而化人者，順。逆者難從，順者易行；難從則亂，易行則理。

如此，理身、理家、理國可也。

《素書序》

宋 張商英 天覺序

　　《黃石公素書》六篇，按《前漢列傳》黃石公圯橋所授子房《素書》，世人多以《三略》為是，蓋傳之者誤也。

　　晉亂，有盜發子房塚，於玉枕中獲此書，凡一千三百三十六言，上有祕戒：「不許傳於不道、不神、不聖、不賢之人；若非其人，必受其殃。得人不傳，亦受其殃。」嗚呼！其慎重如此。黃石公得子房而傳之，子房不得其傳而葬之。後五百餘年而盜獲之，自是《素書》始傳人間。然其傳者，特黃石公之言耳，而公之意，其可以言盡哉！余竊嘗評之「『天人之道，未嘗不相為用，古之聖賢皆盡心焉。堯欽若昊天，舜齊七政，禹敘九疇，傅說陳天道，文王重八卦，周公設天地四時之官，又立三公以燮理陰陽。孔子欲無言，老聃建之以常無有。』陰符經曰：『宇宙在乎手，萬物生乎身。道至於此，則鬼神變化，皆不能逃吾之術。而況於刑名度數之間者歟！』」

　　黃石公，秦之隱君子也。其書簡，其意深；雖堯、舜、禹、文、傅說、周公、孔、老，亦無以出此矣。然則，黃石公知秦之將亡，漢之將興，故以此書授子房。而子房者，豈能盡知其書哉！凡子房之所以為子房者，僅能用其一二耳。書曰：「陰計外泄者，敗」，子房用之，嘗勸高帝王韓信矣；書曰：「小怨不赦，大怨必生」，子房用之，嘗勸高帝侯雍齒矣；書曰「決策於不仁者險」，子房用之，嘗勸高帝罷封六國矣；書曰：「設變致權，所以解結」，子房用之，嘗致四皓而立惠帝矣；書曰：「吉莫吉於知足」，子房用之，嘗擇留自封矣；書曰：「絕嗜禁欲，所以除累」，子房用之，嘗棄人間事，從赤松子遊矣。嗟乎！遺粕棄滓，猶足以亡秦、項而帝沛公，況純而用之，深而造之者乎！

　　自漢以來，章句文詞之學識，而知道之士極少。如諸葛亮、王猛、房喬、裴度等輩，雖號為一時賢相，至於先王大道，曾未足以知彷彿。此書所以不傳於不道、不神、不聖、不賢之人也。離有離無之謂「道」，非有非無之謂「神」，有而無之之謂「聖」，無而有之之謂「賢」。非此四者，雖口誦此書，亦不能身行之矣。

國家圖書館出版品預行編目資料

解讀素書：一位深藏不露奇人,一本治國興邦奇
書 / 何清遠編著. -- 二版. -- 臺北市：華志文化,
2022.6
面；　公分. -- (心理勵志小百科 ; 22)
ISBN 978-626-96055-1-4(平裝)

1. 素書 2. 注釋

592.0951　　　　　　　　　　　　111007241

系列／心理勵志小百科 B022
書名／解讀素書：一位深藏不露奇人，一本治國興邦奇書

C 華志文化事業有限公司

編　　著　何清遠教授
執 行 編 輯　楊雅婷
美 術 編 輯　簡郁哲
封 面 設 計　王志強
版 面 執 行　張淑美
總　 編　 輯　吳志文
社　　　長　楊凱翔
出　 版　 者　華志文化事業有限公司
電 子 信 箱　huachihbook@yahoo.com.tw
地　　　址　116 台北市文山區興隆路 4 段 96 巷 3 弄 6 號 4 樓
電　　　話　0937075060
印 製 排 版　辰皓國際出版製作有限公司

總 經 銷 商　旭昇圖書有限公司
地　　　址　235 新北市中和區中山路二段三五二號二樓
電　　　話　02-22451480(FAX：02-22451479)
郵 政 劃 撥　戶名：旭昇圖書有限公司（帳號：12935041）

出 版 日 期　西元二○二二年六月(二版一刷)
售　　　價　三八○元
書　　　號　B022
版 權 所 有　禁止翻印
雙色圖解版

Printed in Taiwan

華志文化